| | | | | | | | | | | | | | | | | | | | | |
|---|---|---|---|---|---|---|---|---|---|---|---|---|---|---|---|---|---|---|---|---|
| | 2 | | 9 | 1 | | | | | | | | 1 | 6 | | | 2 | | | | 3 |
| 9 | | 8 | 3 | | 2 | 7 | | | | | | | 2 | | | | | | 9 | 5 |
| | | | | 7 | | | | | | | | | | | | | 7 | | | |
| | | | | 9 | | | | | | | | 8 | | | | 6 | | | | |
| 5 | | | | | 3 | 9 | 2 | 6 | | | | | | | 5 | | 4 | | | |
| 1 | | 6 | 4 | | | | 7 | 3 | | | | | | 2 | | 3 | | | 4 | 7 |
| | 1 | | | | | | | | | | | | | | 2 | | | | | |
| | 4 | | | | | | | | | | | | 7 | 3 | | | 6 | 5 | | |
| | | | 8 | | | | 4 | | 9 | 2 | | | | | | | | 9 | | |
| | | | | | | | | | | 8 | 1 | | | | | | | | | |
| | | | | | | | 7 | 1 | | 5 | | | | | | | | | | |
| | | | | | | | | | | | | | 9 | 8 | | | | | | |
| | 2 | | | | 3 | | | | 6 | | | | | | | | | | 7 | |
| 7 | | | | | | | | | | | 5 | 7 | | | | | | | | |
| | | | | | | | | 9 | 2 | | 7 | | | | | | | | 9 | |
| | | 9 | 6 | | | | | 3 | | | | | 4 | | | | | | | |
| | 6 | | 3 | | 2 | | | | | | | 2 | | 8 | | 3 | | | 5 | |
| | | 7 | | | | | | | | | | | | | | 4 | 5 | | 8 | |
| 6 | 7 | | 2 | | 5 | | | | | | | | | | | 8 | | | | |
| | | 5 | | 3 | | 8 | | 2 | | | | | 6 | 4 | | 5 | | 1 | | 8 |
| | 8 | | 7 | | | 5 | | | | | | 1 | | | 2 | | 6 | 3 | | |

**2**

| | | | | | | | | | | | | | | | | | | | | |
|---|---|---|---|---|---|---|---|---|---|---|---|---|---|---|---|---|---|---|---|---|
| 7 | 4 | 2 | 3 | 6 | 9 | 1 | 5 | 8 | | | | 5 | 6 | 9 | 4 | 2 | 3 | 7 | 1 | 8 |
| 8 | 6 | 9 | 5 | 1 | 4 | 7 | 3 | 2 | | | | 7 | 4 | 2 | 5 | 1 | 8 | 9 | 6 | 3 |
| 5 | 3 | 1 | 8 | 2 | 7 | 9 | 4 | 6 | | | | 1 | 8 | 3 | 6 | 9 | 7 | 2 | 5 | 4 |
| 4 | 2 | 7 | 6 | 5 | 8 | 3 | 9 | 1 | | | | 2 | 9 | 4 | 7 | 3 | 6 | 5 | 8 | 1 |
| 6 | 9 | 5 | 1 | 7 | 3 | 8 | 2 | 4 | | | | 3 | 7 | 6 | 1 | 8 | 5 | 4 | 9 | 2 |
| 1 | 8 | 3 | 4 | 9 | 2 | 6 | 7 | 5 | | | | 8 | 1 | 5 | 9 | 4 | 2 | 6 | 3 | 7 |
| 2 | 7 | 8 | 9 | 4 | 6 | 5 | 1 | 3 | 6 | 4 | 8 | 9 | 2 | 7 | 3 | 5 | 1 | 8 | 4 | 6 |
| 9 | 5 | 6 | 2 | 3 | 1 | 4 | 8 | 7 | 9 | 2 | 3 | 6 | 5 | 1 | 8 | 7 | 4 | 3 | 2 | 9 |
| 3 | 1 | 4 | 7 | 8 | 5 | 2 | 6 | 9 | 5 | 7 | 1 | 4 | 3 | 8 | 2 | 6 | 9 | 1 | 7 | 5 |
| | | | | | | 3 | 4 | 1 | 7 | 6 | 2 | 8 | 9 | 5 | | | | | | |
| | | | | | | 9 | 2 | 8 | 3 | 5 | 4 | 7 | 1 | 6 | | | | | | |
| | | | | | | 7 | 5 | 6 | 8 | 1 | 9 | 3 | 4 | 2 | | | | | | |
| 1 | 8 | 9 | 5 | 4 | 7 | 6 | 3 | 2 | 1 | 9 | 7 | 5 | 8 | 4 | 3 | 1 | 9 | 6 | 7 | 2 |
| 6 | 5 | 2 | 1 | 3 | 9 | 8 | 7 | 4 | 2 | 3 | 5 | 1 | 6 | 9 | 7 | 2 | 5 | 3 | 8 | 4 |
| 7 | 3 | 4 | 6 | 2 | 8 | 1 | 9 | 5 | 4 | 8 | 6 | 2 | 7 | 3 | 8 | 6 | 4 | 9 | 1 | 5 |
| 4 | 6 | 1 | 3 | 8 | 5 | 7 | 2 | 9 | | | | 3 | 1 | 8 | 9 | 5 | 2 | 7 | 4 | 6 |
| 5 | 7 | 8 | 9 | 6 | 2 | 3 | 4 | 1 | | | | 6 | 2 | 7 | 4 | 8 | 3 | 5 | 9 | 1 |
| 2 | 9 | 3 | 4 | 7 | 1 | 5 | 8 | 6 | | | | 9 | 4 | 5 | 1 | 7 | 6 | 2 | 3 | 8 |
| 9 | 1 | 7 | 8 | 5 | 4 | 2 | 6 | 3 | | | | 7 | 3 | 6 | 5 | 4 | 8 | 1 | 2 | 9 |
| 8 | 4 | 6 | 2 | 1 | 3 | 9 | 5 | 7 | | | | 8 | 9 | 2 | 6 | 3 | 1 | 4 | 5 | 7 |
| 3 | 2 | 5 | 7 | 9 | 6 | 4 | 1 | 8 | | | | 4 | 5 | 1 | 2 | 9 | 7 | 8 | 6 | 3 |

**100**

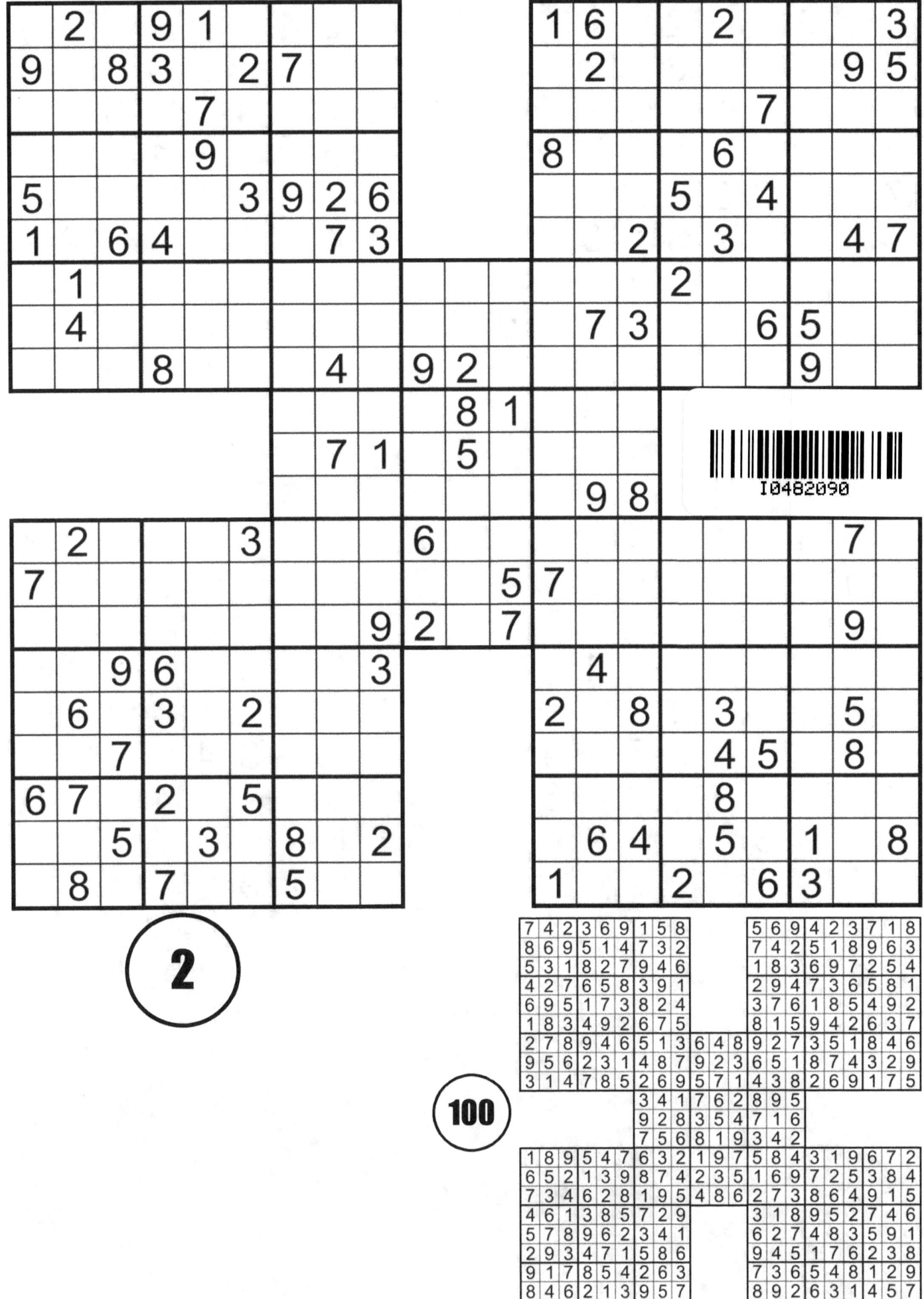

| | | | | | | | | | | | | | | | | | | | | |
|---|---|---|---|---|---|---|---|---|---|---|---|---|---|---|---|---|---|---|---|---|
| | 3 | 9 | | | 2 | | | | | | | | 5 | 4 | | | | | 9 | 1 |
| 5 | 7 | | | | 6 | | | | | | | | | | | 1 | 6 | | | |
| | | | | 1 | | | | | | | | 8 | 2 | | 4 | | | 5 | | |
| 4 | | | | | 1 | 2 | 7 | | | | | | 8 | | | 3 | 1 | | | |
| 7 | | | 2 | 3 | | | | 6 | | | | 9 | | | | | | | | |
| 6 | | | | 7 | 8 | 1 | 5 | | | | | | 4 | | | | 9 | | 2 | |
| | | | | | | 3 | | | | | | | | | | | | | | |
| | | 2 | | | | | | | 9 | 4 | | | | | | 8 | | | | |
| 1 | | | | | | | | 2 | | | | | | | | 5 | 7 | | | 2 |
| | | | | | | | 5 | | | | | | | | | | | | | |
| | | | | | | | | | | 1 | | | | | | | | | | |
| | | | | | | | 3 | | | | 2 | | | 5 | | | | | | |
| | | 8 | | 4 | | 1 | 2 | | | | 7 | | | | | | 1 | 6 | | 3 |
| | 1 | | | | | 9 | | | | | 3 | | | | | | 3 | | 8 | |
| 3 | | | 6 | | | | | 7 | | | 9 | | | | | 2 | | | | |
| | | | | | | | 1 | | | | | | 2 | | 5 | | | 1 | | |
| | | 2 | | | 1 | | | | | | | 3 | | | | | 6 | | | |
| | | | | 3 | 2 | 7 | | 4 | | | | | 1 | | 3 | 4 | | 9 | | |
| 4 | | | 2 | 9 | | | | 6 | | | | | 9 | | | | 4 | | | 6 |
| | | 3 | 8 | | | | 9 | | | | | 5 | 6 | | | | | | | |
| | 9 | | | | | | | | | | | | | 2 | 9 | | | | | |

**3**

| | | | | | | | | | | | | | | | | | | | | |
|---|---|---|---|---|---|---|---|---|---|---|---|---|---|---|---|---|---|---|---|---|
| 2 | 9 | 4 | 3 | 7 | 5 | 8 | 1 | 6 | | | | 5 | 3 | 4 | 7 | 9 | 1 | 6 | 8 | 2 |
| 3 | 1 | 5 | 2 | 8 | 6 | 7 | 9 | 4 | | | | 8 | 1 | 2 | 5 | 6 | 3 | 9 | 4 | 7 |
| 7 | 6 | 8 | 1 | 4 | 9 | 2 | 5 | 3 | | | | 7 | 9 | 6 | 4 | 8 | 2 | 3 | 5 | 1 |
| 6 | 4 | 2 | 7 | 9 | 3 | 1 | 8 | 5 | | | | 2 | 7 | 5 | 1 | 3 | 4 | 8 | 6 | 9 |
| 1 | 5 | 9 | 8 | 6 | 4 | 3 | 2 | 7 | | | | 3 | 4 | 8 | 6 | 2 | 9 | 7 | 1 | 5 |
| 8 | 3 | 7 | 5 | 1 | 2 | 4 | 6 | 9 | | | | 1 | 6 | 9 | 8 | 5 | 7 | 2 | 3 | 4 |
| 9 | 8 | 1 | 6 | 3 | 7 | 5 | 4 | 2 | 7 | 3 | 9 | 6 | 8 | 1 | 9 | 7 | 5 | 4 | 2 | 3 |
| 5 | 7 | 6 | 4 | 2 | 8 | 9 | 3 | 1 | 5 | 6 | 8 | 4 | 2 | 7 | 3 | 1 | 8 | 5 | 9 | 6 |
| 4 | 2 | 3 | 9 | 5 | 1 | 6 | 7 | 8 | 1 | 4 | 2 | 9 | 5 | 3 | 2 | 4 | 6 | 1 | 7 | 8 |
| | | | | | | 7 | 2 | 9 | 3 | 8 | 4 | 1 | 6 | 5 | | | | | | |
| | | | | | | 3 | 6 | 5 | 2 | 7 | 1 | 8 | 9 | 4 | | | | | | |
| | | | | | | 1 | 8 | 4 | 6 | 9 | 5 | 7 | 3 | 2 | | | | | | |
| 6 | 1 | 2 | 4 | 5 | 3 | 8 | 9 | 7 | 4 | 2 | 3 | 5 | 1 | 6 | 9 | 2 | 3 | 8 | 7 | 4 |
| 9 | 8 | 7 | 1 | 2 | 6 | 4 | 5 | 3 | 9 | 1 | 6 | 2 | 7 | 8 | 5 | 6 | 4 | 1 | 3 | 9 |
| 4 | 5 | 3 | 9 | 8 | 7 | 2 | 1 | 6 | 8 | 5 | 7 | 3 | 4 | 9 | 1 | 8 | 7 | 6 | 5 | 2 |
| 3 | 4 | 9 | 5 | 6 | 1 | 7 | 8 | 2 | | | | 8 | 5 | 4 | 2 | 3 | 1 | 7 | 9 | 6 |
| 8 | 7 | 1 | 3 | 4 | 2 | 5 | 6 | 9 | | | | 6 | 9 | 7 | 4 | 5 | 8 | 2 | 1 | 3 |
| 5 | 2 | 6 | 8 | 7 | 9 | 3 | 4 | 1 | | | | 1 | 2 | 3 | 6 | 7 | 9 | 5 | 4 | 8 |
| 1 | 9 | 4 | 7 | 3 | 8 | 6 | 2 | 5 | | | | 9 | 8 | 5 | 3 | 1 | 2 | 4 | 6 | 7 |
| 7 | 6 | 8 | 2 | 9 | 5 | 1 | 3 | 4 | | | | 7 | 3 | 1 | 8 | 4 | 6 | 9 | 2 | 5 |
| 2 | 3 | 5 | 6 | 1 | 4 | 9 | 7 | 8 | | | | 4 | 6 | 2 | 7 | 9 | 5 | 3 | 8 | 1 |

**1**

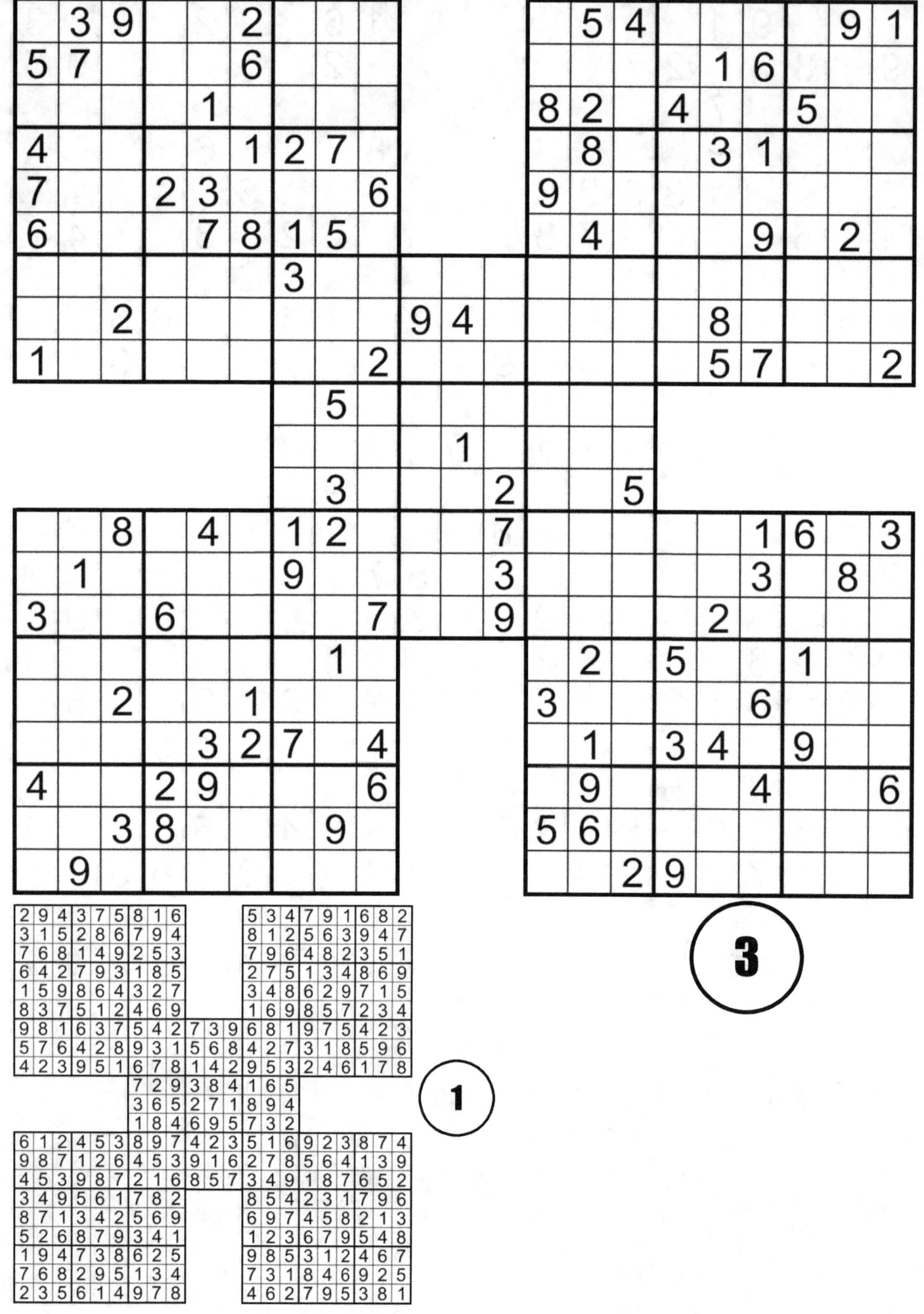

# HOW TO PLAY

Samurai Sudoku consists of five overlapping Sudoku grids, one in the center and the other 4 overlapping each corner grid of the central one.

The object of the game is to place numbers 1 to 9 in the empty cells so that **each row, each column, and 3x3 box in each 9x9 grid** contains the same number only once.

| | | | | | | | | | | | | | | | | | | | | |
|---|---|---|---|---|---|---|---|---|---|---|---|---|---|---|---|---|---|---|---|---|
| 5 | 6 | 9 | 3 | 1 | 7 | 8 | 2 | 4 | | | | 8 | 4 | 9 | 7 | 6 | 1 | 3 | 5 | 2 |
| 2 | 7 | 8 | 4 | 5 | 6 | 1 | 3 | 9 | | | | 3 | 5 | 7 | 2 | 4 | 9 | 8 | 1 | 6 |
| 4 | 1 | 3 | 9 | 8 | 2 | 6 | 7 | 5 | | | | 6 | 2 | 1 | 3 | 8 | 5 | 4 | 7 | 9 |
| 8 | 9 | 6 | 1 | 7 | 4 | 2 | 5 | 3 | | | | 1 | 9 | 6 | 5 | 3 | 2 | 7 | 4 | 8 |
| 3 | 5 | 7 | 2 | 6 | 9 | 4 | 8 | 1 | | | | 4 | 7 | 8 | 9 | 1 | 6 | 5 | 2 | 3 |
| 1 | 4 | 2 | 8 | 3 | 5 | 9 | 6 | 7 | | | | 5 | 3 | 2 | 8 | 7 | 4 | 6 | 9 | 1 |
| 7 | 3 | 4 | 6 | 2 | 1 | 5 | 9 | 8 | 4 | 7 | 6 | 2 | 1 | 3 | 6 | 5 | 7 | 9 | 8 | 4 |
| 6 | 8 | 1 | 5 | 9 | 3 | 7 | 4 | 2 | 8 | 1 | 3 | 9 | 6 | 5 | 4 | 2 | 8 | 1 | 3 | 7 |
| 9 | 2 | 5 | 7 | 4 | 8 | 3 | 1 | 6 | 9 | 5 | 2 | 7 | 8 | 4 | 1 | 9 | 3 | 2 | 6 | 5 |
| | | | | | | 6 | 2 | 4 | 1 | 9 | 7 | 3 | 5 | 8 | | | | | | |
| | | | | | | 1 | 7 | 3 | 5 | 6 | 8 | 4 | 2 | 9 | | | | | | |
| | | | | | | 8 | 5 | 9 | 3 | 2 | 4 | 1 | 7 | 6 | | | | | | |
| 4 | 7 | 8 | 3 | 5 | 2 | 9 | 6 | 1 | 2 | 4 | 5 | 8 | 3 | 7 | 6 | 4 | 5 | 2 | 9 | 1 |
| 9 | 1 | 5 | 6 | 4 | 8 | 2 | 3 | 7 | 6 | 8 | 9 | 5 | 4 | 1 | 2 | 9 | 8 | 6 | 7 | 3 |
| 3 | 2 | 6 | 9 | 7 | 1 | 4 | 8 | 5 | 7 | 3 | 1 | 6 | 9 | 2 | 3 | 7 | 1 | 5 | 4 | 8 |
| 6 | 5 | 4 | 8 | 1 | 3 | 7 | 9 | 2 | | | | 2 | 8 | 6 | 4 | 3 | 7 | 1 | 5 | 9 |
| 7 | 3 | 9 | 5 | 2 | 6 | 8 | 1 | 4 | | | | 4 | 7 | 9 | 1 | 5 | 6 | 3 | 8 | 2 |
| 1 | 8 | 2 | 4 | 9 | 7 | 6 | 5 | 3 | | | | 3 | 1 | 5 | 9 | 8 | 2 | 7 | 6 | 4 |
| 5 | 6 | 3 | 2 | 8 | 4 | 1 | 7 | 9 | | | | 7 | 6 | 4 | 8 | 1 | 3 | 9 | 2 | 5 |
| 8 | 4 | 7 | 1 | 3 | 9 | 5 | 2 | 6 | | | | 9 | 5 | 3 | 7 | 2 | 4 | 8 | 1 | 6 |
| 2 | 9 | 1 | 7 | 6 | 5 | 3 | 4 | 8 | | | | 1 | 2 | 8 | 5 | 6 | 9 | 4 | 3 | 7 |

1 to 9 in a column

1 to 9 in a 3x3 box

1 to 9 in a row

| | | | | | | | | | | | | | | | | | | | | |
|---|---|---|---|---|---|---|---|---|---|---|---|---|---|---|---|---|---|---|---|---|
| | |4|3| | |8| |6| | | | | | | | | |6|8|2|
| | |5|2| | | |9|4| | | | |1|2|5| |3| | | |
|7| | | | | | | | | | | | | | | | | | | | |
| | | | | | |1|8| | | | | | |5|1| | | | |9|
| |5| | | | | |2| | | | |3| |8| | |9| | |5|
| | |7| |1| |4| | | | | | |6| | | | | |3| |
|9| | | | | | | |2| | |9| | | | |7|5| | |3|
| | | | | |8| | | | | | | | | | | | | | |6|
| |2| | |5|1| | | | | | | | | |2| | | |7| |
| | | | | | | | |9| | | | | | | | | | | | |
| | | | | | |3| | | |7|1| | | | | | | | | |
| | | | | | |1| | |6| |5| | | | | | | | | |
| |1|2| | |3| | | | | |3| | | |9| |3| | | |
| |8| | |2|6| | | |9|1| | |7| | | | |1| | |
| | |3| | | |2| | | | | | |4| | | | | | | |
| | |9| |6| | |8|2| | | |8| | |2|3| |7| | |
| | | |3| | |5| | | | | | | |7| | | |2| |3|
| |2| | |7| | |4| | | | | |2| | | | | |4| |
| | |4| |3|8| |2| | | | | | | | |1| | | |7|
| | | | | |5|1| | | | | | | | |8|4|6| | |5|
| |3| | | | | | | | | | | |6| | |9|5| | | |

1

| | | | | | | | | | | | | | | | | | | | | |
|---|---|---|---|---|---|---|---|---|---|---|---|---|---|---|---|---|---|---|---|---|
|5|4|2|8|9|6|7|3|1| | | |1|8|4|9|3|6|5|7|2|
|1|3|9|5|7|2|4|8|6| | | |5|3|2|7|8|4|9|1|6|
|6|8|7|1|4|3|5|2|9| | | |7|6|9|1|5|2|4|8|3|
|4|9|1|3|2|5|6|7|8| | | |8|9|5|6|7|3|1|2|4|
|3|7|5|6|8|9|2|1|4| | | |2|7|3|4|1|9|8|6|5|
|8|2|6|4|1|7|9|5|3| | | |6|4|1|8|2|5|7|3|9|
|7|1|3|2|6|4|8|9|5|2|7|4|3|1|6|5|9|7|2|4|8|
|2|6|8|9|5|1|3|4|7|5|1|6|9|2|8|3|4|1|6|5|7|
|9|5|4|7|3|8|1|6|2|3|8|9|4|5|7|2|6|8|3|9|1|
| | | | | | |7|2|4|1|9|5|8|6|3| | | | | | |
| | | | | | |6|1|9|8|4|3|2|7|5| | | | | | |
| | | | | | |5|8|3|7|6|2|1|9|4| | | | | | |
|5|2|8|4|3|1|9|7|6|4|3|1|5|8|2|6|7|9|3|1|4|
|4|6|9|8|5|7|2|3|1|6|5|8|7|4|9|1|3|8|6|5|2|
|1|7|3|6|2|9|4|5|8|9|2|7|6|3|1|4|2|5|9|7|8|
|6|9|4|7|8|3|1|2|5| | | |1|6|5|2|8|4|7|9|3|
|2|8|1|5|9|6|7|4|3| | | |3|7|8|9|1|6|2|4|5|
|7|3|5|2|1|4|6|8|9| | | |9|2|4|3|5|7|1|8|6|
|8|4|6|1|7|5|3|9|2| | | |2|9|6|8|4|1|5|3|7|
|9|5|7|3|6|2|8|1|4| | | |8|1|7|5|6|3|4|2|9|
|3|1|2|9|4|8|5|6|7| | | |4|5|3|7|9|2|8|6|1|

99

| | | | | | | | | | | | | | | | | | | | | |
|---|---|---|---|---|---|---|---|---|---|---|---|---|---|---|---|---|---|---|---|---|
| | 2 | 8 | | 1 | | | | | | | | | 1 | 6 | | 5 | 9 | 3 | | |
| 1 | | | | | | | | 6 | | | | | | | 4 | 8 | | | | |
| 9 | | | | | | 1 | | | | | | | | 3 | | | | | 9 | 4 |
| | 4 | 7 | | | | 9 | | 5 | | | | | | | 9 | | | | 5 | |
| | 1 | 5 | 8 | | 7 | 6 | | | | | | | | | | | 1 | | | |
| | | | | | | | | | | | | | | | 5 | 2 | 6 | | | 7 |
| | | | 4 | | 6 | | | | | | | | | | 8 | 7 | | | | |
| | 3 | | | | | | | | | | | 8 | | | | | | | | |
| | | | 5 | | | | 6 | | | | | | | | | | | 5 | | 9 |
| | | | | | | 3 | | | 6 | | | | | | | | | | | |
| | | | | | | 1 | 4 | | | 7 | | | | | | | | | | |
| | | | | | | 9 | | 8 | | 3 | | 7 | | 5 | | | | | | |
| | 6 | | | | | | 8 | | | | 4 | | | 6 | 3 | | | 5 | | 7 |
| | 4 | | | 2 | 7 | | | | | | 9 | | 4 | | | | | 6 | | |
| | | | | 5 | 6 | | | 2 | | | 6 | | | | | | | 2 | | |
| | | 6 | | 7 | 4 | | | | | | | 6 | | | 7 | | 2 | | | |
| | 3 | | 1 | | | 9 | | | | | | | | 4 | | 3 | | 1 | | 5 |
| | 7 | | | 9 | 8 | 3 | | | | | | | 9 | | 5 | | | | | 6 |
| | | 8 | | | | | | 4 | | | | | 6 | 8 | | 5 | | | 7 | |
| | | | 5 | | | | 2 | | | | | | | | 2 | | | | | |
| | | | | 8 | | | | 9 | | | | | | | | 4 | | 3 | | |

4

| | | | | | | | | | | | | | | | | | | | | |
|---|---|---|---|---|---|---|---|---|---|---|---|---|---|---|---|---|---|---|---|---|
| 4 | 2 | 7 | 9 | 1 | 8 | 6 | 3 | 5 | | | | 1 | 6 | 8 | 9 | 2 | 5 | 4 | 7 | 3 |
| 9 | 5 | 8 | 3 | 6 | 2 | 7 | 1 | 4 | | | | 4 | 2 | 7 | 6 | 8 | 3 | 1 | 9 | 5 |
| 6 | 3 | 1 | 5 | 7 | 4 | 2 | 8 | 9 | | | | 3 | 9 | 5 | 1 | 4 | 7 | 8 | 6 | 2 |
| 3 | 8 | 2 | 6 | 9 | 7 | 4 | 5 | 1 | | | | 8 | 4 | 9 | 7 | 6 | 2 | 3 | 5 | 1 |
| 5 | 7 | 4 | 1 | 8 | 3 | 9 | 2 | 6 | | | | 7 | 3 | 6 | 5 | 1 | 4 | 2 | 8 | 9 |
| 1 | 9 | 6 | 4 | 2 | 5 | 8 | 7 | 3 | | | | 5 | 1 | 2 | 8 | 3 | 9 | 6 | 4 | 7 |
| 8 | 1 | 3 | 7 | 4 | 9 | 5 | 6 | 2 | 1 | 7 | 3 | 9 | 8 | 4 | 2 | 5 | 1 | 7 | 3 | 6 |
| 7 | 4 | 5 | 2 | 3 | 6 | 1 | 9 | 8 | 5 | 4 | 6 | 2 | 7 | 3 | 4 | 9 | 6 | 5 | 1 | 8 |
| 2 | 6 | 9 | 8 | 5 | 1 | 3 | 4 | 7 | 9 | 2 | 8 | 6 | 5 | 1 | 3 | 7 | 8 | 9 | 2 | 4 |
| | | | | | | 9 | 2 | 6 | 3 | 8 | 1 | 5 | 4 | 7 | | | | | | |
| | | | | | | 8 | 7 | 1 | 4 | 5 | 9 | 3 | 6 | 2 | | | | | | |
| | | | | | | 4 | 5 | 3 | 7 | 6 | 2 | 1 | 9 | 8 | | | | | | |
| 9 | 2 | 6 | 8 | 4 | 3 | 7 | 1 | 5 | 6 | 3 | 4 | 8 | 2 | 9 | 4 | 6 | 3 | 5 | 7 | 1 |
| 7 | 5 | 8 | 9 | 6 | 1 | 2 | 3 | 4 | 8 | 9 | 5 | 7 | 1 | 6 | 5 | 2 | 9 | 8 | 3 | 4 |
| 4 | 1 | 3 | 5 | 2 | 7 | 6 | 8 | 9 | 2 | 1 | 7 | 4 | 3 | 5 | 7 | 1 | 8 | 6 | 9 | 2 |
| 5 | 4 | 9 | 6 | 7 | 8 | 1 | 2 | 3 | | | | 5 | 4 | 3 | 8 | 7 | 2 | 9 | 1 | 6 |
| 8 | 6 | 1 | 3 | 9 | 2 | 4 | 5 | 7 | | | | 2 | 9 | 8 | 6 | 3 | 1 | 4 | 5 | 7 |
| 2 | 3 | 7 | 1 | 5 | 4 | 9 | 6 | 8 | | | | 6 | 7 | 1 | 9 | 4 | 5 | 2 | 8 | 3 |
| 6 | 7 | 4 | 2 | 8 | 5 | 3 | 9 | 1 | | | | 3 | 5 | 2 | 1 | 8 | 4 | 7 | 6 | 9 |
| 1 | 9 | 5 | 4 | 3 | 6 | 8 | 7 | 2 | | | | 9 | 6 | 4 | 3 | 5 | 7 | 1 | 2 | 8 |
| 3 | 8 | 2 | 7 | 1 | 9 | 5 | 4 | 6 | | | | 1 | 8 | 7 | 2 | 9 | 6 | 3 | 4 | 5 |

2

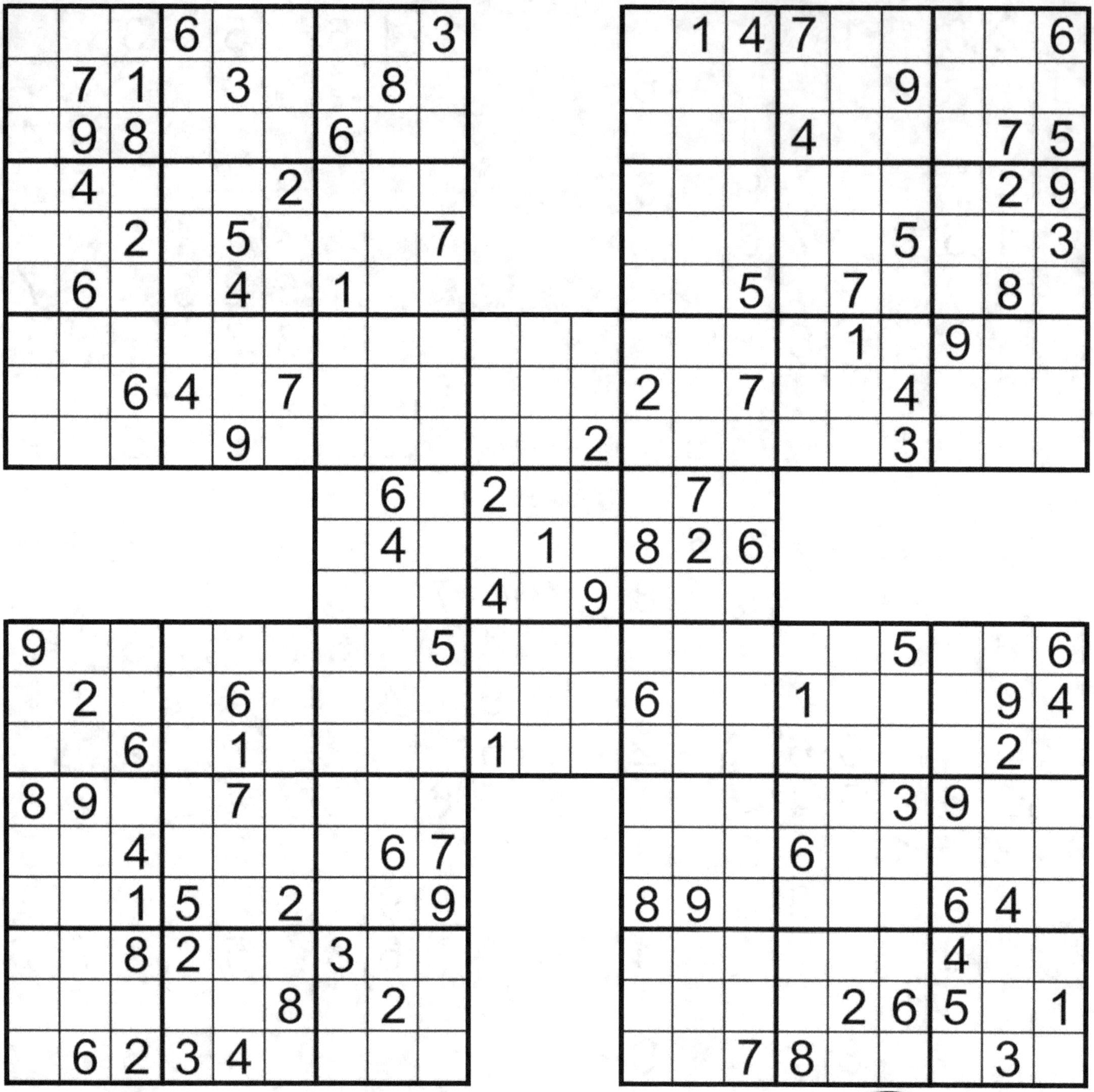

5

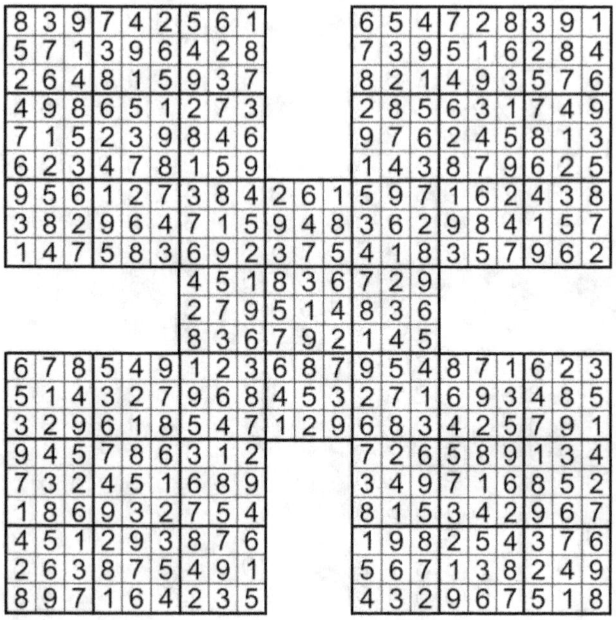

3

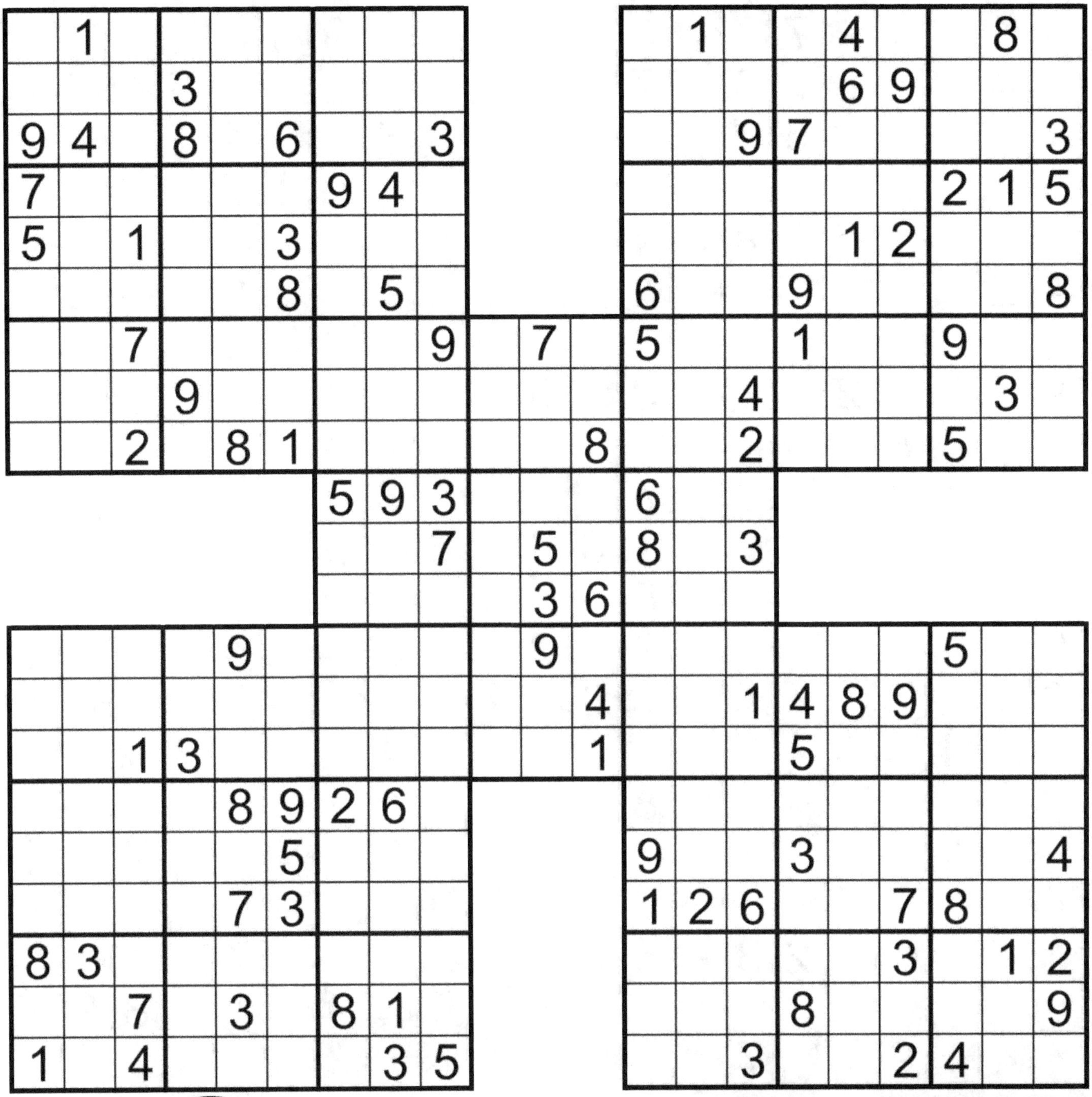

6

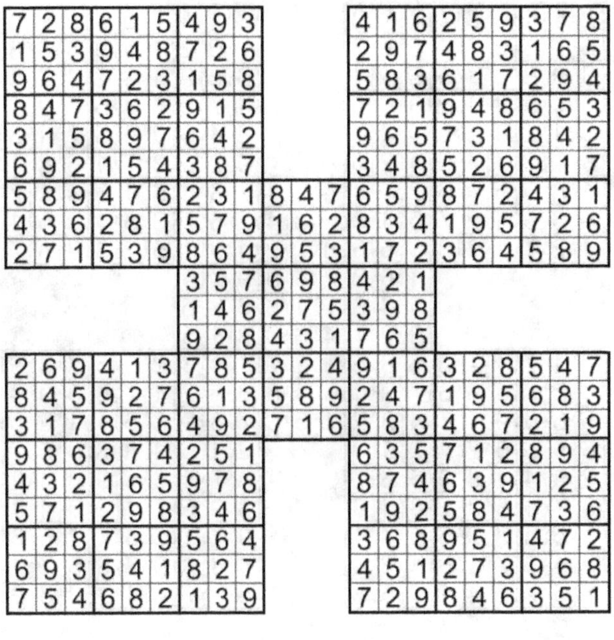

4

| | | | | | | | | | | | | | | | | | | | | |
|---|---|---|---|---|---|---|---|---|---|---|---|---|---|---|---|---|---|---|---|---|
| | 1 | | | | 7 | | 4 | 6 | | | | | | 9 | 3 | | | | | |
| | 4 | | | 8 | | 9 | | 7 | | | | | | 2 | | | 5 | 1 | | |
| | | | | | 5 | | | | | | | 4 | 8 | | | 1 | | | | 2 |
| | | | | | | | | | | | | | | | | 7 | | 3 | | |
| | | 7 | | 5 | 2 | 8 | 6 | 1 | | | | 8 | | | | | | | | |
| 4 | 2 | | | | | | | | | | | | | | | 9 | | 8 | 2 | |
| | | 3 | | | | | | | | | | | | 8 | 7 | 4 | | | | |
| 9 | | | | 2 | | | | 8 | | 6 | | 7 | | 4 | | | | | 1 | |
| | | | 8 | | 4 | | | | | | | | | 3 | | 2 | | 7 | | 9 |
| | | | | | | 3 | | 5 | | | | | 8 | | | | | | | |
| | | | | | | | | | 3 | 8 | | 6 | | 9 | | | | | | |
| | | | | | | | | 6 | | | 1 | | | | | | | | | |
| 8 | | | 6 | | | | | 7 | | 2 | | | 3 | | 9 | 4 | | | 7 | 2 |
| 6 | | | 7 | | | | | | 6 | | 7 | | | | | | | | 8 | |
| | | 4 | | | | | | | | | | | 4 | | | | 3 | 1 | 9 | |
| | | | | 1 | | | | 8 | | | | | 1 | 4 | | | | | | |
| | | 1 | | | | | | | | | | | 2 | | 5 | | | 7 | | 1 |
| 4 | 2 | | | 5 | | | 7 | | | | | 9 | | | | | | | | |
| 1 | | | | | 2 | 3 | | 6 | | | | | | | | 7 | | | | |
| | | | 4 | | | | | | | | | 5 | | 9 | 3 | | | 8 | 6 | |
| | 4 | | 9 | | | 7 | | | | | | | | | | | | | 2 | |

7

| | | | | | | | | | | | | | | | | | | | | |
|---|---|---|---|---|---|---|---|---|---|---|---|---|---|---|---|---|---|---|---|---|
| 2 | 5 | 4 | 6 | 8 | 1 | 7 | 9 | 3 | | | | 3 | 1 | 4 | 7 | 5 | 8 | 2 | 9 | 6 |
| 6 | 7 | 1 | 9 | 3 | 4 | 5 | 8 | 2 | | | | 7 | 5 | 2 | 1 | 6 | 9 | 4 | 3 | 8 |
| 3 | 9 | 8 | 2 | 7 | 5 | 6 | 4 | 1 | | | | 6 | 8 | 9 | 4 | 3 | 2 | 1 | 7 | 5 |
| 7 | 4 | 5 | 3 | 1 | 2 | 8 | 6 | 9 | | | | 1 | 7 | 3 | 8 | 4 | 6 | 5 | 2 | 9 |
| 9 | 1 | 2 | 8 | 5 | 6 | 4 | 3 | 7 | | | | 8 | 4 | 6 | 2 | 9 | 5 | 7 | 1 | 3 |
| 8 | 6 | 3 | 7 | 4 | 9 | 1 | 2 | 5 | | | | 9 | 2 | 5 | 3 | 7 | 1 | 6 | 8 | 4 |
| 1 | 8 | 9 | 5 | 6 | 3 | 2 | 7 | 4 | 6 | 9 | 1 | 5 | 3 | 8 | 6 | 1 | 7 | 9 | 4 | 2 |
| 5 | 3 | 6 | 4 | 2 | 7 | 9 | 1 | 8 | 5 | 3 | 4 | 2 | 6 | 7 | 9 | 8 | 4 | 3 | 5 | 1 |
| 4 | 2 | 7 | 1 | 9 | 8 | 3 | 5 | 6 | 8 | 7 | 2 | 4 | 9 | 1 | 5 | 2 | 3 | 8 | 6 | 7 |
| | | | | | | 1 | 6 | 3 | 2 | 8 | 5 | 9 | 7 | 4 | | | | | | |
| | | | | | | 5 | 4 | 9 | 7 | 1 | 3 | 8 | 2 | 6 | | | | | | |
| | | | | | | 8 | 2 | 7 | 4 | 6 | 9 | 3 | 1 | 5 | | | | | | |
| 9 | 1 | 7 | 4 | 2 | 3 | 6 | 8 | 5 | 9 | 2 | 7 | 1 | 4 | 3 | 2 | 9 | 5 | 7 | 8 | 6 |
| 4 | 2 | 3 | 8 | 6 | 5 | 7 | 9 | 1 | 3 | 4 | 8 | 6 | 5 | 2 | 1 | 7 | 8 | 3 | 9 | 4 |
| 5 | 8 | 6 | 9 | 1 | 7 | 4 | 3 | 2 | 1 | 5 | 6 | 7 | 8 | 9 | 3 | 6 | 4 | 1 | 2 | 5 |
| 8 | 9 | 5 | 6 | 7 | 4 | 2 | 1 | 3 | | | | 2 | 1 | 6 | 4 | 8 | 3 | 9 | 5 | 7 |
| 2 | 3 | 4 | 1 | 8 | 9 | 5 | 6 | 7 | | | | 3 | 7 | 4 | 6 | 5 | 9 | 8 | 1 | 2 |
| 6 | 7 | 1 | 5 | 3 | 2 | 8 | 4 | 9 | | | | 8 | 9 | 5 | 7 | 1 | 2 | 6 | 4 | 3 |
| 1 | 5 | 8 | 2 | 9 | 6 | 3 | 7 | 4 | | | | 9 | 2 | 1 | 5 | 3 | 7 | 4 | 6 | 8 |
| 3 | 4 | 9 | 7 | 5 | 8 | 1 | 2 | 6 | | | | 4 | 3 | 8 | 9 | 2 | 6 | 5 | 7 | 1 |
| 7 | 6 | 2 | 3 | 4 | 1 | 9 | 5 | 8 | | | | 5 | 6 | 7 | 8 | 4 | 1 | 2 | 3 | 9 |

5

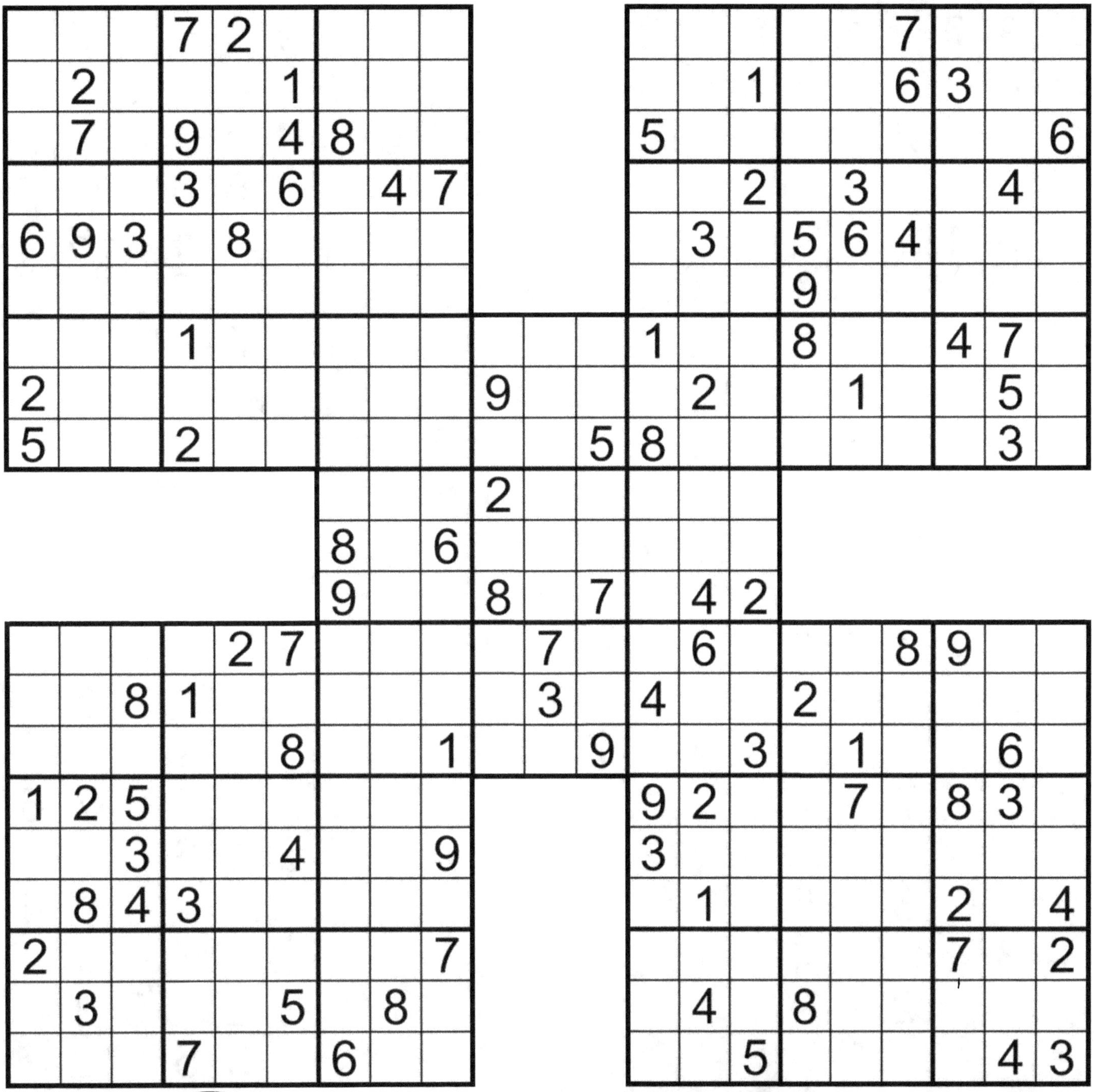

8

6

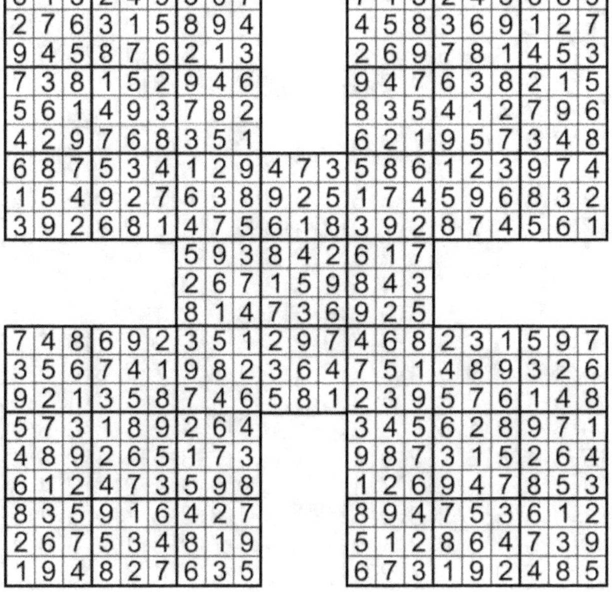

| | | | | | | | | | | | | | | | | | | | | |
|---|---|---|---|---|---|---|---|---|---|---|---|---|---|---|---|---|---|---|---|---|
| | 3 | 7 | | 1 | | | | 8 | | | | | | | 9 | | | | 8 | |
| 1 | 4 | | | | 3 | 5 | | | | | | | | 3 | | | | 6 | 4 | |
| | | | 2 | | | | | | | | | | 6 | | | 4 | | | 7 | 2 |
| 5 | 7 | | | | | 2 | | | | | | | | | | 5 | 6 | | | 1 |
| 8 | 6 | 1 | | | | | | | | | | | | 7 | 2 | | 4 | | 6 | |
| | | | | | | | 1 | | | | | 3 | | | | | 7 | | | |
| 6 | 1 | | 4 | | | | 2 | | | | | | | | | 8 | | | 5 | |
| | | | | | | | | | | | | 9 | | | | | | | | |
| | | | | 8 | | | 9 | | | 2 | | 6 | | 8 | | | | | | |
| | | | | | | | | | 4 | | 6 | 8 | | | | | | | | |
| | | | | | | | 3 | 1 | | | | | | | | | | | | |
| | | | | | | 9 | | | | 1 | 5 | | | | | | | | | |
| | | 7 | 4 | 9 | 2 | | | | | | 9 | | | | 2 | | | | | |
| | 9 | | | | | | | 7 | | 6 | | | | | | | | | 3 | |
| | 6 | | 8 | | | | 4 | | 7 | | | | | | | | 1 | | | |
| 1 | | | 7 | | | 9 | | 4 | | | | | | 1 | | | | | 7 | 6 |
| 4 | | | | | | | | 2 | | | | | | | 6 | 1 | 3 | | | |
| | | | 6 | | 5 | | | | | | | | | | | | | 1 | | 4 |
| 2 | 3 | 1 | | | 4 | | | | | | | | | | | | 7 | | | |
| | | | 2 | | 9 | | | | | | | | 7 | | 3 | 2 | | 9 | 1 | |
| | | | | 8 | | | | | | | | 8 | | | | 9 | 5 | | 2 | |

9

| | | | | | | | | | | | | | | | | | | | | |
|---|---|---|---|---|---|---|---|---|---|---|---|---|---|---|---|---|---|---|---|---|
| 5 | 1 | 8 | 2 | 9 | 7 | 3 | 4 | 6 | | | | 1 | 5 | 9 | 3 | 6 | 2 | 4 | 8 | 7 |
| 6 | 4 | 2 | 1 | 8 | 3 | 9 | 5 | 7 | | | | 3 | 7 | 2 | 4 | 8 | 5 | 1 | 9 | 6 |
| 7 | 3 | 9 | 6 | 4 | 5 | 1 | 8 | 2 | | | | 4 | 8 | 6 | 9 | 1 | 7 | 5 | 3 | 2 |
| 1 | 8 | 5 | 9 | 7 | 6 | 4 | 2 | 3 | | | | 2 | 9 | 5 | 8 | 7 | 4 | 3 | 6 | 1 |
| 3 | 9 | 7 | 4 | 5 | 2 | 8 | 6 | 1 | | | | 8 | 3 | 1 | 2 | 5 | 6 | 9 | 7 | 4 |
| 4 | 2 | 6 | 3 | 1 | 8 | 7 | 9 | 5 | | | | 6 | 4 | 7 | 1 | 9 | 3 | 8 | 2 | 5 |
| 8 | 7 | 3 | 5 | 6 | 9 | 2 | 1 | 4 | 5 | 7 | 3 | 9 | 6 | 8 | 7 | 4 | 1 | 2 | 5 | 3 |
| 9 | 6 | 4 | 7 | 2 | 1 | 5 | 3 | 8 | 1 | 6 | 9 | 7 | 2 | 4 | 5 | 3 | 9 | 6 | 1 | 8 |
| 2 | 5 | 1 | 8 | 3 | 4 | 6 | 7 | 9 | 2 | 4 | 8 | 5 | 1 | 3 | 6 | 2 | 8 | 7 | 4 | 9 |
| | | | | | | 3 | 2 | 5 | 7 | 9 | 6 | 4 | 8 | 1 | | | | | | |
| | | | | | | 7 | 4 | 1 | 3 | 8 | 2 | 6 | 5 | 9 | | | | | | |
| | | | | | | 8 | 9 | 6 | 4 | 5 | 1 | 3 | 7 | 2 | | | | | | |
| 8 | 9 | 2 | 6 | 4 | 3 | 1 | 5 | 7 | 9 | 2 | 4 | 8 | 3 | 6 | 9 | 4 | 1 | 5 | 7 | 2 |
| 6 | 1 | 3 | 7 | 9 | 5 | 4 | 8 | 2 | 6 | 3 | 7 | 1 | 9 | 5 | 7 | 2 | 6 | 4 | 8 | 3 |
| 7 | 5 | 4 | 1 | 2 | 8 | 9 | 6 | 3 | 8 | 1 | 5 | 2 | 4 | 7 | 8 | 5 | 3 | 1 | 9 | 6 |
| 9 | 6 | 7 | 2 | 1 | 4 | 5 | 3 | 8 | | | | 7 | 1 | 4 | 2 | 3 | 8 | 6 | 5 | 9 |
| 5 | 3 | 1 | 8 | 6 | 7 | 2 | 9 | 4 | | | | 6 | 2 | 8 | 5 | 9 | 4 | 7 | 3 | 1 |
| 4 | 2 | 8 | 3 | 5 | 9 | 6 | 7 | 1 | | | | 9 | 5 | 3 | 1 | 6 | 7 | 2 | 4 | 8 |
| 1 | 8 | 9 | 5 | 7 | 2 | 3 | 4 | 6 | | | | 4 | 8 | 2 | 6 | 7 | 9 | 3 | 1 | 5 |
| 2 | 7 | 5 | 4 | 3 | 6 | 8 | 1 | 9 | | | | 5 | 7 | 9 | 3 | 1 | 2 | 8 | 6 | 4 |
| 3 | 4 | 6 | 9 | 8 | 1 | 7 | 2 | 5 | | | | 3 | 6 | 1 | 4 | 8 | 5 | 9 | 2 | 7 |

7

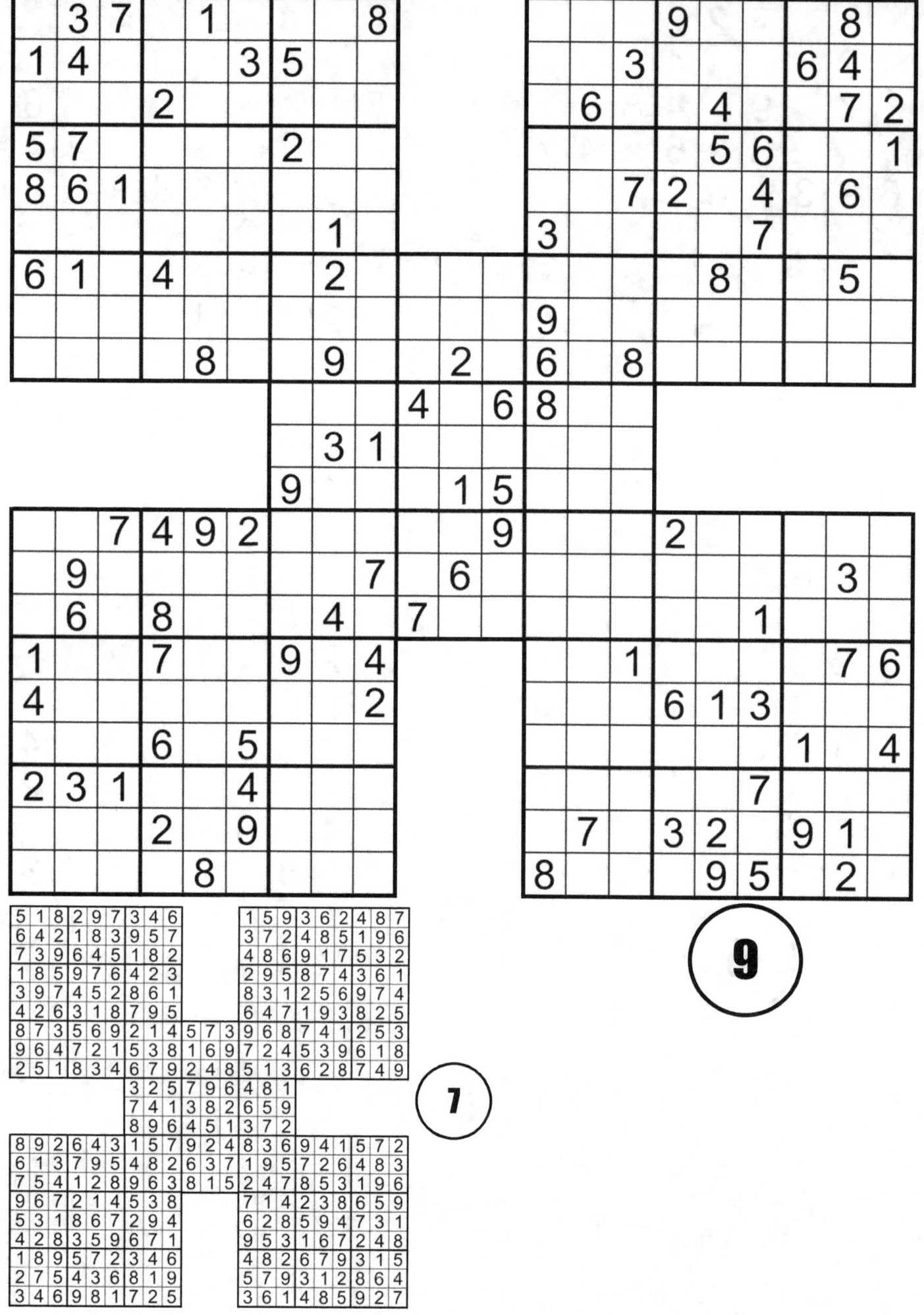

| | | | | | | | | | | | | | | | | | | | | |
|---|---|---|---|---|---|---|---|---|---|---|---|---|---|---|---|---|---|---|---|---|
| 9 | | | | | 3 | 1 | | | | | | | | | 7 | | | 5 | | |
| | | | 2 | | | | | 7 | | | | | | 6 | | | 3 | 2 | | |
| 7 | | | | | | | 4 | | | | | | | | 5 | 2 | | | 4 | 6 |
| | | 9 | | | 8 | | | | | | | | | | 6 | | | | 9 | |
| | | 8 | | | | 5 | 7 | | | | | 3 | | | | 9 | 8 | | 5 | |
| | | | 5 | 4 | | | 3 | | | | | | | | | | | 3 | | 7 |
| 8 | | 2 | | | | 4 | | | | | | 1 | | | | | | | | 8 |
| | 5 | | 3 | | | | | | | | 5 | | 9 | | 4 | | | | | |
| | | | | 8 | | | | 1 | | | 9 | | | | | | | | | |
| | | | | | | | | | 3 | 9 | | | | | | | | | | |
| | | | | | | | | 4 | | | | | 8 | 9 | | | | | | |
| | | | | | | | | | | | | 5 | | 6 | | | | | | |
| | 8 | | | | | 6 | 4 | | | | | | 5 | | 6 | | | | 7 | |
| | 9 | | | 2 | | 3 | 1 | 8 | | 2 | | | | | | | 5 | | | 8 |
| 1 | 3 | | | 9 | | | | | | | | | | | | | | 2 | | |
| | | | 9 | 8 | | 1 | | | | | | | | | | 2 | | 5 | | |
| | | | 5 | | | | | 6 | | | | | | | | | 3 | | 8 | 2 |
| | | | 3 | | | 5 | | 2 | | | | | 4 | | 5 | 7 | | | | |
| 9 | | | | | 7 | | | | | | | | | | 4 | | | 7 | | |
| | | 6 | | | 5 | 9 | 2 | 1 | | | | 5 | 2 | | 1 | | | | | 4 |
| | | | 4 | 1 | | | | | | | | | | | 7 | | 6 | | | 9 |

**10**

| | | | | | | | | | | | | | | | | | | | | |
|---|---|---|---|---|---|---|---|---|---|---|---|---|---|---|---|---|---|---|---|---|
| 4 | 3 | 5 | 7 | 2 | 8 | 1 | 9 | 6 | | | | 2 | 6 | 8 | 3 | 9 | 7 | 5 | 1 | 4 |
| 9 | 2 | 8 | 6 | 3 | 1 | 4 | 7 | 5 | | | | 9 | 4 | 1 | 2 | 5 | 6 | 3 | 8 | 7 |
| 1 | 7 | 6 | 9 | 5 | 4 | 8 | 3 | 2 | | | | 5 | 7 | 3 | 1 | 4 | 8 | 2 | 9 | 6 |
| 8 | 5 | 2 | 3 | 1 | 6 | 9 | 4 | 7 | | | | 6 | 8 | 2 | 7 | 3 | 1 | 9 | 4 | 5 |
| 6 | 9 | 3 | 4 | 8 | 7 | 5 | 2 | 1 | | | | 7 | 3 | 9 | 5 | 6 | 4 | 8 | 2 | 1 |
| 7 | 4 | 1 | 5 | 9 | 2 | 3 | 6 | 8 | | | | 4 | 1 | 5 | 9 | 8 | 2 | 7 | 6 | 3 |
| 3 | 6 | 7 | 1 | 4 | 5 | 2 | 8 | 9 | 7 | 4 | 3 | 1 | 5 | 6 | 8 | 2 | 3 | 4 | 7 | 9 |
| 2 | 1 | 9 | 8 | 7 | 3 | 6 | 5 | 4 | 9 | 8 | 1 | 3 | 2 | 7 | 4 | 1 | 9 | 6 | 5 | 8 |
| 5 | 8 | 4 | 2 | 6 | 9 | 7 | 1 | 3 | 6 | 2 | 5 | 8 | 9 | 4 | 6 | 7 | 5 | 1 | 3 | 2 |
| | | | | | | 1 | 4 | 7 | 2 | 5 | 6 | 9 | 3 | 8 | | | | | | |
| | | | | | | 8 | 2 | 6 | 3 | 9 | 4 | 7 | 1 | 5 | | | | | | |
| | | | | | | 9 | 3 | 5 | 8 | 1 | 7 | 6 | 4 | 2 | | | | | | |
| 5 | 1 | 6 | 4 | 2 | 7 | 3 | 9 | 8 | 4 | 7 | 2 | 5 | 6 | 1 | 4 | 3 | 8 | 9 | 2 | 7 |
| 4 | 7 | 8 | 1 | 9 | 3 | 5 | 6 | 2 | 1 | 3 | 8 | 4 | 7 | 9 | 2 | 5 | 6 | 3 | 1 | 8 |
| 3 | 9 | 2 | 5 | 6 | 8 | 4 | 7 | 1 | 5 | 6 | 9 | 2 | 8 | 3 | 9 | 1 | 7 | 4 | 6 | 5 |
| 1 | 2 | 5 | 6 | 7 | 9 | 8 | 4 | 3 | | | | 9 | 2 | 4 | 1 | 7 | 5 | 8 | 3 | 6 |
| 7 | 6 | 3 | 2 | 8 | 4 | 1 | 5 | 9 | | | | 3 | 5 | 8 | 6 | 4 | 2 | 1 | 7 | 9 |
| 9 | 8 | 4 | 3 | 5 | 1 | 7 | 2 | 6 | | | | 6 | 1 | 7 | 3 | 8 | 9 | 2 | 5 | 4 |
| 2 | 5 | 1 | 8 | 4 | 6 | 9 | 3 | 7 | | | | 1 | 3 | 6 | 5 | 9 | 4 | 7 | 8 | 2 |
| 6 | 3 | 7 | 9 | 1 | 5 | 2 | 8 | 4 | | | | 7 | 4 | 2 | 8 | 6 | 3 | 5 | 9 | 1 |
| 8 | 4 | 9 | 7 | 3 | 2 | 6 | 1 | 5 | | | | 8 | 9 | 5 | 7 | 2 | 1 | 6 | 4 | 3 |

**8**

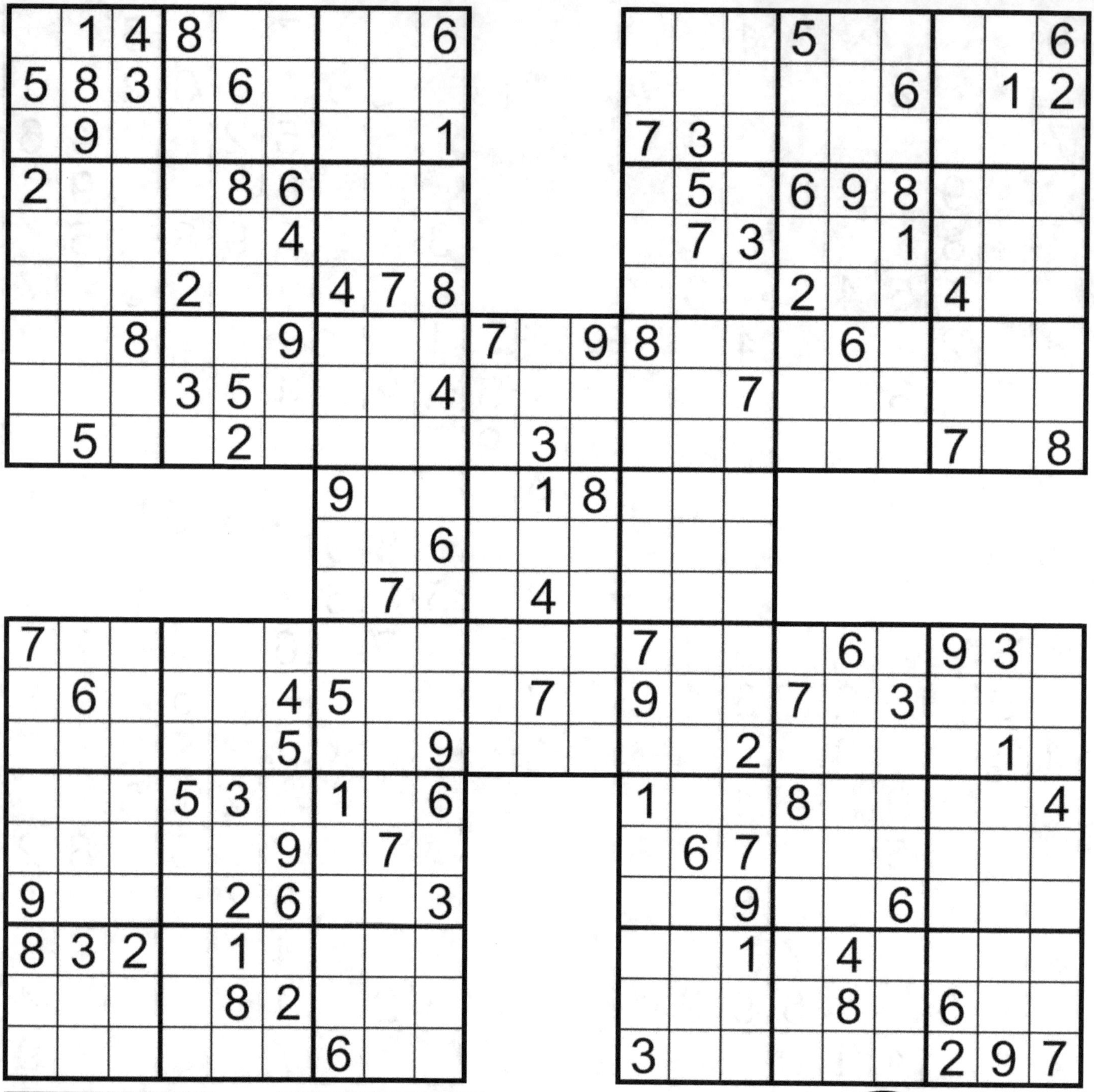

11

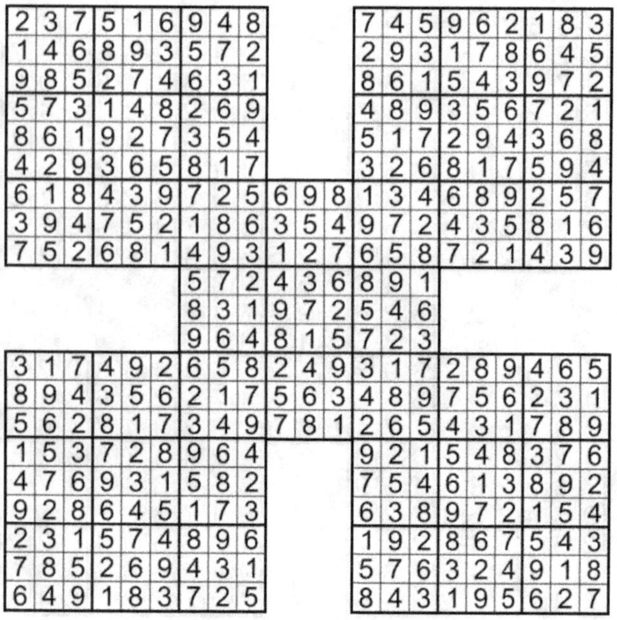

9

| | | | | | | | | | | | | | | | | | | | | |
|---|---|---|---|---|---|---|---|---|---|---|---|---|---|---|---|---|---|---|---|---|
| 3 | | | | | 5 | 8 | 4 | | | | | 2 | | | 3 | | | | | 4 |
| 5 | | | 7 | | | 2 | 9 | | | | | | | 9 | | | | | 7 | |
| | | 4 | | | | | 1 | | | | | 7 | | | | | | | | 8 |
| 4 | | | | | | | | | | | | 9 | | | | | 5 | | | 1 |
| | 3 | | | | | | | 7 | | | | | | | | | | 4 | | |
| | | 7 | | 2 | | 1 | 3 | | | | | 4 | 8 | | | | 1 | | 6 | 5 |
| | | | | 5 | 8 | | | | 1 | | | | 4 | | 5 | | | | 1 | |
| | | | 6 | | | | | | | | | | | | | 3 | | | | |
| 8 | | | | | 3 | | | | | 6 | 4 | | | | | | 8 | 6 | | |
| | | | | | | | 3 | | | | 8 | | | | | | | | | |
| | | | | | | | | 4 | 6 | 3 | | | | | | | | | | |
| | | | | | | | | | | | 1 | | 7 | 3 | | | | | | |
| | 6 | | | | | | | | 9 | 8 | | | | | | | | | | 2 |
| | | | | | 7 | 8 | | 6 | | 5 | 2 | | | | | | 6 | | 3 | |
| | | | | 1 | 4 | | | | | | 6 | | | | | 7 | | 6 | | |
| | | | 8 | | | | 6 | | | | | 3 | | | | | | | | |
| | | | | 5 | | | 2 | | | | | | | | | 8 | | 3 | | |
| | 1 | | 2 | | | | | 8 | | | | 5 | | 7 | 9 | | | | | |
| | | | | | | | | 4 | | | | | 4 | 3 | 2 | 1 | | 8 | 5 | |
| | | 4 | | 9 | | 5 | | | | | | 1 | | 2 | | | 5 | 4 | | |
| | | | 1 | | 2 | | 8 | | | | | | | | | | | | | |

**12**

| | | | | | | | | | | | | | | | | | | | | |
|---|---|---|---|---|---|---|---|---|---|---|---|---|---|---|---|---|---|---|---|---|
| 9 | 8 | 6 | 4 | 7 | 3 | 1 | 2 | 5 | | | | 2 | 1 | 4 | 7 | 6 | 9 | 5 | 8 | 3 |
| 4 | 1 | 5 | 2 | 6 | 9 | 3 | 8 | 7 | | | | 5 | 7 | 6 | 8 | 4 | 3 | 2 | 1 | 9 |
| 7 | 2 | 3 | 8 | 1 | 5 | 6 | 4 | 9 | | | | 8 | 3 | 9 | 5 | 2 | 1 | 7 | 4 | 6 |
| 5 | 4 | 9 | 7 | 3 | 8 | 2 | 1 | 6 | | | | 4 | 5 | 1 | 6 | 3 | 7 | 8 | 9 | 2 |
| 6 | 3 | 8 | 9 | 2 | 1 | 5 | 7 | 4 | | | | 3 | 6 | 7 | 2 | 9 | 8 | 1 | 5 | 4 |
| 2 | 7 | 1 | 5 | 4 | 6 | 9 | 3 | 8 | | | | 9 | 8 | 2 | 1 | 5 | 4 | 3 | 6 | 7 |
| 8 | 6 | 2 | 1 | 5 | 7 | 4 | 9 | 3 | 7 | 6 | 8 | 1 | 2 | 5 | 9 | 7 | 6 | 4 | 3 | 8 |
| 1 | 5 | 7 | 3 | 9 | 4 | 8 | 6 | 2 | 4 | 1 | 5 | 7 | 9 | 3 | 4 | 8 | 5 | 6 | 2 | 1 |
| 3 | 9 | 4 | 6 | 8 | 2 | 7 | 5 | 1 | 2 | 3 | 9 | 6 | 4 | 8 | 3 | 1 | 2 | 9 | 7 | 5 |
| | | | | | | 5 | 8 | 6 | 3 | 9 | 2 | 4 | 1 | 7 | | | | | | |
| | | | | | | 1 | 3 | 4 | 6 | 5 | 7 | 2 | 8 | 9 | | | | | | |
| | | | | | | 9 | 2 | 7 | 1 | 8 | 4 | 5 | 3 | 6 | | | | | | |
| 7 | 8 | 2 | 1 | 5 | 3 | 6 | 4 | 9 | 8 | 7 | 1 | 3 | 5 | 2 | 6 | 4 | 8 | 9 | 7 | 1 |
| 6 | 9 | 5 | 7 | 2 | 4 | 3 | 1 | 8 | 5 | 2 | 6 | 9 | 7 | 4 | 2 | 1 | 5 | 6 | 3 | 8 |
| 1 | 3 | 4 | 6 | 9 | 8 | 2 | 7 | 5 | 9 | 4 | 3 | 8 | 6 | 1 | 3 | 9 | 7 | 2 | 4 | 5 |
| 5 | 6 | 7 | 9 | 8 | 2 | 1 | 3 | 4 | | | | 6 | 3 | 9 | 8 | 2 | 4 | 5 | 1 | 7 |
| 3 | 2 | 9 | 5 | 4 | 1 | 7 | 8 | 6 | | | | 7 | 1 | 5 | 9 | 6 | 3 | 4 | 8 | 2 |
| 8 | 4 | 1 | 3 | 7 | 6 | 5 | 9 | 2 | | | | 2 | 4 | 8 | 5 | 7 | 1 | 3 | 9 | 6 |
| 9 | 1 | 8 | 2 | 6 | 7 | 4 | 5 | 3 | | | | 1 | 9 | 6 | 4 | 8 | 2 | 7 | 5 | 3 |
| 4 | 7 | 6 | 8 | 3 | 5 | 9 | 2 | 1 | | | | 5 | 2 | 7 | 1 | 3 | 9 | 8 | 6 | 4 |
| 2 | 5 | 3 | 4 | 1 | 9 | 8 | 6 | 7 | | | | 4 | 8 | 3 | 7 | 5 | 6 | 1 | 2 | 9 |

**10**

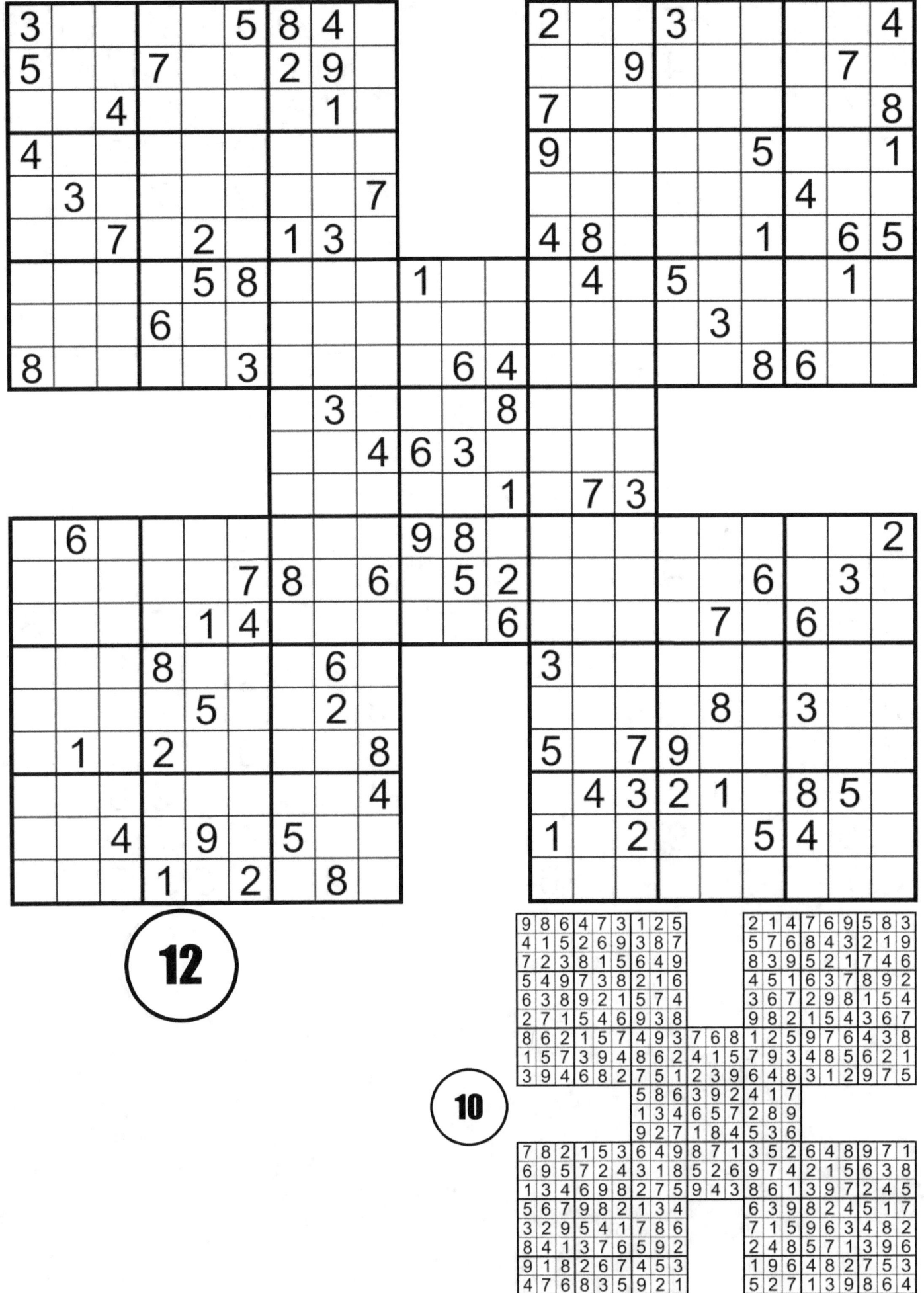

| | | | | | | | | | | | | | | | | | | | | |
|---|---|---|---|---|---|---|---|---|---|---|---|---|---|---|---|---|---|---|---|---|
| 9 | | | | | 7 | | | 1 | | | | | | 9 | 4 | | 2 | | | |
| | 3 | | | | 4 | | | 9 | | | | | | 6 | 3 | | | | | 5 |
| 6 | 4 | 7 | | 9 | | | | | | | | | 1 | 5 | | | | 4 | | |
| 7 | | | | 1 | | | | | | | | | | | 9 | | | | 1 | |
| | 2 | | | | 3 | | | | | | | | 8 | | 2 | | 7 | | | |
| 3 | | 1 | | | | 5 | 9 | | | | | | | | | | | 9 | | |
| | | | 7 | | | | | | | | | | | | | | | | 4 | |
| | | | 3 | | | | | | 1 | | 2 | | | | | | | | | 2 |
| 5 | | | | | | | 3 | 6 | 5 | 4 | | | 7 | | 5 | | | | 3 | |
| | | | | | | | 4 | | | 3 | | 7 | 8 | | | | | | | |
| | | | | | | | | | | 9 | | | | | | | | | | |
| | | | | | | | | 8 | 7 | | | | 2 | | | | | | | |
| | | | | 9 | | | | | | 5 | | | 3 | | | | | | | |
| 8 | 2 | | | | 6 | | | | | | | | | 7 | | 1 | | | | |
| 9 | 6 | | 3 | | | | | | | | | | | | 3 | 2 | 5 | | | 8 |
| | 9 | | | | | | 2 | | | | | | 4 | 1 | | | | 9 | | |
| 6 | 3 | | | | | 8 | 1 | | | | | 3 | | | | | | | | |
| 7 | | | | | 4 | 5 | | | | | | 2 | | | 9 | | | 5 | | 1 |
| | | | | 1 | | | | | | | | 1 | | 4 | | | 9 | 6 | | |
| | 5 | | 7 | | 9 | | | | | | | | | | 1 | | 7 | | | |
| | 7 | | | | | | | 6 | | | | | 2 | | | 5 | | 7 | | |

| | | | | | | | | | | | | | | | | | | | | |
|---|---|---|---|---|---|---|---|---|---|---|---|---|---|---|---|---|---|---|---|---|
| 7 | 1 | 4 | 8 | 9 | 3 | 5 | 2 | 6 | | | | 4 | 1 | 2 | 5 | 3 | 9 | 8 | 7 | 6 |
| 5 | 8 | 3 | 1 | 6 | 2 | 7 | 4 | 9 | | | | 5 | 8 | 9 | 7 | 4 | 6 | 3 | 1 | 2 |
| 6 | 9 | 2 | 7 | 4 | 5 | 8 | 3 | 1 | | | | 7 | 3 | 6 | 1 | 8 | 2 | 9 | 4 | 5 |
| 2 | 4 | 7 | 9 | 8 | 6 | 3 | 1 | 5 | | | | 1 | 5 | 4 | 6 | 9 | 8 | 2 | 3 | 7 |
| 8 | 3 | 1 | 5 | 7 | 4 | 9 | 6 | 2 | | | | 2 | 7 | 3 | 4 | 5 | 1 | 6 | 8 | 9 |
| 9 | 6 | 5 | 2 | 3 | 1 | 4 | 7 | 8 | | | | 9 | 6 | 8 | 2 | 7 | 3 | 4 | 5 | 1 |
| 4 | 7 | 8 | 6 | 1 | 9 | 2 | 5 | 3 | 7 | 6 | 9 | 8 | 4 | 1 | 9 | 6 | 7 | 5 | 2 | 3 |
| 1 | 2 | 9 | 3 | 5 | 7 | 6 | 8 | 4 | 5 | 2 | 1 | 3 | 9 | 7 | 8 | 2 | 5 | 1 | 6 | 4 |
| 3 | 5 | 6 | 4 | 2 | 8 | 1 | 9 | 7 | 8 | 3 | 4 | 6 | 2 | 5 | 3 | 1 | 4 | 7 | 9 | 8 |
| | | | | | | 9 | 2 | 5 | 6 | 1 | 8 | 4 | 7 | 3 | | | | | | |
| | | | | | | 4 | 1 | 6 | 3 | 9 | 7 | 2 | 5 | 8 | | | | | | |
| | | | | | | 3 | 7 | 8 | 2 | 4 | 5 | 1 | 6 | 9 | | | | | | |
| 7 | 4 | 5 | 3 | 9 | 1 | 8 | 6 | 2 | 9 | 5 | 3 | 7 | 1 | 4 | 2 | 6 | 5 | 9 | 3 | 8 |
| 2 | 6 | 9 | 8 | 7 | 4 | 5 | 3 | 1 | 4 | 7 | 2 | 9 | 8 | 6 | 7 | 1 | 3 | 4 | 5 | 2 |
| 3 | 1 | 8 | 2 | 6 | 5 | 7 | 4 | 9 | 1 | 8 | 6 | 5 | 3 | 2 | 4 | 9 | 8 | 7 | 1 | 6 |
| 4 | 2 | 7 | 5 | 3 | 8 | 1 | 9 | 6 | | | | 1 | 2 | 3 | 8 | 7 | 9 | 5 | 6 | 4 |
| 6 | 8 | 3 | 1 | 4 | 9 | 2 | 7 | 5 | | | | 8 | 6 | 7 | 5 | 3 | 4 | 1 | 2 | 9 |
| 9 | 5 | 1 | 7 | 2 | 6 | 4 | 8 | 3 | | | | 4 | 5 | 9 | 1 | 2 | 6 | 8 | 7 | 3 |
| 8 | 3 | 2 | 6 | 1 | 7 | 9 | 5 | 4 | | | | 6 | 7 | 1 | 9 | 4 | 2 | 3 | 8 | 5 |
| 5 | 9 | 6 | 4 | 8 | 2 | 3 | 1 | 7 | | | | 2 | 9 | 5 | 3 | 8 | 7 | 6 | 4 | 1 |
| 1 | 7 | 4 | 9 | 5 | 3 | 6 | 2 | 8 | | | | 3 | 4 | 8 | 6 | 5 | 1 | 2 | 9 | 7 |

11

13

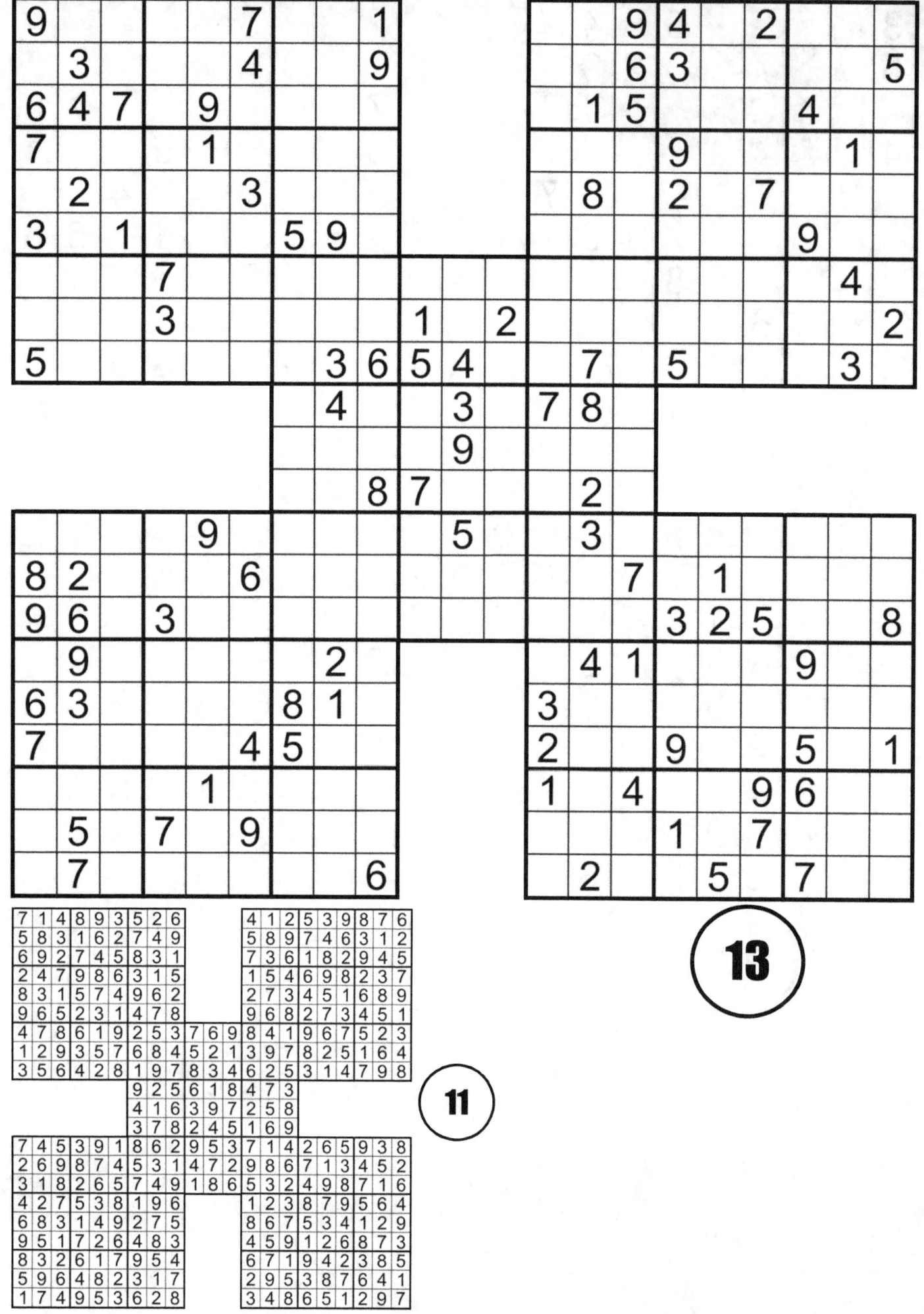

| | | | | | | | | | | | | | | | | | | | | |
|---|---|---|---|---|---|---|---|---|---|---|---|---|---|---|---|---|---|---|---|---|
| 2 | | | | 6 | | | | | | | | | | | 5 | 8 | | | | |
| | 4 | 6 | | | 7 | | | | | | | | 9 | 5 | 4 | | | | | |
| | 7 | | | 9 | | | | | | | | 6 | 7 | | | | | 9 | | |
| | | 2 | | | | | | | | | | | | | | | | | | |
| 5 | | | 9 | 2 | | | 7 | | | | | | | 1 | | | | | 7 | |
| | 9 | 4 | 8 | | | | 6 | | | | | | 8 | 6 | | 1 | | | 9 | |
| 6 | | | | | | | | | | | 9 | | 3 | 8 | | | 6 | 4 | | |
| | | | | 5 | | | | 9 | | | | | | | 1 | | | 8 | 2 | |
| 4 | | 9 | 2 | 7 | | | | | | | 5 | | | | | | 3 | | | 5 |
| | | | | | | | | 4 | 9 | | 7 | 6 | | | | | | | | |
| | | | | | | | 6 | | 2 | 8 | | | | | | | | | | |
| | | | | | | | | | | | 3 | | | | | | | | | |
| | 8 | | | | | | | 6 | | | | | 5 | | | | | | | |
| | | | 3 | 8 | | 5 | | | 8 | | | | | | 5 | 1 | 9 | | | |
| | | 1 | | 9 | | 7 | | | | | | | | | | | 8 | | | |
| | 2 | | | | | | | | | | | | | | 3 | | | | 5 | 6 |
| 6 | | 3 | 5 | | | | | 7 | | | | 7 | | 3 | | 6 | | | 9 | |
| | | | | 4 | 8 | | 6 | | | | | | 6 | | 7 | 8 | | | | 2 |
| | 4 | | | | | 8 | | | | | | 6 | | 5 | | 7 | 3 | 8 | | |
| | | | | | | 6 | 7 | | | | | | | | | | | 9 | | |
| 5 | | 6 | | 2 | | | | | | | | | 2 | | | | | | | |

14

| | | | | | | | | | | | | | | | | | | | | |
|---|---|---|---|---|---|---|---|---|---|---|---|---|---|---|---|---|---|---|---|---|
| 3 | 7 | 2 | 9 | 1 | 5 | 8 | 4 | 6 | | | | 2 | 5 | 8 | 3 | 7 | 6 | 1 | 9 | 4 |
| 5 | 1 | 8 | 7 | 6 | 4 | 2 | 9 | 3 | | | | 1 | 3 | 9 | 8 | 5 | 4 | 2 | 7 | 6 |
| 6 | 9 | 4 | 8 | 3 | 2 | 7 | 1 | 5 | | | | 7 | 6 | 4 | 2 | 1 | 9 | 5 | 3 | 8 |
| 4 | 2 | 6 | 3 | 7 | 1 | 9 | 5 | 8 | | | | 9 | 7 | 2 | 6 | 4 | 5 | 3 | 8 | 1 |
| 1 | 3 | 5 | 4 | 8 | 9 | 6 | 2 | 7 | | | | 6 | 1 | 5 | 7 | 8 | 3 | 4 | 2 | 9 |
| 9 | 8 | 7 | 5 | 2 | 6 | 1 | 3 | 4 | | | | 4 | 8 | 3 | 9 | 2 | 1 | 7 | 6 | 5 |
| 7 | 4 | 9 | 1 | 5 | 8 | 3 | 6 | 2 | 1 | 9 | 5 | 8 | 4 | 7 | 5 | 6 | 2 | 9 | 1 | 3 |
| 2 | 5 | 3 | 6 | 9 | 7 | 4 | 8 | 1 | 2 | 7 | 3 | 5 | 9 | 6 | 1 | 3 | 7 | 8 | 4 | 2 |
| 8 | 6 | 1 | 2 | 4 | 3 | 5 | 7 | 9 | 8 | 6 | 4 | 3 | 2 | 1 | 4 | 9 | 8 | 6 | 5 | 7 |
| | | | | | | 1 | 3 | 5 | 7 | 4 | 8 | 9 | 6 | 2 | | | | | | |
| | | | | | | 7 | 2 | 4 | 6 | 3 | 9 | 1 | 8 | 5 | | | | | | |
| | | | | | | 6 | 9 | 8 | 5 | 2 | 1 | 4 | 7 | 3 | | | | | | |
| 4 | 6 | 7 | 9 | 8 | 5 | 2 | 1 | 3 | 9 | 8 | 7 | 6 | 5 | 4 | 3 | 9 | 8 | 7 | 1 | 2 |
| 9 | 5 | 1 | 3 | 2 | 7 | 8 | 4 | 6 | 3 | 5 | 2 | 7 | 1 | 9 | 4 | 2 | 6 | 5 | 3 | 8 |
| 3 | 2 | 8 | 6 | 1 | 4 | 9 | 5 | 7 | 4 | 1 | 6 | 2 | 3 | 8 | 5 | 7 | 1 | 6 | 9 | 4 |
| 2 | 4 | 9 | 8 | 7 | 1 | 3 | 6 | 5 | | | | 3 | 2 | 6 | 1 | 5 | 4 | 9 | 8 | 7 |
| 8 | 3 | 6 | 4 | 5 | 9 | 7 | 2 | 1 | | | | 4 | 9 | 1 | 7 | 8 | 2 | 3 | 6 | 5 |
| 7 | 1 | 5 | 2 | 6 | 3 | 4 | 9 | 8 | | | | 5 | 8 | 7 | 9 | 6 | 3 | 2 | 4 | 1 |
| 6 | 9 | 2 | 5 | 3 | 8 | 1 | 7 | 4 | | | | 9 | 4 | 3 | 2 | 1 | 7 | 8 | 5 | 6 |
| 1 | 8 | 4 | 7 | 9 | 6 | 5 | 3 | 2 | | | | 1 | 6 | 2 | 8 | 3 | 5 | 4 | 7 | 9 |
| 5 | 7 | 3 | 1 | 4 | 2 | 6 | 8 | 9 | | | | 8 | 7 | 5 | 6 | 4 | 9 | 1 | 2 | 3 |

12

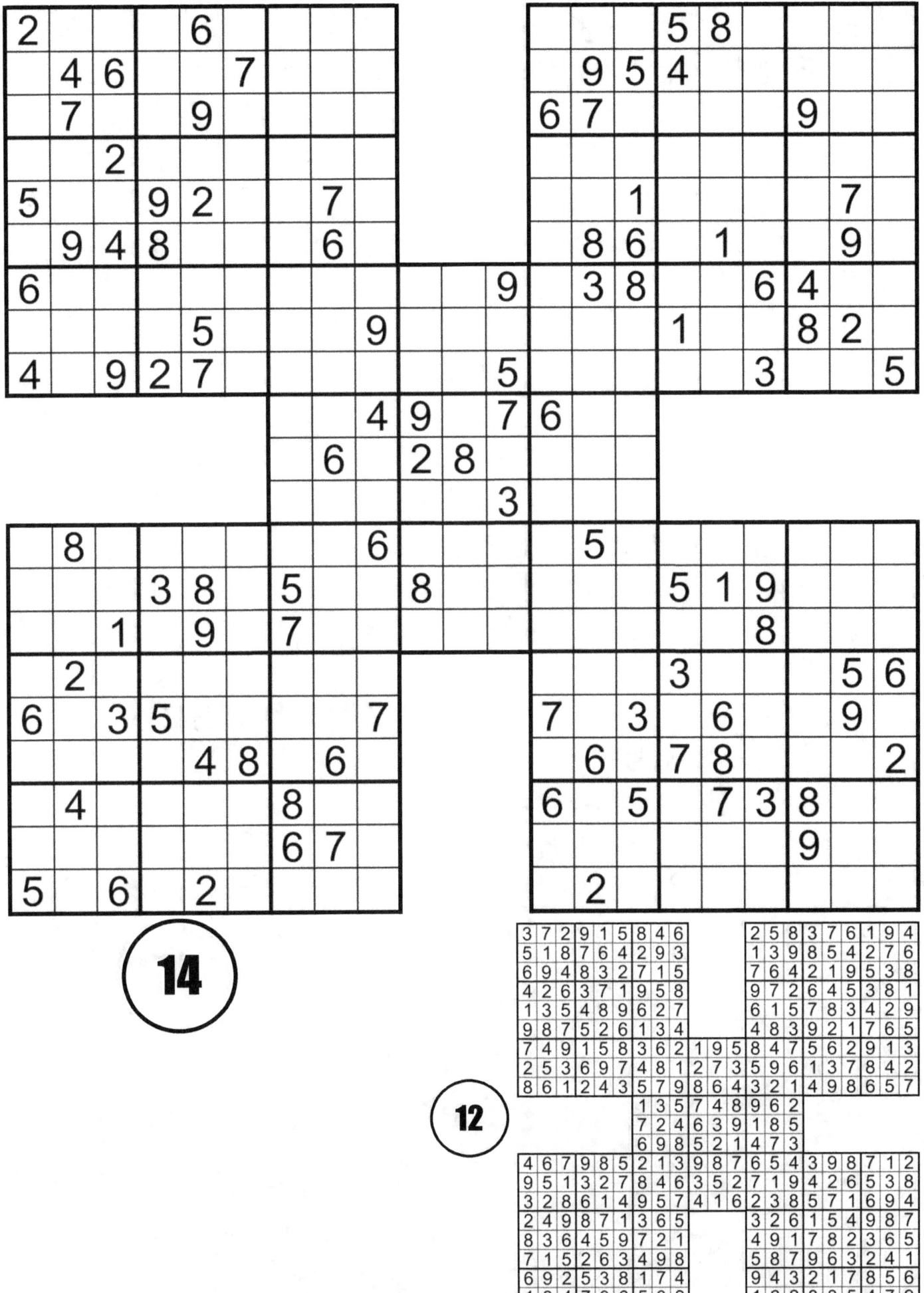

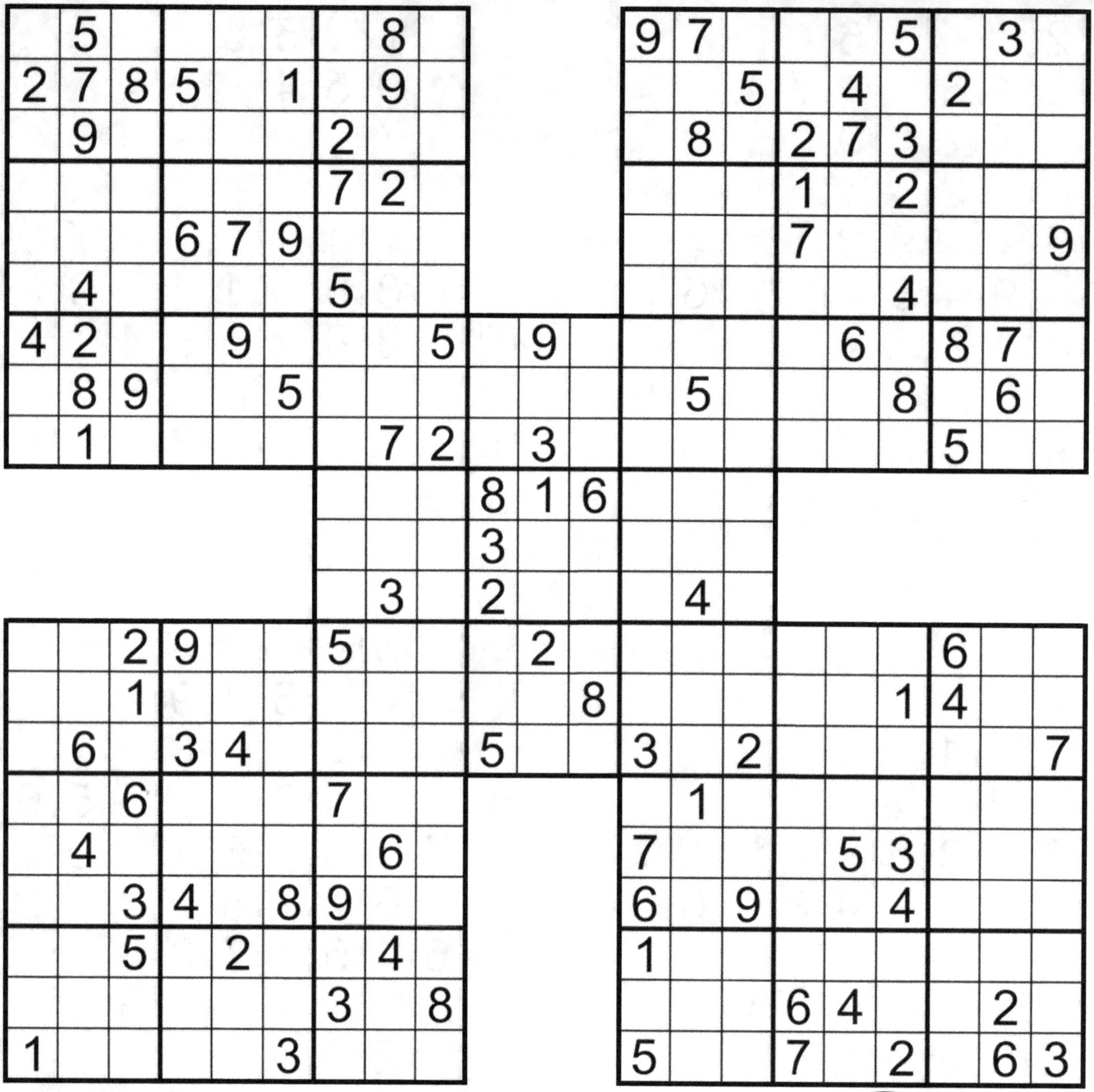

**15**

| | | | | | | | | | | | | | | | | | | | | |
|---|---|---|---|---|---|---|---|---|---|---|---|---|---|---|---|---|---|---|---|---|
| 9 | 5 | 8 | 6 | 3 | 7 | 2 | 4 | 1 | | | | 7 | 3 | 9 | 4 | 5 | 2 | 8 | 6 | 1 |
| 1 | 3 | 2 | 5 | 8 | 4 | 7 | 6 | 9 | | | | 4 | 2 | 6 | 3 | 8 | 1 | 7 | 9 | 5 |
| 6 | 4 | 7 | 2 | 9 | 1 | 3 | 8 | 5 | | | | 8 | 1 | 5 | 7 | 9 | 6 | 4 | 2 | 3 |
| 7 | 8 | 9 | 4 | 1 | 5 | 6 | 2 | 3 | | | | 3 | 5 | 7 | 9 | 6 | 4 | 2 | 1 | 8 |
| 4 | 2 | 5 | 9 | 6 | 3 | 1 | 7 | 8 | | | | 9 | 8 | 4 | 2 | 1 | 7 | 3 | 5 | 6 |
| 3 | 6 | 1 | 8 | 7 | 2 | 5 | 9 | 4 | | | | 1 | 6 | 2 | 8 | 3 | 5 | 9 | 7 | 4 |
| 8 | 9 | 3 | 7 | 5 | 6 | 4 | 1 | 2 | 3 | 6 | 7 | 5 | 9 | 8 | 6 | 2 | 3 | 1 | 4 | 7 |
| 2 | 1 | 6 | 3 | 4 | 8 | 9 | 5 | 7 | 1 | 8 | 2 | 6 | 4 | 3 | 1 | 7 | 9 | 5 | 8 | 2 |
| 5 | 7 | 4 | 1 | 2 | 9 | 8 | 3 | 6 | 5 | 4 | 9 | 2 | 7 | 1 | 5 | 4 | 8 | 6 | 3 | 9 |
| | | | | | | 1 | 4 | 9 | 2 | 3 | 6 | 7 | 8 | 5 | | | | | | |
| | | | | | | 7 | 2 | 3 | 8 | 9 | 5 | 1 | 6 | 4 | | | | | | |
| | | | | | | 5 | 6 | 8 | 7 | 1 | 4 | 3 | 2 | 9 | | | | | | |
| 3 | 4 | 5 | 8 | 9 | 2 | 6 | 7 | 1 | 9 | 5 | 8 | 4 | 3 | 2 | 7 | 9 | 8 | 1 | 5 | 6 |
| 8 | 2 | 1 | 5 | 7 | 6 | 3 | 9 | 4 | 6 | 2 | 1 | 8 | 5 | 7 | 4 | 1 | 6 | 3 | 9 | 2 |
| 9 | 6 | 7 | 3 | 4 | 1 | 2 | 8 | 5 | 4 | 7 | 3 | 9 | 1 | 6 | 3 | 2 | 5 | 4 | 7 | 8 |
| 5 | 9 | 8 | 1 | 6 | 3 | 4 | 2 | 7 | | | | 7 | 4 | 1 | 5 | 8 | 2 | 9 | 6 | 3 |
| 6 | 3 | 4 | 2 | 5 | 7 | 8 | 1 | 9 | | | | 3 | 9 | 5 | 6 | 4 | 1 | 8 | 2 | 7 |
| 7 | 1 | 2 | 9 | 8 | 4 | 5 | 6 | 3 | | | | 2 | 6 | 8 | 9 | 7 | 3 | 5 | 4 | 1 |
| 4 | 8 | 9 | 6 | 1 | 5 | 7 | 3 | 2 | | | | 1 | 7 | 4 | 2 | 3 | 9 | 6 | 8 | 5 |
| 2 | 5 | 6 | 7 | 3 | 9 | 1 | 4 | 8 | | | | 5 | 8 | 9 | 1 | 6 | 7 | 2 | 3 | 4 |
| 1 | 7 | 3 | 4 | 2 | 8 | 9 | 5 | 6 | | | | 6 | 2 | 3 | 8 | 5 | 4 | 7 | 1 | 9 |

**13**

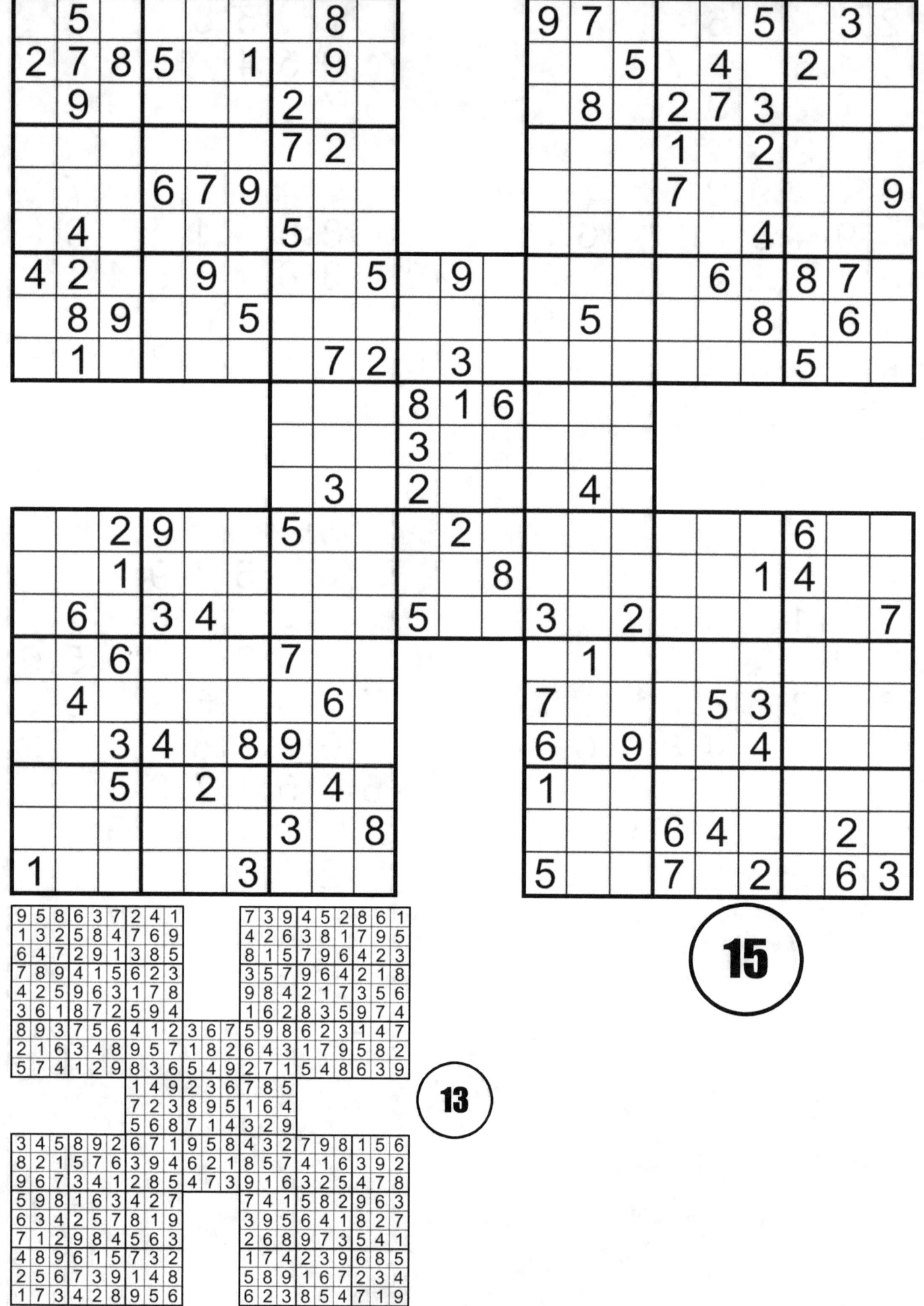

| | | | | | | | | | | | | | | | | | | | | |
|---|---|---|---|---|---|---|---|---|---|---|---|---|---|---|---|---|---|---|---|---|
| | 5 | | | 6 | 7 | 8 | | | | | | | | 4 | | | 7 | | | |
| | | | | | | | | | | | | 5 | | | 2 | | | | | |
| | | | 5 | | | 7 | | | | | | | | 7 | | 6 | 4 | | | 5 |
| | | | 7 | | 3 | | | | | | | | 4 | | | | | 1 | | 6 |
| | 3 | 7 | | 2 | 8 | | 5 | 4 | | | | 8 | 2 | | | | | | | 4 |
| 1 | | 4 | | | 5 | | | | | | | | | | | | | | 5 | |
| 2 | | 8 | | | | | | | | 4 | | | 8 | | | | 9 | | | |
| | | | | | | 2 | | 8 | | | 1 | 4 | | | | 7 | 1 | 3 | 6 | |
| | 9 | | | | 6 | | | | 3 | | | | | | | | | | 7 | |
| | | | | | | | | | 9 | 5 | | 2 | 6 | 1 | | | | | | |
| | | | | | | 3 | | | | | | | 9 | | | | | | | |
| | | | | | | | 2 | | | | | | | 5 | | | | | | |
| 1 | | 2 | | 3 | | | | | | | 2 | | | | 9 | | | 2 | | |
| | | | | | | | 5 | | 1 | | | 9 | 7 | 4 | | | 5 | | | |
| | | | | 8 | | | 7 | | | 8 | | | | | | | 8 | | | 4 |
| 3 | | | | | | | | 1 | | | | | 5 | | | 9 | | | 7 | |
| | | 1 | | 4 | | | | | | | | 6 | | | | | | 1 | | |
| 7 | 6 | | 3 | | | | | 5 | | | | | | | | 2 | | 4 | | |
| | | 8 | | | | 7 | 9 | | | | | 7 | 1 | | | | | | | |
| | | | 2 | | | | | | | | | 4 | | | | 8 | 3 | | | |
| 6 | 9 | | | | | | 1 | 8 | | | | | 6 | 5 | 4 | | | | | |

16

14

| | | | | | | | | | | | | | | | | | | | | |
|---|---|---|---|---|---|---|---|---|---|---|---|---|---|---|---|---|---|---|---|---|
| 2 | 1 | 3 | 4 | 6 | 8 | 7 | 9 | 5 | | | | 3 | 1 | 2 | 5 | 8 | 9 | 6 | 4 | 7 |
| 9 | 4 | 6 | 5 | 3 | 7 | 8 | 2 | 1 | | | | 8 | 9 | 5 | 4 | 6 | 7 | 2 | 3 | 1 |
| 8 | 7 | 5 | 1 | 9 | 2 | 3 | 4 | 6 | | | | 6 | 7 | 4 | 2 | 3 | 1 | 9 | 5 | 8 |
| 1 | 6 | 2 | 7 | 4 | 5 | 9 | 3 | 8 | | | | 4 | 2 | 3 | 9 | 7 | 5 | 1 | 8 | 6 |
| 5 | 3 | 8 | 9 | 2 | 6 | 1 | 7 | 4 | | | | 9 | 5 | 1 | 6 | 4 | 8 | 3 | 7 | 2 |
| 7 | 9 | 4 | 8 | 1 | 3 | 5 | 6 | 2 | | | | 7 | 8 | 6 | 3 | 1 | 2 | 5 | 9 | 4 |
| 6 | 2 | 1 | 3 | 8 | 9 | 4 | 5 | 7 | 1 | 6 | 9 | 2 | 3 | 8 | 7 | 5 | 6 | 4 | 1 | 9 |
| 3 | 8 | 7 | 6 | 5 | 4 | 2 | 1 | 9 | 3 | 4 | 8 | 5 | 6 | 7 | 1 | 9 | 4 | 8 | 2 | 3 |
| 4 | 5 | 9 | 2 | 7 | 1 | 6 | 8 | 3 | 7 | 2 | 5 | 1 | 4 | 9 | 8 | 2 | 3 | 7 | 6 | 5 |
| | | | | | | 8 | 3 | 4 | 9 | 1 | 7 | 6 | 2 | 5 | | | | | | |
| | | | | | | 9 | 6 | 5 | 2 | 8 | 4 | 7 | 1 | 3 | | | | | | |
| | | | | | | 1 | 7 | 2 | 6 | 5 | 3 | 9 | 8 | 4 | | | | | | |
| 4 | 8 | 5 | 2 | 7 | 1 | 3 | 9 | 6 | 4 | 7 | 1 | 8 | 5 | 2 | 4 | 3 | 7 | 6 | 1 | 9 |
| 2 | 7 | 9 | 3 | 8 | 6 | 5 | 4 | 1 | 8 | 9 | 2 | 3 | 7 | 6 | 5 | 1 | 9 | 2 | 8 | 4 |
| 3 | 6 | 1 | 4 | 9 | 5 | 7 | 2 | 8 | 5 | 3 | 6 | 4 | 9 | 1 | 6 | 2 | 8 | 5 | 7 | 3 |
| 8 | 2 | 4 | 7 | 6 | 3 | 1 | 5 | 9 | | | | 2 | 8 | 4 | 3 | 9 | 1 | 7 | 5 | 6 |
| 6 | 9 | 3 | 5 | 1 | 2 | 4 | 8 | 7 | | | | 7 | 1 | 3 | 2 | 6 | 5 | 4 | 9 | 8 |
| 1 | 5 | 7 | 9 | 4 | 8 | 2 | 6 | 3 | | | | 5 | 6 | 9 | 7 | 8 | 4 | 1 | 3 | 2 |
| 7 | 4 | 2 | 6 | 3 | 9 | 8 | 1 | 5 | | | | 6 | 4 | 5 | 9 | 7 | 3 | 8 | 2 | 1 |
| 9 | 3 | 8 | 1 | 5 | 4 | 6 | 7 | 2 | | | | 1 | 3 | 7 | 8 | 4 | 2 | 9 | 6 | 5 |
| 5 | 1 | 6 | 8 | 2 | 7 | 9 | 3 | 4 | | | | 9 | 2 | 8 | 1 | 5 | 6 | 3 | 4 | 7 |

| | | | | | | | | | | | | | | | | | | | | |
|---|---|---|---|---|---|---|---|---|---|---|---|---|---|---|---|---|---|---|---|---|
| 6 | | 2 | | 1 | | | | | | | | | | | | 5 | 7 | 1 | | |
| 1 | 5 | 3 | | | | | | | | | | | | 1 | 8 | | | | | 3 |
| | | 7 | | | 4 | | | | | | | | | | | 2 | | | | |
| | | 8 | 9 | | | | | | | | | | | 8 | 2 | 4 | | | | 7 |
| 7 | | | 5 | 8 | | | | | | | | 1 | | | | | | 3 | 8 | |
| | | | | | 7 | 2 | | | | | | | | 6 | | | | | 9 | |
| 5 | | | 6 | 3 | | | | | 1 | | | | | | 7 | | | | | |
| | | | | 2 | | | | | | | | 7 | | | 4 | 9 | | 5 | | |
| 2 | 8 | | | | | 1 | | | | | 7 | | | | | | | | | |
| | | | | | | 3 | 7 | 4 | | 8 | 1 | | | | | | | | | |
| | | | | | | | 6 | 2 | | | | | | | | | | | | |
| | | | | | | 9 | | | | | | 3 | | | | | | | | |
| | | | | | | | | | | | | | 7 | | | | | | | |
| | 8 | 6 | | | | | | | | | 8 | | | 3 | | | | | 5 | 9 |
| | | | | | 5 | 4 | | | | 2 | | | 9 | | | | | | | 6 |
| 9 | 1 | 2 | 4 | | | 7 | | | | | | | | | | | 5 | | 9 | |
| | 7 | | | | 2 | 1 | | 4 | | | | | | 7 | 6 | 4 | | | | |
| 4 | | | | | | | | 8 | | | | | | 5 | 2 | | | 1 | 8 | 4 |
| | | | | | | 8 | | | | | | | | | 7 | | | | | 2 |
| | | 4 | 3 | 5 | 9 | | | | | | | 3 | | 6 | | | | | | |
| | 9 | | | 8 | 7 | | | | | | | | | | | 3 | 9 | | | |

**17**

| | | | | | | | | | | | | | | | | | | | | |
|---|---|---|---|---|---|---|---|---|---|---|---|---|---|---|---|---|---|---|---|---|
| 1 | 5 | 6 | 9 | 2 | 3 | 4 | 8 | 7 | | | | 9 | 7 | 2 | 6 | 8 | 5 | 1 | 3 | 4 |
| 2 | 7 | 8 | 5 | 4 | 1 | 6 | 9 | 3 | | | | 3 | 6 | 5 | 9 | 4 | 1 | 2 | 8 | 7 |
| 3 | 9 | 4 | 7 | 8 | 6 | 2 | 5 | 1 | | | | 4 | 8 | 1 | 2 | 7 | 3 | 9 | 5 | 6 |
| 8 | 6 | 1 | 3 | 5 | 4 | 7 | 2 | 9 | | | | 5 | 9 | 7 | 1 | 3 | 2 | 6 | 4 | 8 |
| 5 | 3 | 2 | 6 | 7 | 9 | 1 | 4 | 8 | | | | 1 | 4 | 8 | 7 | 5 | 6 | 3 | 2 | 9 |
| 9 | 4 | 7 | 8 | 1 | 2 | 5 | 3 | 6 | | | | 6 | 2 | 3 | 8 | 9 | 4 | 7 | 1 | 5 |
| 4 | 2 | 3 | 1 | 9 | 7 | 8 | 6 | 5 | 7 | 9 | 1 | 2 | 3 | 4 | 5 | 6 | 9 | 8 | 7 | 1 |
| 7 | 8 | 9 | 2 | 6 | 5 | 3 | 1 | 4 | 6 | 8 | 2 | 7 | 5 | 9 | 3 | 1 | 8 | 4 | 6 | 2 |
| 6 | 1 | 5 | 4 | 3 | 8 | 9 | 7 | 2 | 4 | 3 | 5 | 8 | 1 | 6 | 4 | 2 | 7 | 5 | 9 | 3 |
| | | | | | | 7 | 4 | 9 | 8 | 1 | 6 | 5 | 2 | 3 | | | | | | |
| | | | | | | 2 | 5 | 1 | 3 | 4 | 7 | 6 | 9 | 8 | | | | | | |
| | | | | | | 6 | 3 | 8 | 2 | 5 | 9 | 1 | 4 | 7 | | | | | | |
| 4 | 3 | 2 | 9 | 7 | 1 | 5 | 8 | 6 | 9 | 2 | 3 | 4 | 7 | 1 | 2 | 8 | 5 | 6 | 3 | 9 |
| 9 | 7 | 1 | 8 | 5 | 6 | 4 | 2 | 3 | 1 | 7 | 8 | 9 | 6 | 5 | 3 | 7 | 1 | 4 | 8 | 2 |
| 5 | 6 | 8 | 3 | 4 | 2 | 1 | 9 | 7 | 5 | 6 | 4 | 3 | 8 | 2 | 4 | 9 | 6 | 1 | 5 | 7 |
| 8 | 5 | 6 | 2 | 1 | 9 | 7 | 3 | 4 | | | | 2 | 1 | 3 | 8 | 6 | 7 | 9 | 4 | 5 |
| 2 | 4 | 9 | 7 | 3 | 5 | 8 | 6 | 1 | | | | 7 | 4 | 8 | 9 | 5 | 3 | 2 | 1 | 6 |
| 7 | 1 | 3 | 4 | 6 | 8 | 9 | 5 | 2 | | | | 6 | 5 | 9 | 1 | 2 | 4 | 3 | 7 | 8 |
| 3 | 8 | 5 | 1 | 2 | 7 | 6 | 4 | 9 | | | | 1 | 2 | 6 | 5 | 3 | 8 | 7 | 9 | 4 |
| 6 | 2 | 7 | 5 | 9 | 4 | 3 | 1 | 8 | | | | 8 | 3 | 7 | 6 | 4 | 9 | 5 | 2 | 1 |
| 1 | 9 | 4 | 6 | 8 | 3 | 2 | 7 | 5 | | | | 5 | 9 | 4 | 7 | 1 | 2 | 8 | 6 | 3 |

**15**

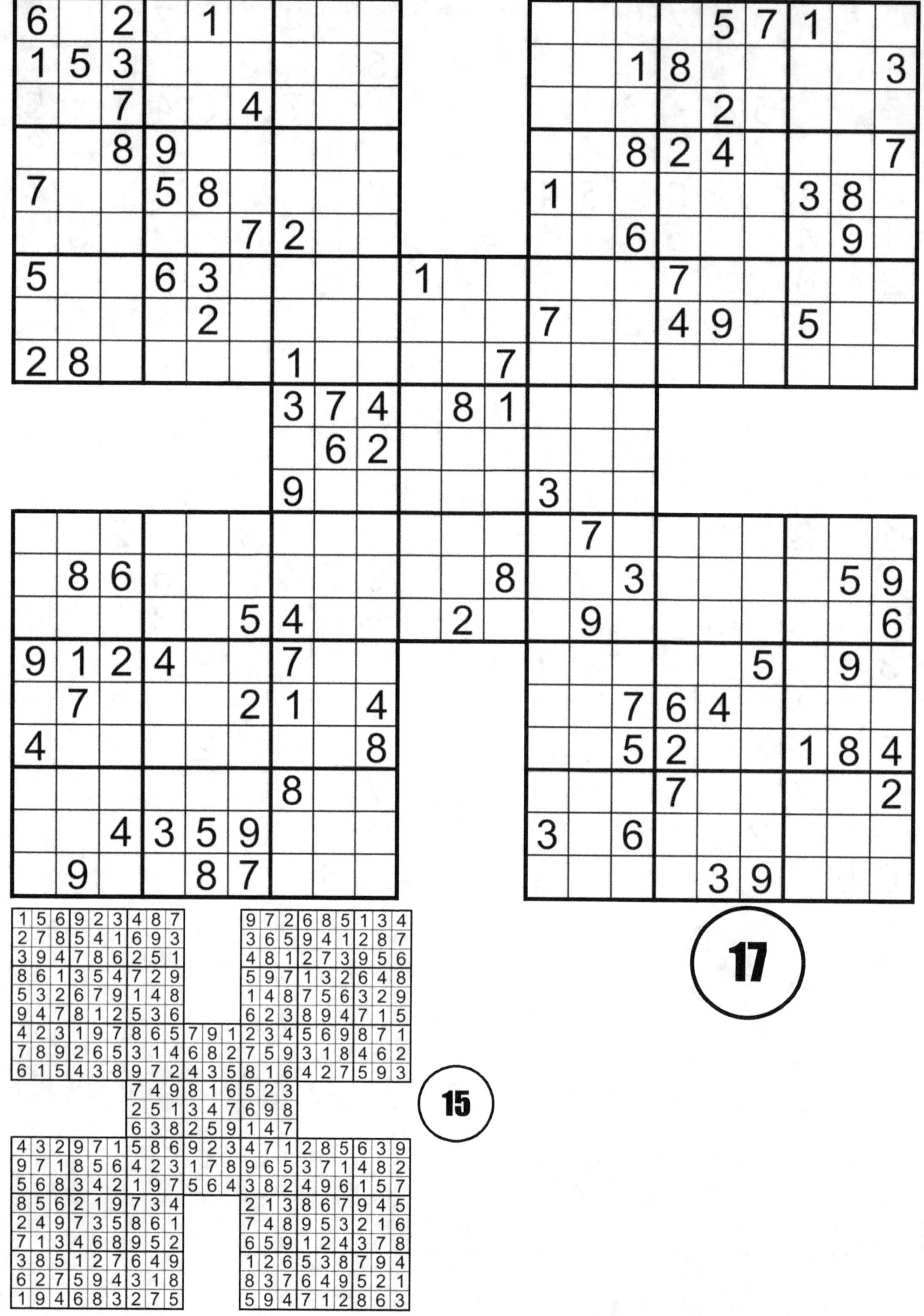

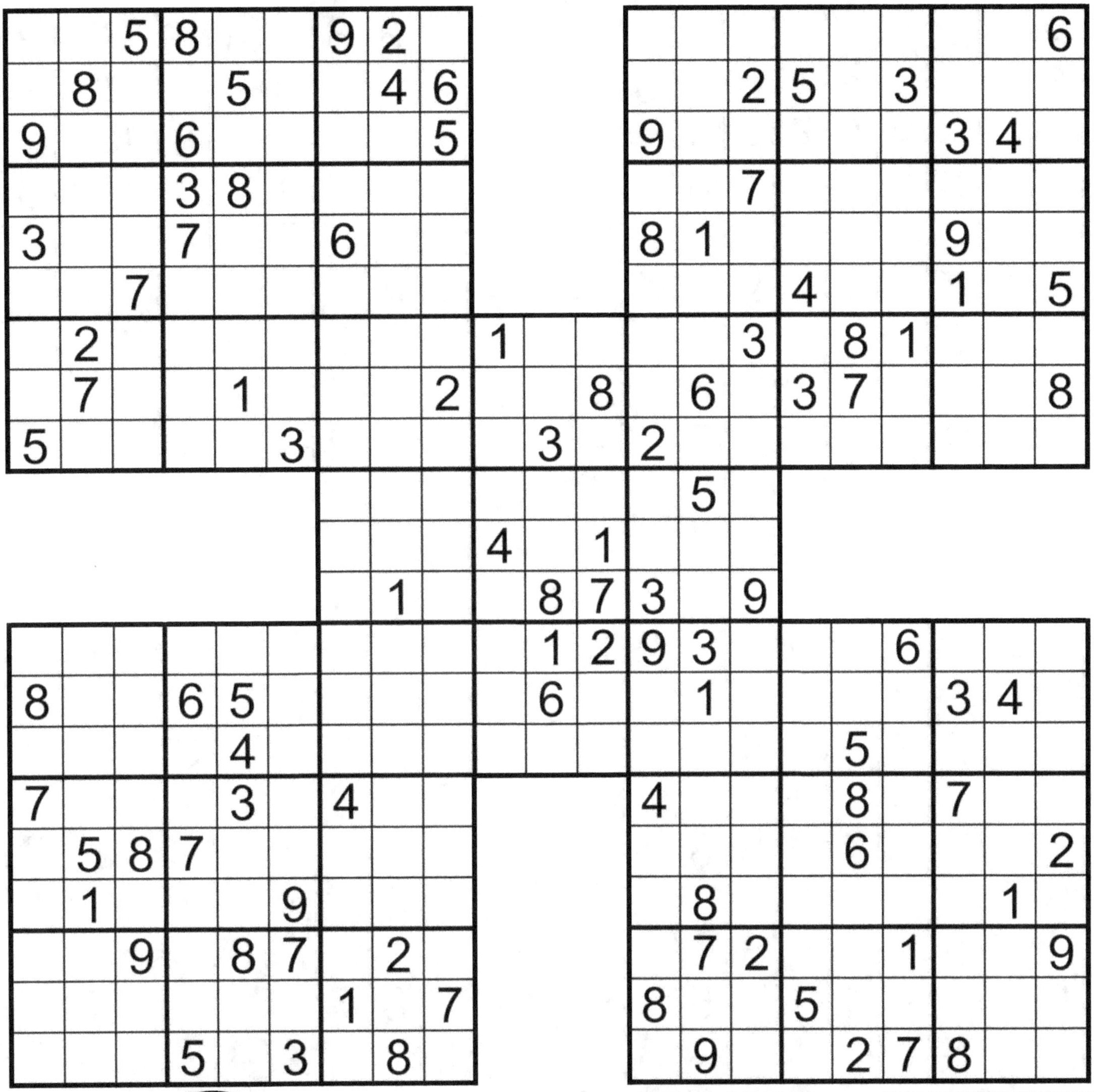

18

16

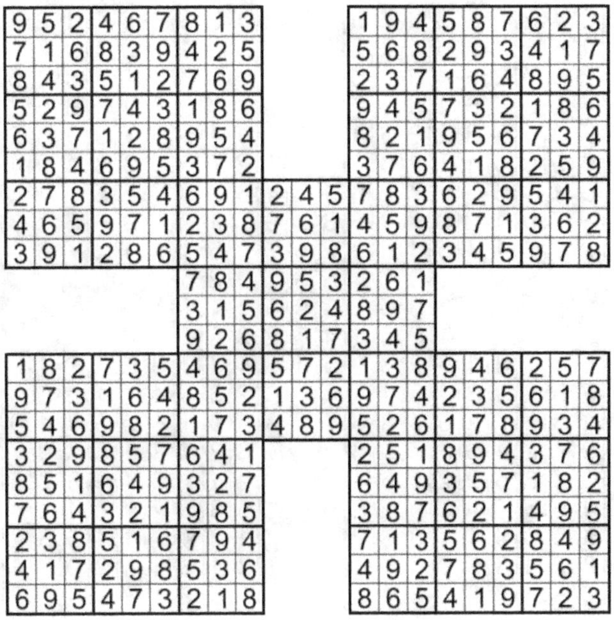

| | | | | | | | | | | | | | | | | | | | | |
|---|---|---|---|---|---|---|---|---|---|---|---|---|---|---|---|---|---|---|---|---|
| 2 | | | | | | | | | | | | | 3 | 6 | | 4 | | 5 | | 9 |
| 5 | | | | 1 | | | | 3 | | | | 4 | | | 3 | | | | | 7 |
| | | | 9 | 5 | 4 | | 1 | | | | | | | | | | 8 | 1 | | |
| | | 5 | 8 | | | 1 | 6 | | | | | | 6 | | 1 | | | 7 | 4 | 8 |
| | 4 | | | | | | | | | | | | | | 7 | | | | | |
| | 2 | 7 | | | | 9 | | 4 | | | | | 4 | | | | | | | |
| | | 8 | | | | | | | | | | 3 | | 7 | | 6 | | 2 | 9 | |
| | | | 3 | | | | | | | | 3 | | | | | 7 | | | | |
| | | 9 | | | | | 7 | | | | | | | 2 | | | | | | |
| | | | | | | | | | | 1 | 7 | | | | | | | | | |
| | | | | | | | 1 | | | | | | | | | | | | | |
| | | | | | | | | 7 | | 5 | 6 | | | 1 | | | | | | |
| | 6 | | | | 9 | | | 2 | 5 | | | | | | 7 | | | | 6 | |
| | | | 8 | | | | | | | | | | | | | | | | | |
| | | 2 | 7 | | | 4 | | | | 2 | | 7 | | 6 | | | 3 | | 8 | |
| 3 | 4 | | 9 | | 1 | | | | | | | 6 | | 8 | | | 9 | | | |
| 5 | | | | 4 | | 3 | 8 | 1 | | | | | | | | | 1 | | | 7 |
| 6 | | | | | | | | | | | | | 1 | | 3 | | | | | |
| | 7 | 6 | | | | 8 | | | | | | | | | | 3 | | | | |
| 9 | | | | 1 | | | 5 | | | | | | 8 | 7 | | | | | 3 | 4 |
| | | 5 | | | | | | 3 | | | | 5 | | | 2 | 4 | | | | 9 |

| | | | | | | | | | | | | | | | | | | | | |
|---|---|---|---|---|---|---|---|---|---|---|---|---|---|---|---|---|---|---|---|---|
| 6 | 4 | 2 | 7 | 1 | 3 | 8 | 5 | 9 | | | | 4 | 8 | 3 | 9 | 5 | 7 | 1 | 2 | 6 |
| 1 | 5 | 3 | 8 | 9 | 6 | 4 | 7 | 2 | | | | 5 | 2 | 1 | 8 | 6 | 4 | 9 | 7 | 3 |
| 8 | 9 | 7 | 2 | 5 | 4 | 3 | 1 | 6 | | | | 9 | 6 | 7 | 1 | 2 | 3 | 8 | 4 | 5 |
| 4 | 2 | 8 | 9 | 6 | 1 | 5 | 3 | 7 | | | | 3 | 9 | 8 | 2 | 4 | 1 | 6 | 5 | 7 |
| 7 | 3 | 1 | 5 | 8 | 2 | 9 | 6 | 4 | | | | 1 | 4 | 5 | 6 | 7 | 9 | 3 | 8 | 2 |
| 9 | 6 | 5 | 3 | 4 | 7 | 2 | 8 | 1 | | | | 2 | 7 | 6 | 5 | 3 | 8 | 4 | 9 | 1 |
| 5 | 1 | 4 | 6 | 3 | 9 | 7 | 2 | 8 | 1 | 5 | 4 | 6 | 3 | 9 | 7 | 8 | 5 | 2 | 1 | 4 |
| 3 | 7 | 9 | 1 | 2 | 8 | 6 | 4 | 5 | 8 | 3 | 9 | 7 | 1 | 2 | 4 | 9 | 6 | 5 | 3 | 8 |
| 2 | 8 | 6 | 4 | 7 | 5 | 1 | 9 | 3 | 2 | 6 | 7 | 8 | 5 | 4 | 3 | 1 | 2 | 7 | 6 | 9 |
| | | | | | | 3 | 7 | 4 | 6 | 8 | 1 | 9 | 2 | 5 | | | | | | |
| | | | | | | 8 | 6 | 2 | 3 | 9 | 5 | 1 | 4 | 7 | | | | | | |
| | | | | | | 9 | 5 | 1 | 4 | 7 | 2 | 3 | 8 | 6 | | | | | | |
| 5 | 4 | 7 | 8 | 1 | 6 | 2 | 3 | 9 | 5 | 1 | 6 | 4 | 7 | 8 | 9 | 5 | 6 | 2 | 1 | 3 |
| 2 | 8 | 6 | 9 | 3 | 4 | 5 | 1 | 7 | 9 | 4 | 8 | 2 | 6 | 3 | 4 | 7 | 1 | 8 | 5 | 9 |
| 1 | 3 | 9 | 7 | 2 | 5 | 4 | 8 | 6 | 7 | 2 | 3 | 5 | 9 | 1 | 8 | 2 | 3 | 7 | 4 | 6 |
| 9 | 1 | 2 | 4 | 6 | 8 | 7 | 5 | 3 | | | | 8 | 2 | 4 | 3 | 1 | 5 | 6 | 9 | 7 |
| 3 | 7 | 8 | 5 | 9 | 2 | 1 | 6 | 4 | | | | 9 | 1 | 7 | 6 | 4 | 8 | 3 | 2 | 5 |
| 4 | 6 | 5 | 1 | 7 | 3 | 9 | 2 | 8 | | | | 6 | 3 | 5 | 2 | 9 | 7 | 1 | 8 | 4 |
| 7 | 5 | 3 | 6 | 4 | 1 | 8 | 9 | 2 | | | | 1 | 8 | 9 | 7 | 6 | 4 | 5 | 3 | 2 |
| 8 | 2 | 4 | 3 | 5 | 9 | 6 | 7 | 1 | | | | 3 | 4 | 6 | 5 | 8 | 2 | 9 | 7 | 1 |
| 6 | 9 | 1 | 2 | 8 | 7 | 3 | 4 | 5 | | | | 7 | 5 | 2 | 1 | 3 | 9 | 4 | 6 | 8 |

17

19

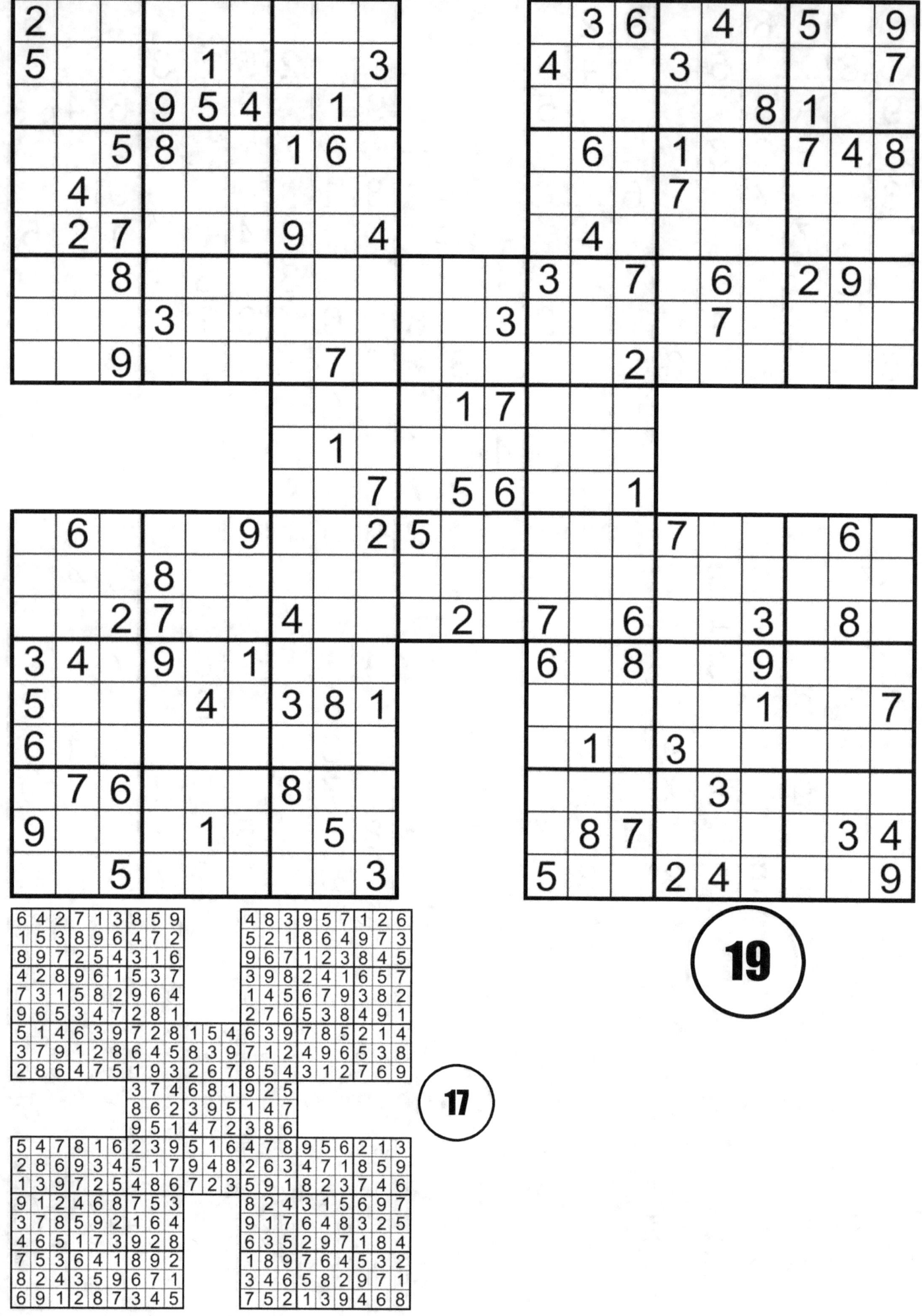

| | | | | | | | | | | | | | | | | | | | | |
|---|---|---|---|---|---|---|---|---|---|---|---|---|---|---|---|---|---|---|---|---|
| | | | 6 | 4 | | 9 | | | | | | 9 | | 3 | | | | 2 | | 5 |
| | | | | 5 | | | | | | | | | 7 | | | | | 1 | | |
| | | | 7 | | | | 3 | 2 | | | | | | | | 2 | 7 | | 3 | |
| 5 | | | | 1 | | | | | | | | | | | | | 5 | | | 9 |
| | 1 | | | | | 6 | 2 | 9 | | | | 7 | | | | | | 4 | | |
| | | | 8 | 9 | 2 | | | 1 | | | | | | | | 8 | | 3 | 2 | |
| 2 | | | | | | | | | | 6 | | | 9 | 2 | 5 | | | | | |
| 6 | 5 | | | | | 2 | | 7 | 3 | | 5 | | 8 | | 1 | | | | | |
| | | | | | 7 | 3 | | | | | 2 | | | | 2 | | | | | |
| | | | | | | | | | 9 | 2 | | | | | | | | | | |
| | | | | | | | 5 | | | | 6 | 7 | | | | | | | | |
| | | | | | | | | | 4 | | | | 6 | | | | | | | |
| | | | | 5 | | | 2 | | | 3 | | | | | | | | | 5 | 2 |
| | | 5 | | | | | | 3 | | | | | | | | | | | 4 | 8 |
| | | 2 | | | 7 | | 8 | | 6 | | 9 | | | | | 5 | | | | 7 |
| | | 4 | 5 | 7 | 3 | | | | | | | | | | | | 5 | 8 | 2 | |
| | 5 | | 1 | 8 | | | | 7 | | | | | 5 | 8 | | | 9 | | | |
| | | | | | 2 | | | | | | | | | | | | | | 9 | |
| 8 | | | | 1 | | | 4 | 5 | | | | 5 | | | 2 | | | | | |
| | | 1 | | 2 | | 7 | | | | | | 1 | 6 | 9 | | | 4 | | | |
| 7 | | | | | | | | 8 | | | | | 8 | | 1 | | | | | 6 |

20

| | | | | | | | | | | | | | | | | | | | | |
|---|---|---|---|---|---|---|---|---|---|---|---|---|---|---|---|---|---|---|---|---|
| 7 | 6 | 5 | 8 | 3 | 4 | 9 | 2 | 1 | | | | 3 | 7 | 8 | 1 | 9 | 4 | 5 | 2 | 6 |
| 2 | 8 | 1 | 9 | 5 | 7 | 3 | 4 | 6 | | | | 1 | 4 | 2 | 5 | 6 | 3 | 8 | 7 | 9 |
| 9 | 3 | 4 | 6 | 2 | 1 | 8 | 7 | 5 | | | | 9 | 5 | 6 | 7 | 2 | 8 | 3 | 4 | 1 |
| 4 | 5 | 6 | 3 | 8 | 2 | 7 | 1 | 9 | | | | 5 | 3 | 7 | 8 | 1 | 9 | 4 | 6 | 2 |
| 3 | 1 | 2 | 7 | 9 | 5 | 6 | 8 | 4 | | | | 8 | 1 | 4 | 6 | 5 | 2 | 9 | 3 | 7 |
| 8 | 9 | 7 | 1 | 4 | 6 | 2 | 5 | 3 | | | | 6 | 2 | 9 | 4 | 3 | 7 | 1 | 8 | 5 |
| 1 | 2 | 3 | 5 | 7 | 9 | 4 | 6 | 8 | 1 | 2 | 5 | 7 | 9 | 3 | 2 | 8 | 1 | 6 | 5 | 4 |
| 6 | 7 | 9 | 4 | 1 | 8 | 5 | 3 | 2 | 9 | 7 | 8 | 4 | 6 | 1 | 3 | 7 | 5 | 2 | 9 | 8 |
| 5 | 4 | 8 | 2 | 6 | 3 | 1 | 9 | 7 | 6 | 3 | 4 | 2 | 8 | 5 | 9 | 4 | 6 | 7 | 1 | 3 |
| | | | | | | 7 | 8 | 4 | 3 | 9 | 6 | 1 | 5 | 2 | | | | | | |
| | | | | | | 9 | 2 | 3 | 4 | 5 | 1 | 8 | 7 | 6 | | | | | | |
| | | | | | | 6 | 1 | 5 | 2 | 8 | 7 | 3 | 4 | 9 | | | | | | |
| 9 | 4 | 1 | 3 | 7 | 2 | 8 | 5 | 6 | 7 | 1 | 2 | 9 | 3 | 4 | 7 | 1 | 6 | 2 | 5 | 8 |
| 8 | 3 | 7 | 6 | 5 | 1 | 2 | 4 | 9 | 8 | 6 | 3 | 5 | 1 | 7 | 2 | 9 | 8 | 3 | 4 | 6 |
| 6 | 2 | 5 | 9 | 4 | 8 | 3 | 7 | 1 | 5 | 4 | 9 | 6 | 2 | 8 | 3 | 5 | 4 | 9 | 7 | 1 |
| 7 | 9 | 6 | 2 | 3 | 5 | 4 | 1 | 8 | | | | 4 | 6 | 3 | 1 | 8 | 2 | 7 | 9 | 5 |
| 3 | 5 | 8 | 7 | 1 | 4 | 9 | 6 | 2 | | | | 7 | 5 | 1 | 9 | 6 | 3 | 4 | 8 | 2 |
| 2 | 1 | 4 | 8 | 6 | 9 | 7 | 3 | 5 | | | | 2 | 8 | 9 | 4 | 7 | 5 | 6 | 1 | 3 |
| 4 | 6 | 9 | 1 | 8 | 7 | 5 | 2 | 3 | | | | 3 | 7 | 2 | 8 | 4 | 1 | 5 | 6 | 9 |
| 5 | 8 | 3 | 4 | 2 | 6 | 1 | 9 | 7 | | | | 8 | 4 | 6 | 5 | 3 | 9 | 1 | 2 | 7 |
| 1 | 7 | 2 | 5 | 9 | 3 | 6 | 8 | 4 | | | | 1 | 9 | 5 | 6 | 2 | 7 | 8 | 3 | 4 |

18

| | | | | | | | | | | | | | | | | | | | | |
|---|---|---|---|---|---|---|---|---|---|---|---|---|---|---|---|---|---|---|---|---|
| 3 | | | 9 | 5 | 2 | 8 | | | | | | 4 | | | | | | | | |
| 2 | | | | 7 | | | | | | | | | 6 | 1 | | | | | | 4 |
| | | | | | 8 | | | | | | | 9 | 2 | | | 1 | 6 | | | |
| 9 | 8 | 2 | | | | | | | | | | | | | | 4 | | | 9 | |
| | | | 7 | | | | | | | | | 1 | 9 | | | | | | 7 | |
| | | | 8 | 9 | 6 | | 1 | | | | | | 3 | | | 8 | | | 4 | |
| | 5 | 9 | | 8 | 7 | 6 | 4 | | | 1 | | | | | 1 | | 6 | | | |
| 6 | 3 | | | | 9 | | | 8 | | 6 | | | | | | 4 | 3 | | 6 | 5 |
| 8 | | | | | 5 | | | | | 5 | | | | | 2 | | | 1 | | 7 |
| | | | | | | | | | 1 | | 5 | 4 | | 8 | | | | | | |
| | | | | | | | | | | | | | | | | | | | | |
| | | | | | | 4 | | 9 | | | 6 | | | | | | | | | |
| | 7 | | | | | | | | 3 | | | | | | 6 | | | 2 | | |
| | 8 | | 3 | 7 | 5 | | | | | | | | | | 2 | | | 4 | | 5 |
| | 9 | | | | | | | | | | | | | 4 | | 7 | | | 3 | |
| 9 | | | | 2 | | | | 8 | | | | | | | | | 6 | 3 | | 9 |
| | | | | 1 | | 5 | | | | | | 1 | | | | | | | | 8 |
| | | | | 8 | | | 4 | | | | | | | 5 | 9 | | | | | |
| 8 | | 9 | | | | | | | | | | 7 | | | | 3 | | | | |
| | | 5 | | 3 | | | 1 | | | | | | 6 | | | | | 5 | | |
| | 4 | | 7 | | | | | 9 | | | | | | 2 | | | | 1 | | |

| | | | | | | | | | | | | | | | | | | | | |
|---|---|---|---|---|---|---|---|---|---|---|---|---|---|---|---|---|---|---|---|---|
| 2 | 1 | 4 | 6 | 8 | 3 | 7 | 9 | 5 | | | | 1 | 3 | 6 | 2 | 4 | 7 | 5 | 8 | 9 |
| 5 | 9 | 6 | 2 | 1 | 7 | 4 | 8 | 3 | | | | 4 | 5 | 8 | 3 | 1 | 9 | 6 | 2 | 7 |
| 7 | 8 | 3 | 9 | 5 | 4 | 6 | 1 | 2 | | | | 2 | 7 | 9 | 6 | 5 | 8 | 1 | 3 | 4 |
| 9 | 3 | 5 | 8 | 4 | 2 | 1 | 6 | 7 | | | | 9 | 6 | 5 | 1 | 2 | 3 | 7 | 4 | 8 |
| 6 | 4 | 1 | 7 | 3 | 9 | 5 | 2 | 8 | | | | 8 | 2 | 1 | 7 | 9 | 4 | 3 | 6 | 5 |
| 8 | 2 | 7 | 1 | 6 | 5 | 9 | 3 | 4 | | | | 7 | 4 | 3 | 5 | 8 | 6 | 9 | 1 | 2 |
| 3 | 7 | 8 | 5 | 9 | 6 | 2 | 4 | 1 | 6 | 9 | 5 | 3 | 8 | 7 | 4 | 6 | 5 | 2 | 9 | 1 |
| 4 | 6 | 2 | 3 | 7 | 1 | 8 | 5 | 9 | 2 | 7 | 3 | 6 | 1 | 4 | 9 | 7 | 2 | 8 | 5 | 3 |
| 1 | 5 | 9 | 4 | 2 | 8 | 3 | 7 | 6 | 1 | 8 | 4 | 5 | 9 | 2 | 8 | 3 | 1 | 4 | 7 | 6 |
| | | | | | | 5 | 2 | 3 | 9 | 1 | 7 | 4 | 6 | 8 | | | | | | |
| | | | | | | 6 | 1 | 4 | 8 | 3 | 2 | 9 | 7 | 5 | | | | | | |
| | | | | | | 9 | 8 | 7 | 4 | 5 | 6 | 2 | 3 | 1 | | | | | | |
| 8 | 6 | 4 | 1 | 5 | 9 | 7 | 3 | 2 | 5 | 6 | 8 | 1 | 4 | 9 | 7 | 8 | 2 | 3 | 6 | 5 |
| 7 | 3 | 9 | 8 | 2 | 4 | 1 | 6 | 5 | 7 | 4 | 9 | 8 | 2 | 3 | 6 | 9 | 5 | 7 | 4 | 1 |
| 1 | 5 | 2 | 7 | 6 | 3 | 4 | 9 | 8 | 3 | 2 | 1 | 7 | 5 | 6 | 4 | 1 | 3 | 9 | 8 | 2 |
| 3 | 4 | 8 | 9 | 7 | 1 | 5 | 2 | 6 | | | | 6 | 7 | 8 | 5 | 2 | 9 | 4 | 1 | 3 |
| 5 | 9 | 7 | 2 | 4 | 6 | 3 | 8 | 1 | | | | 3 | 9 | 4 | 8 | 6 | 1 | 5 | 2 | 7 |
| 6 | 2 | 1 | 3 | 8 | 5 | 9 | 4 | 7 | | | | 2 | 1 | 5 | 3 | 7 | 4 | 8 | 9 | 6 |
| 4 | 7 | 6 | 5 | 3 | 2 | 8 | 1 | 9 | | | | 4 | 6 | 2 | 9 | 3 | 7 | 1 | 5 | 8 |
| 9 | 8 | 3 | 6 | 1 | 7 | 2 | 5 | 4 | | | | 9 | 8 | 7 | 1 | 5 | 6 | 2 | 3 | 4 |
| 2 | 1 | 5 | 4 | 9 | 8 | 6 | 7 | 3 | | | | 5 | 3 | 1 | 2 | 4 | 8 | 6 | 7 | 9 |

19

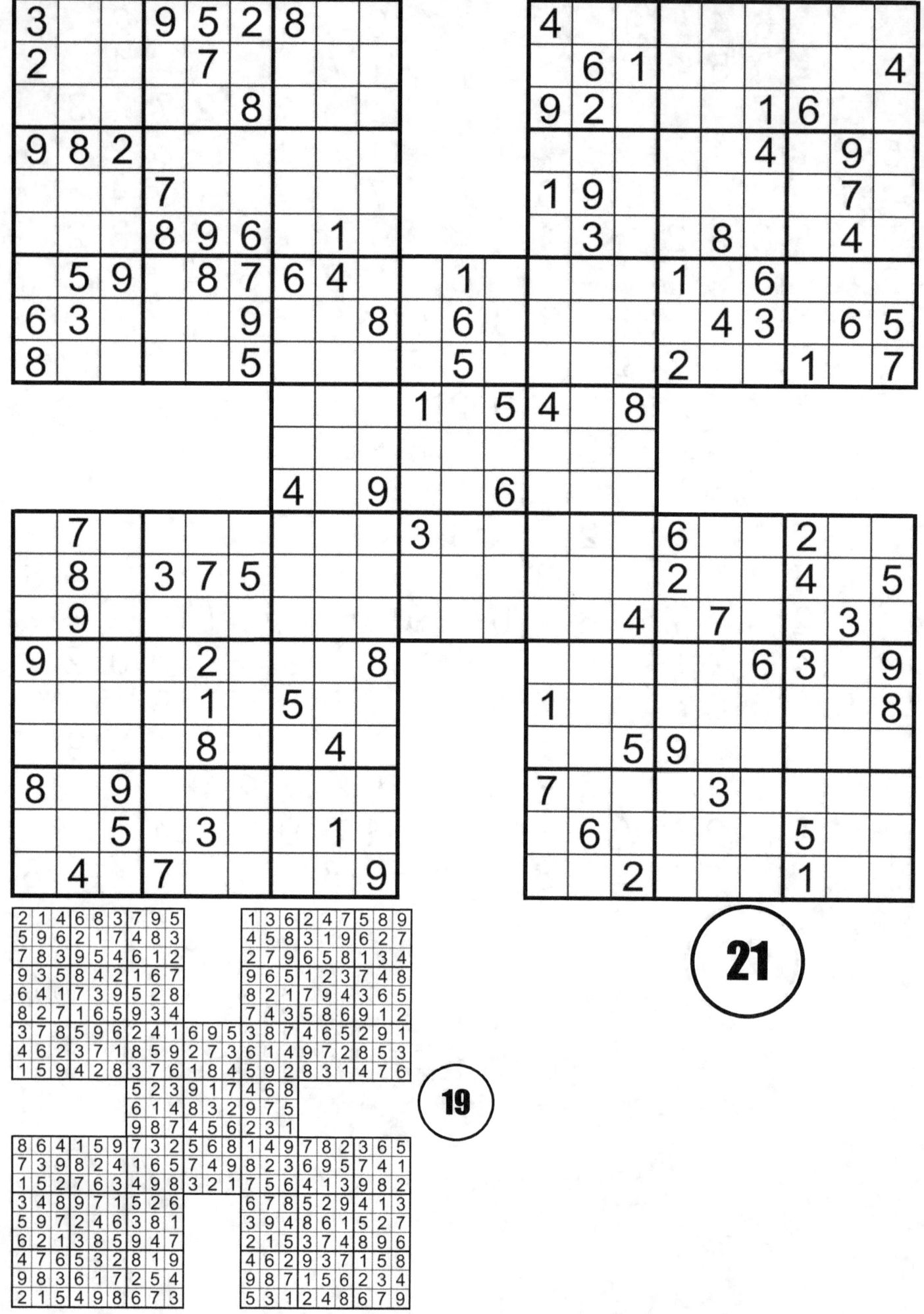

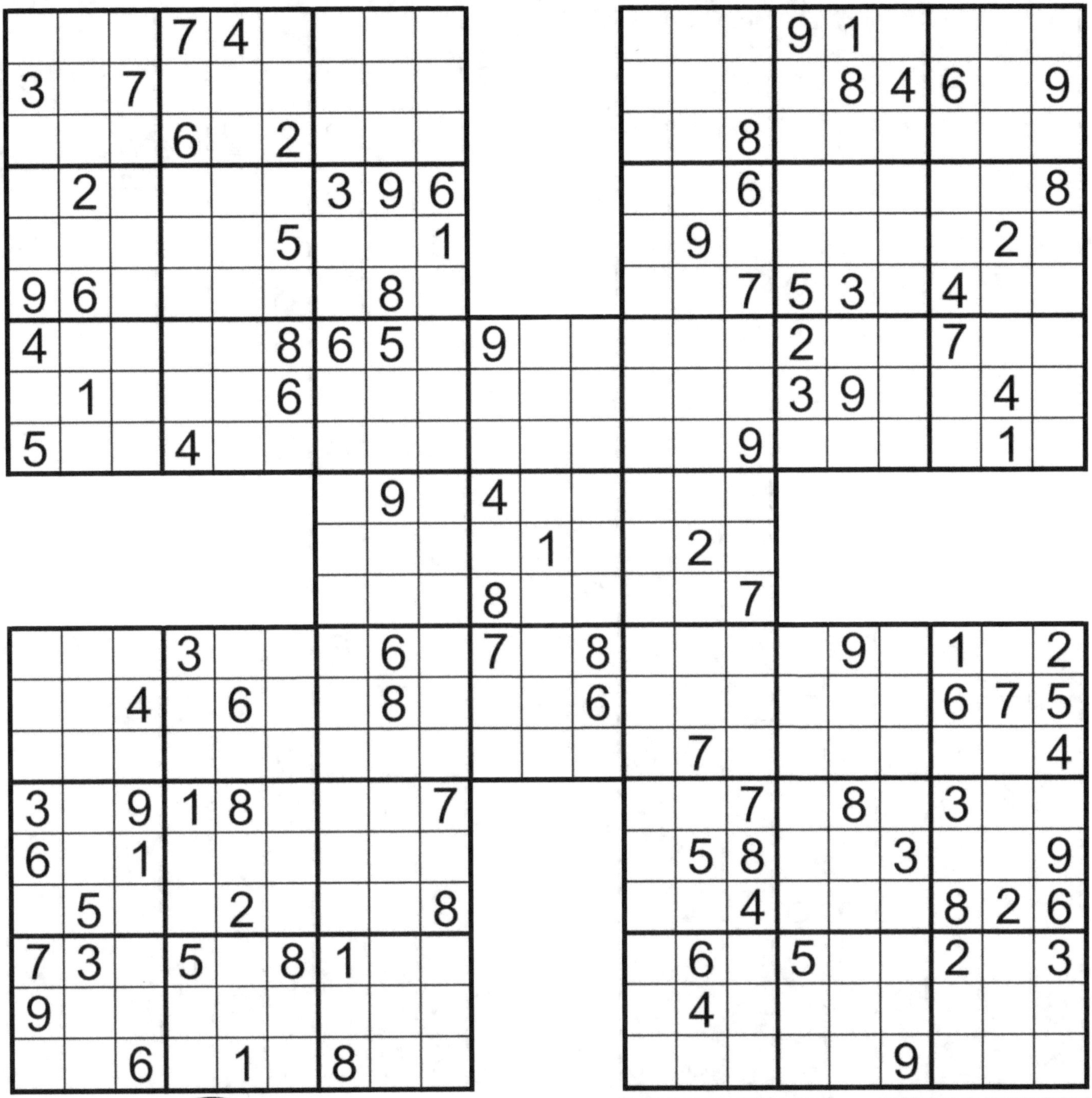

22

20

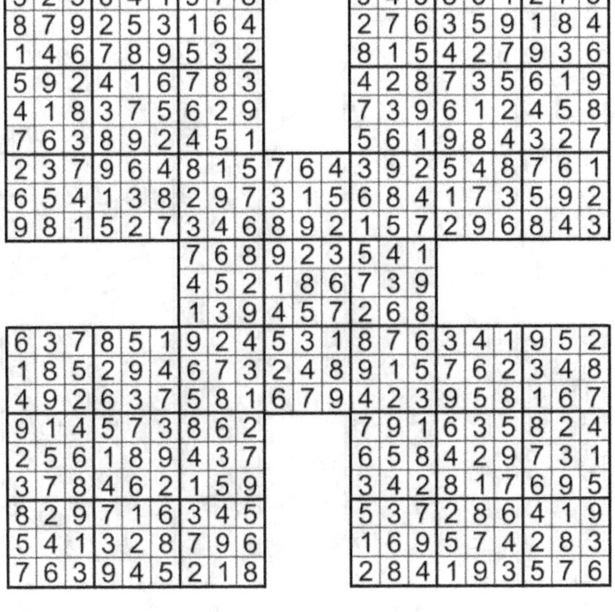

| | | | | | | | | | | | | | | | | | | | | |
|---|---|---|---|---|---|---|---|---|---|---|---|---|---|---|---|---|---|---|---|---|
| | | | | 3 | | 2 | | 8 | | | | | | | 5 | | 9 | | 6 | |
| | | 9 | | | 1 | | | | | | | | | | | | | | 4 | 2 |
| | | | 2 | 6 | | | | | | | | | | 9 | | 2 | | 7 | | |
| | 8 | | 3 | | | 6 | | | | | | | 4 | 8 | | | | 5 | | |
| | | | 7 | 1 | | | 3 | | | | | 1 | | | | | | | | 8 |
| | 7 | | 8 | | 9 | | | | | | | | | | 8 | | | | 7 | |
| | | 7 | | | | 5 | 8 | | 4 | | | | | | 6 | | 5 | | 8 | |
| | 6 | | | | | | | | | | 6 | | | | | | | | | |
| 2 | 4 | | | | | | | | | | 3 | 8 | | 4 | 9 | | | 2 | 5 | 7 |
| | | | | | | 4 | | | | | 7 | | | | | | | | | |
| | | | | | | | | | | 4 | | 6 | | | | | | | | |
| | | | | | | 9 | 7 | | 3 | | 2 | | | | | | | | | |
| | | 6 | | | | | | | | | 4 | | | 6 | | | | | 7 | |
| | 7 | | | | | | | | 6 | 2 | | | 3 | | | 2 | 4 | 5 | | |
| | | 4 | | | | | 9 | 8 | | | | 1 | | | 5 | | | | 6 | |
| | 6 | 9 | | 7 | | | | | | | | | 1 | | 9 | 6 | | 4 | | |
| | | 8 | | | | | | | | | | | | | | | | 9 | | |
| | 4 | | | 6 | 5 | | 1 | | | | | 2 | | | | | | | | 3 |
| | | | | 8 | | | | | | | | | | | | 5 | 8 | | 9 | 6 |
| 6 | | 1 | 9 | | | | | 3 | | | | | | | | 3 | | | | |
| 8 | | 7 | | | 3 | | 5 | 1 | | | | 8 | 9 | | 1 | | | | | |

23

| | | | | | | | | | | | | | | | | | | | | |
|---|---|---|---|---|---|---|---|---|---|---|---|---|---|---|---|---|---|---|---|---|
| 3 | 4 | 1 | 9 | 5 | 2 | 8 | 6 | 7 | | | | 4 | 5 | 8 | 7 | 6 | 2 | 9 | 1 | 3 |
| 2 | 9 | 8 | 6 | 7 | 1 | 3 | 5 | 4 | | | | 3 | 6 | 1 | 5 | 9 | 8 | 7 | 2 | 4 |
| 7 | 6 | 5 | 4 | 3 | 8 | 1 | 9 | 2 | | | | 9 | 2 | 7 | 4 | 3 | 1 | 6 | 5 | 8 |
| 9 | 8 | 2 | 5 | 1 | 4 | 7 | 3 | 6 | | | | 8 | 7 | 5 | 6 | 1 | 4 | 3 | 9 | 2 |
| 5 | 1 | 6 | 7 | 2 | 3 | 4 | 8 | 9 | | | | 1 | 9 | 4 | 3 | 2 | 5 | 8 | 7 | 6 |
| 4 | 7 | 3 | 8 | 9 | 6 | 2 | 1 | 5 | | | | 2 | 3 | 6 | 9 | 8 | 7 | 5 | 4 | 1 |
| 1 | 5 | 9 | 2 | 8 | 7 | 6 | 4 | 3 | 7 | 1 | 9 | 5 | 8 | 2 | 1 | 7 | 6 | 4 | 3 | 9 |
| 6 | 3 | 7 | 1 | 4 | 9 | 5 | 2 | 8 | 4 | 6 | 3 | 7 | 1 | 9 | 8 | 4 | 3 | 2 | 6 | 5 |
| 8 | 2 | 4 | 3 | 6 | 5 | 9 | 7 | 1 | 2 | 5 | 8 | 6 | 4 | 3 | 2 | 5 | 9 | 1 | 8 | 7 |
| | | | | | | 7 | 3 | 6 | 1 | 2 | 5 | 4 | 9 | 8 | | | | | | |
| | | | | | | 2 | 8 | 5 | 9 | 3 | 4 | 1 | 6 | 7 | | | | | | |
| | | | | | | 4 | 1 | 9 | 8 | 7 | 6 | 2 | 3 | 5 | | | | | | |
| 5 | 7 | 3 | 1 | 9 | 4 | 8 | 6 | 2 | 3 | 4 | 7 | 9 | 5 | 1 | 6 | 4 | 3 | 2 | 8 | 7 |
| 6 | 8 | 2 | 3 | 7 | 5 | 1 | 9 | 4 | 5 | 8 | 2 | 3 | 7 | 6 | 2 | 8 | 9 | 4 | 1 | 5 |
| 1 | 9 | 4 | 2 | 6 | 8 | 3 | 5 | 7 | 6 | 9 | 1 | 8 | 2 | 4 | 1 | 7 | 5 | 9 | 3 | 6 |
| 9 | 5 | 1 | 4 | 2 | 3 | 6 | 7 | 8 | | | | 2 | 4 | 8 | 7 | 1 | 6 | 3 | 5 | 9 |
| 4 | 6 | 8 | 9 | 1 | 7 | 5 | 2 | 3 | | | | 1 | 9 | 7 | 3 | 5 | 4 | 6 | 2 | 8 |
| 2 | 3 | 7 | 5 | 8 | 6 | 9 | 4 | 1 | | | | 6 | 3 | 5 | 9 | 2 | 8 | 7 | 4 | 1 |
| 8 | 1 | 9 | 6 | 4 | 2 | 7 | 3 | 5 | | | | 7 | 1 | 9 | 5 | 3 | 2 | 8 | 6 | 4 |
| 7 | 2 | 5 | 8 | 3 | 9 | 4 | 1 | 6 | | | | 4 | 6 | 3 | 8 | 9 | 1 | 5 | 7 | 2 |
| 3 | 4 | 6 | 7 | 5 | 1 | 2 | 8 | 9 | | | | 5 | 8 | 2 | 4 | 6 | 7 | 1 | 9 | 3 |

21

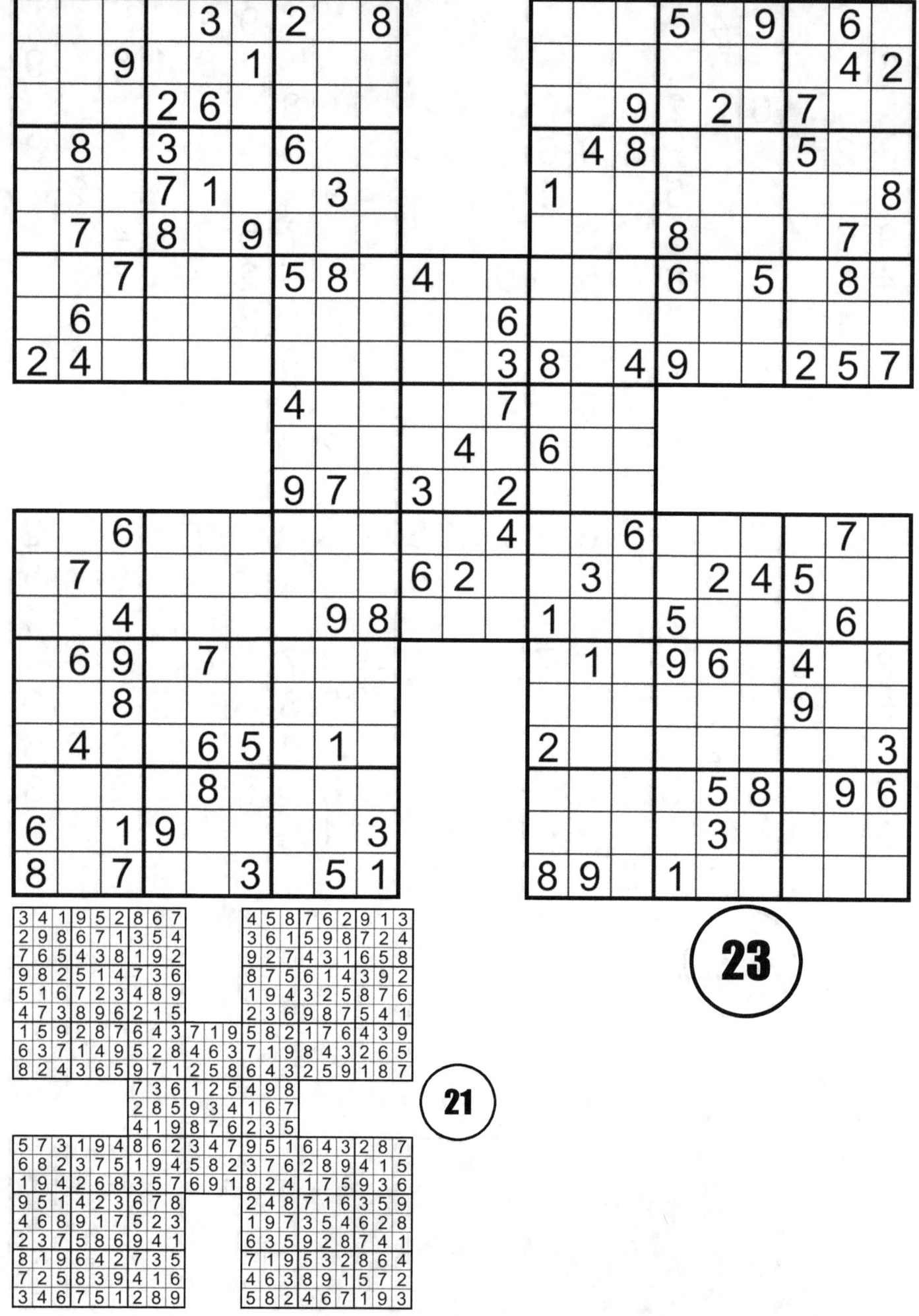

| | | | | | | | | | | | | | | | | | | | | |
|---|---|---|---|---|---|---|---|---|---|---|---|---|---|---|---|---|---|---|---|---|
| | 3 | 6 | | | | | 8 | | | | | | 7 | 5 | | 1 | | 4 | | |
| 7 | 4 | | | | | 6 | | | | | | | | 8 | | 2 | 9 | | | 1 |
| | | | 1 | 6 | | | 9 | | | | | 4 | | | 5 | | | 6 | | |
| 4 | | | | 7 | | 5 | | | | | | | | | 1 | | | 9 | | |
| | | | | | | | | | | | | | 4 | 9 | | | | | 7 | |
| | | | | 2 | 9 | | 7 | 1 | | | | | | | | | | | 1 | 6 |
| | | | | | | 2 | 6 | 9 | | 7 | | 3 | | | | | | | | |
| | 7 | | 3 | | | | | | | | 3 | | | | | | | | 2 | |
| 1 | | 8 | | | | | | | | | 9 | | | | | 7 | 3 | | | 5 |
| | | | | | | | 2 | 8 | 1 | | | | | 7 | | | | | | |
| | | | | | | | 4 | | | 8 | | | | | | | | | | |
| | | | | | | 1 | | | | | | 5 | | 8 | | | | | | |
| 2 | 8 | | | | | | | | | | | | 3 | | | 4 | | | | 1 |
| 9 | | | | 2 | | | | | | | 1 | | | | 5 | | | 3 | | |
| | | | | | | | | 2 | | 9 | | | | | | | | | | 9 |
| 6 | | 1 | | 4 | | | 5 | | | | | | | | | | | | | |
| 7 | | 9 | 2 | | 6 | | | | | | | | 5 | | 7 | | 8 | 1 | | |
| 3 | | | 5 | | | | | 6 | | | | | | | | 3 | | | | 2 |
| | 6 | | 7 | 1 | | | | 8 | | | | 6 | | 4 | | | 2 | | 9 | 3 |
| | | | | 5 | | | | | | | | | | 3 | | | | | 1 | 6 |
| | | | | | | 9 | | | | | | | | | | | 4 | 7 | | |

**24**

| | | | | | | | | | | | | | | | | | | | | |
|---|---|---|---|---|---|---|---|---|---|---|---|---|---|---|---|---|---|---|---|---|
| 6 | 5 | 2 | 7 | 4 | 9 | 8 | 1 | 3 | | | | 6 | 7 | 3 | 9 | 1 | 2 | 5 | 8 | 4 |
| 3 | 4 | 7 | 8 | 5 | 1 | 9 | 6 | 2 | | | | 2 | 1 | 5 | 7 | 8 | 4 | 6 | 3 | 9 |
| 1 | 8 | 9 | 6 | 3 | 2 | 7 | 4 | 5 | | | | 9 | 4 | 8 | 6 | 5 | 3 | 1 | 7 | 2 |
| 7 | 2 | 5 | 1 | 8 | 4 | 3 | 9 | 6 | | | | 4 | 3 | 6 | 1 | 2 | 7 | 9 | 5 | 8 |
| 8 | 3 | 4 | 9 | 6 | 5 | 2 | 7 | 1 | | | | 5 | 9 | 1 | 8 | 4 | 6 | 3 | 2 | 7 |
| 9 | 6 | 1 | 3 | 2 | 7 | 5 | 8 | 4 | | | | 8 | 2 | 7 | 5 | 3 | 9 | 4 | 6 | 1 |
| 4 | 9 | 3 | 2 | 1 | 8 | 6 | 5 | 7 | 9 | 2 | 3 | 1 | 8 | 4 | 2 | 6 | 5 | 7 | 9 | 3 |
| 2 | 1 | 8 | 5 | 7 | 6 | 4 | 3 | 9 | 1 | 8 | 5 | 7 | 6 | 2 | 3 | 9 | 1 | 8 | 4 | 5 |
| 5 | 7 | 6 | 4 | 9 | 3 | 1 | 2 | 8 | 6 | 7 | 4 | 3 | 5 | 9 | 4 | 7 | 8 | 2 | 1 | 6 |
| | | | | | | 8 | 9 | 2 | 4 | 6 | 7 | 5 | 1 | 3 | | | | | | |
| | | | | | | 5 | 7 | 4 | 3 | 1 | 9 | 6 | 2 | 8 | | | | | | |
| | | | | | | 3 | 1 | 6 | 8 | 5 | 2 | 9 | 4 | 7 | | | | | | |
| 8 | 7 | 5 | 3 | 9 | 4 | 2 | 6 | 1 | 7 | 9 | 8 | 4 | 3 | 5 | 6 | 9 | 7 | 1 | 8 | 2 |
| 1 | 9 | 4 | 2 | 6 | 5 | 7 | 8 | 3 | 5 | 4 | 6 | 2 | 9 | 1 | 8 | 3 | 4 | 6 | 7 | 5 |
| 2 | 6 | 3 | 8 | 7 | 1 | 9 | 4 | 5 | 2 | 3 | 1 | 8 | 7 | 6 | 2 | 5 | 1 | 9 | 3 | 4 |
| 3 | 2 | 9 | 1 | 8 | 6 | 4 | 5 | 7 | | | | 9 | 2 | 7 | 4 | 8 | 6 | 3 | 5 | 1 |
| 6 | 8 | 1 | 4 | 5 | 7 | 3 | 2 | 9 | | | | 6 | 5 | 8 | 1 | 2 | 3 | 7 | 4 | 9 |
| 4 | 5 | 7 | 9 | 2 | 3 | 6 | 1 | 8 | | | | 3 | 1 | 4 | 9 | 7 | 5 | 8 | 2 | 6 |
| 7 | 3 | 2 | 5 | 4 | 8 | 1 | 9 | 6 | | | | 7 | 6 | 9 | 5 | 4 | 8 | 2 | 1 | 3 |
| 9 | 1 | 8 | 6 | 3 | 2 | 5 | 7 | 4 | | | | 1 | 4 | 3 | 7 | 6 | 2 | 5 | 9 | 8 |
| 5 | 4 | 6 | 7 | 1 | 9 | 8 | 3 | 2 | | | | 5 | 8 | 2 | 3 | 1 | 9 | 4 | 6 | 7 |

**22**

| | | | | | | | | | | | | | | | | | | | | |
|---|---|---|---|---|---|---|---|---|---|---|---|---|---|---|---|---|---|---|---|---|
| | | 2 | 6 | | 4 | | | | | | | | | | 8 | | 9 | 5 | | |
| | | 4 | | 1 | | | 3 | | | | | | 3 | 5 | | 2 | | 1 | | 9 |
| | | | 7 | | | | | | | | | | | | | | | | | 3 |
| 5 | | | | | 7 | | | | | | | | | | 9 | | | | | |
| | | | | 6 | 8 | | | 2 | | | | 3 | | 6 | | 1 | | 8 | | |
| | | | | | | 9 | | 4 | | | | | | | 6 | 8 | | | 4 | 1 |
| | 7 | | 3 | | | | 9 | | | | | 4 | | | 2 | | | | | |
| | | 8 | | | | | 5 | | | | 3 | | 2 | 9 | 4 | | | | 1 | |
| | | | | | 1 | | | | 9 | 2 | 6 | 5 | 7 | | | | | | | |
| | | | | | | | | | 4 | | | | 3 | 6 | | | | | | |
| | | | | | | | 2 | | 1 | | | | 9 | | | | | | | |
| | | | | | | | 7 | | 6 | 3 | | 1 | | | | | | | | |
| 3 | | | | | | 5 | | 4 | | | | | | | | 4 | | | 8 | |
| | | 8 | | 1 | | 9 | | | | 7 | 1 | | | | | | | | | 5 |
| | 2 | | 5 | | | | | | | | | 9 | 1 | 5 | | | | 2 | 3 | |
| | | | | | 2 | | | | | | | | 7 | | | 5 | | | | |
| | | | 7 | 8 | | | | | | | | | | | | | | | | 1 |
| | | 6 | | 5 | | 3 | | | | | | | | | | 6 | 2 | 8 | | |
| | | | 6 | | 4 | 7 | | | | | | | | | 4 | | 3 | | 1 | |
| | 8 | | | 7 | | | 5 | | | | | | | 1 | | | 8 | | 6 | |
| | | 1 | | | | | | 3 | | | | | 9 | 2 | 1 | | | | | |

**25**

| | | | | | | | | | | | | | | | | | | | | |
|---|---|---|---|---|---|---|---|---|---|---|---|---|---|---|---|---|---|---|---|---|
| 6 | 5 | 1 | 9 | 3 | 4 | 2 | 7 | 8 | | | | 4 | 7 | 2 | 5 | 3 | 9 | 8 | 6 | 1 |
| 8 | 2 | 9 | 5 | 7 | 1 | 4 | 6 | 3 | | | | 5 | 1 | 3 | 7 | 8 | 6 | 9 | 4 | 2 |
| 7 | 3 | 4 | 2 | 6 | 8 | 9 | 5 | 1 | | | | 6 | 8 | 9 | 4 | 2 | 1 | 7 | 3 | 5 |
| 1 | 8 | 5 | 3 | 4 | 2 | 6 | 9 | 7 | | | | 2 | 4 | 8 | 1 | 6 | 7 | 5 | 9 | 3 |
| 4 | 9 | 2 | 7 | 1 | 6 | 8 | 3 | 5 | | | | 1 | 5 | 7 | 3 | 9 | 4 | 6 | 2 | 8 |
| 3 | 7 | 6 | 8 | 5 | 9 | 1 | 4 | 2 | | | | 9 | 3 | 6 | 8 | 5 | 2 | 1 | 7 | 4 |
| 9 | 1 | 7 | 4 | 2 | 3 | 5 | 8 | 6 | 4 | 7 | 9 | 3 | 2 | 1 | 6 | 7 | 5 | 4 | 8 | 9 |
| 5 | 6 | 8 | 1 | 9 | 7 | 3 | 2 | 4 | 8 | 1 | 6 | 7 | 9 | 5 | 2 | 4 | 8 | 3 | 1 | 6 |
| 2 | 4 | 3 | 6 | 8 | 5 | 7 | 1 | 9 | 2 | 5 | 3 | 8 | 6 | 4 | 9 | 1 | 3 | 2 | 5 | 7 |
| | | | | | | 4 | 6 | 3 | 5 | 8 | 7 | 2 | 1 | 9 | | | | | | |
| | | | | | | 8 | 5 | 2 | 9 | 4 | 1 | 6 | 7 | 3 | | | | | | |
| | | | | | | 9 | 7 | 1 | 3 | 6 | 2 | 4 | 5 | 8 | | | | | | |
| 9 | 8 | 6 | 5 | 4 | 1 | 2 | 3 | 7 | 1 | 9 | 4 | 5 | 8 | 6 | 3 | 9 | 1 | 2 | 7 | 4 |
| 3 | 7 | 2 | 8 | 9 | 6 | 1 | 4 | 5 | 6 | 2 | 8 | 9 | 3 | 7 | 6 | 2 | 4 | 5 | 1 | 8 |
| 5 | 1 | 4 | 7 | 3 | 2 | 6 | 9 | 8 | 7 | 3 | 5 | 1 | 4 | 2 | 5 | 8 | 7 | 3 | 6 | 9 |
| 1 | 6 | 9 | 3 | 7 | 8 | 5 | 2 | 4 | | | | 3 | 1 | 8 | 9 | 6 | 2 | 4 | 5 | 7 |
| 2 | 5 | 8 | 4 | 1 | 9 | 3 | 7 | 6 | | | | 6 | 5 | 4 | 8 | 7 | 3 | 9 | 2 | 1 |
| 7 | 4 | 3 | 2 | 6 | 5 | 8 | 1 | 9 | | | | 2 | 7 | 9 | 4 | 1 | 5 | 6 | 8 | 3 |
| 4 | 3 | 5 | 1 | 8 | 7 | 9 | 6 | 2 | | | | 4 | 2 | 3 | 7 | 5 | 8 | 1 | 9 | 6 |
| 6 | 2 | 1 | 9 | 5 | 4 | 7 | 8 | 3 | | | | 7 | 6 | 1 | 2 | 3 | 9 | 8 | 4 | 5 |
| 8 | 9 | 7 | 6 | 2 | 3 | 4 | 5 | 1 | | | | 8 | 9 | 5 | 1 | 4 | 6 | 7 | 3 | 2 |

**23**

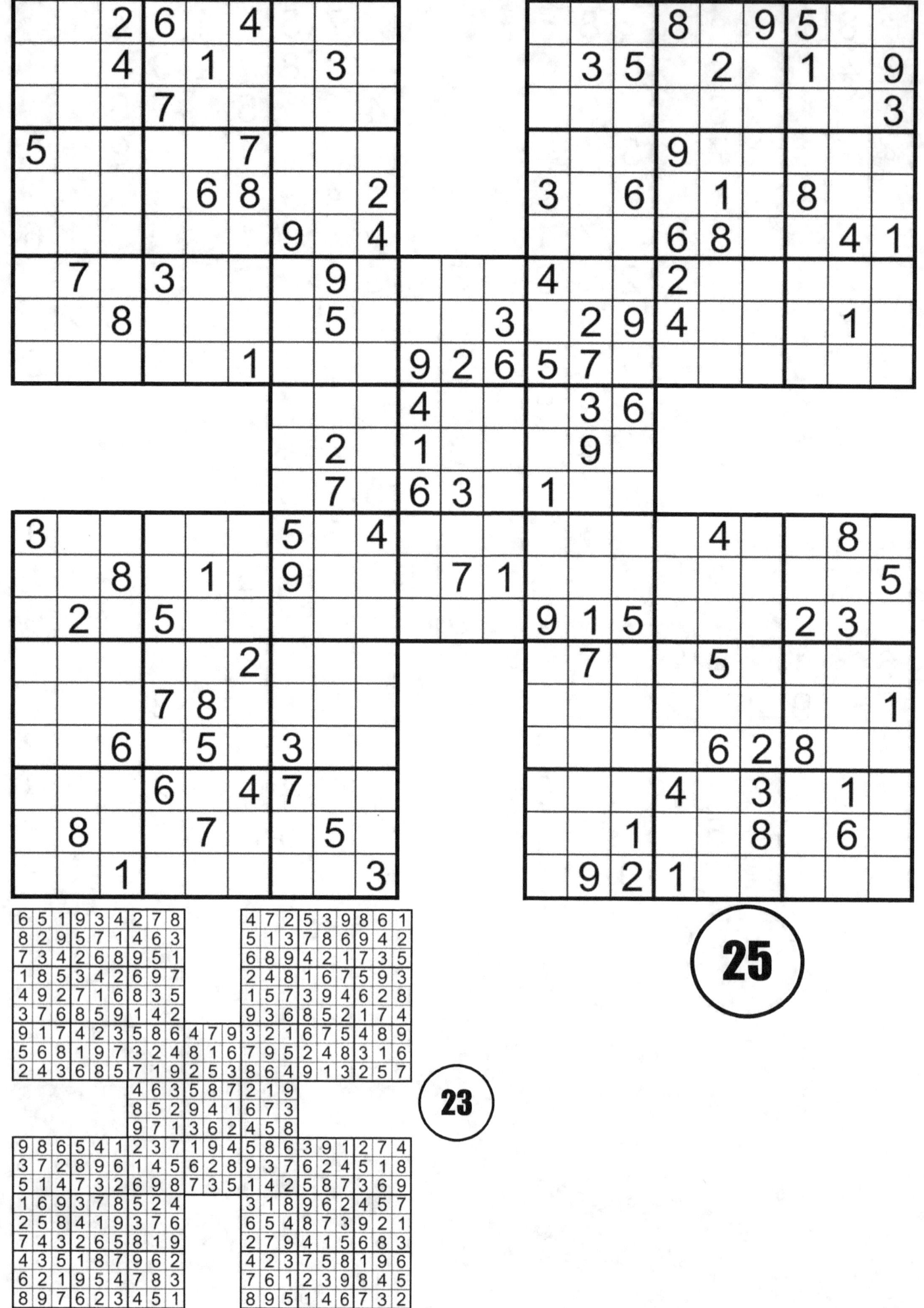

| | | | | | | | | | | | | | | | | | | | | |
|---|---|---|---|---|---|---|---|---|---|---|---|---|---|---|---|---|---|---|---|---|
| | 6 | | | 3 | 1 | | 9 | | | | | | | | | | | 4 | 7 | |
| | | | | 9 | 7 | | | | | | | | 5 | | | | 4 | | | 2 |
| | | 9 | | | 6 | | | | | | | | | | | 9 | | | 8 | |
| | | | 9 | | 4 | 3 | 8 | | | | | | 2 | | | 8 | 9 | | | 4 |
| | | 4 | | | | | | 2 | | | | 8 | 4 | | 7 | | 3 | | | |
| | 3 | | | | | | | 1 | | | | | | | | | | 2 | | |
| | 7 | | | | | | | 9 | | | | | | | 9 | | | | | |
| | 9 | | 6 | | | | | | | | 8 | | | | | | | | 2 | |
| 1 | | | 2 | | | | | | | 9 | | | | | | 7 | | | 6 | 3 |
| | | | | | | | | 5 | 3 | 8 | | | | | | | | | | |
| | | | | | | | | 8 | 5 | | 9 | | | | | | | | | |
| | | | | | | | | | | | | 8 | 9 | | | | | | | |
| | | | | | | 7 | 5 | | | | | | | 8 | | | | | | |
| | | | 7 | 4 | | | | | | | 6 | | | | 6 | | | 5 | | 2 |
| | | 5 | | | | | 8 | | 1 | | | 9 | | | 4 | | | | 3 | |
| 3 | | 7 | | | 1 | | | 6 | | | | 4 | | 7 | | 3 | | 1 | | |
| | 6 | | 3 | | 8 | | 1 | 9 | | | | | 3 | 9 | | | | | | 7 |
| | | 1 | 4 | | | | 3 | | | | | | | | 5 | | | | | |
| 1 | | | 5 | | 3 | | 6 | | | | | 7 | | | | 6 | | 9 | | 5 |
| 9 | | 3 | | | | | | | | | | 2 | | | | | 3 | | | |
| | | | | 1 | | | | 8 | | | | | 9 | | | 2 | | 8 | | |

**26**

**24**

| | | | | | | | | | | | | | | | | | | | | |
|---|---|---|---|---|---|---|---|---|---|---|---|---|---|---|---|---|---|---|---|---|
| 9 | 3 | 6 | 2 | 4 | 7 | 1 | 8 | 5 | | | | 9 | 7 | 5 | 6 | 1 | 8 | 4 | 3 | 2 |
| 7 | 4 | 1 | 9 | 8 | 5 | 6 | 3 | 2 | | | | 6 | 3 | 8 | 4 | 2 | 9 | 7 | 5 | 1 |
| 5 | 8 | 2 | 1 | 6 | 3 | 4 | 9 | 7 | | | | 4 | 1 | 2 | 5 | 3 | 7 | 6 | 8 | 9 |
| 4 | 9 | 3 | 8 | 7 | 1 | 5 | 2 | 6 | | | | 5 | 6 | 7 | 1 | 8 | 2 | 9 | 4 | 3 |
| 2 | 1 | 7 | 5 | 3 | 6 | 9 | 4 | 8 | | | | 1 | 4 | 9 | 3 | 6 | 5 | 2 | 7 | 8 |
| 8 | 6 | 5 | 4 | 2 | 9 | 3 | 7 | 1 | | | | 8 | 2 | 3 | 7 | 9 | 4 | 5 | 1 | 6 |
| 3 | 5 | 4 | 7 | 1 | 8 | 2 | 6 | 9 | 4 | 7 | 8 | 3 | 5 | 1 | 2 | 4 | 6 | 8 | 9 | 7 |
| 6 | 7 | 9 | 3 | 5 | 2 | 8 | 1 | 4 | 2 | 5 | 3 | 7 | 9 | 6 | 8 | 5 | 1 | 3 | 2 | 4 |
| 1 | 2 | 8 | 6 | 9 | 4 | 7 | 5 | 3 | 6 | 1 | 9 | 2 | 8 | 4 | 9 | 7 | 3 | 1 | 6 | 5 |
| | | | | | | 3 | 2 | 8 | 1 | 6 | 5 | 9 | 4 | 7 | | | | | | |
| | | | | | | 9 | 4 | 5 | 7 | 8 | 2 | 6 | 1 | 3 | | | | | | |
| | | | | | | 1 | 7 | 6 | 9 | 3 | 4 | 5 | 2 | 8 | | | | | | |
| 2 | 8 | 4 | 3 | 7 | 5 | 6 | 9 | 1 | 5 | 4 | 7 | 8 | 3 | 2 | 9 | 4 | 7 | 6 | 5 | 1 |
| 9 | 3 | 6 | 1 | 2 | 4 | 5 | 8 | 7 | 3 | 2 | 1 | 4 | 6 | 9 | 5 | 2 | 1 | 3 | 8 | 7 |
| 1 | 7 | 5 | 9 | 6 | 8 | 4 | 3 | 2 | 8 | 9 | 6 | 1 | 7 | 5 | 6 | 8 | 3 | 2 | 4 | 9 |
| 6 | 2 | 1 | 8 | 4 | 7 | 3 | 5 | 9 | | | | 3 | 4 | 8 | 2 | 1 | 6 | 9 | 7 | 5 |
| 7 | 5 | 9 | 2 | 3 | 6 | 8 | 1 | 4 | | | | 2 | 5 | 6 | 7 | 9 | 8 | 1 | 3 | 4 |
| 3 | 4 | 8 | 5 | 9 | 1 | 7 | 2 | 6 | | | | 9 | 1 | 7 | 4 | 3 | 5 | 8 | 6 | 2 |
| 5 | 6 | 3 | 7 | 1 | 9 | 2 | 4 | 8 | | | | 6 | 8 | 4 | 1 | 7 | 2 | 5 | 9 | 3 |
| 8 | 9 | 7 | 4 | 5 | 2 | 1 | 6 | 3 | | | | 7 | 2 | 3 | 8 | 5 | 9 | 4 | 1 | 6 |
| 4 | 1 | 2 | 6 | 8 | 3 | 9 | 7 | 5 | | | | 5 | 9 | 1 | 3 | 6 | 4 | 7 | 2 | 8 |

| | | | | | | | | | | | | | | | | | | | | |
|---|---|---|---|---|---|---|---|---|---|---|---|---|---|---|---|---|---|---|---|---|
| | | | 2 | | 9 | 3 | | | | | | | 9 | | | | | | | 8 |
| | 7 | | | 3 | 1 | | | | | | | | | | 6 | 9 | | 4 | | |
| | | 3 | | 4 | | 1 | | 7 | | | | | | | 4 | 2 | | | | |
| 7 | | 4 | | | | 8 | 6 | 5 | | | | | 5 | 1 | | | | 2 | | |
| | 2 | 9 | | | | | | | | | | | 7 | 9 | 3 | | 5 | | | |
| 8 | | | | | 3 | | | | | | | 8 | | | | | | 7 | | |
| | | | | | | 7 | | | | | 3 | | | 5 | | | 7 | | | |
| 4 | 1 | | | | | | | 3 | 2 | | | | 1 | | | 8 | | | 5 | |
| | | | | | | | | 6 | | | | | | | | | 4 | | | 7 |
| | | | | | | | 4 | | | 7 | | 2 | | 9 | | | | | | |
| | | | | | | | | | | | 8 | 6 | | | | | | | | |
| | | | | | | | | | | | | | 7 | | | | | | | |
| | | 6 | | | 8 | | | | | 5 | 7 | | | | 7 | | 6 | | | 4 |
| 7 | | | 6 | | | | | | | | | | | | | | | | | 9 |
| | 2 | 4 | 1 | 5 | | | | | 4 | | | | | | | | 9 | | 6 | |
| 5 | 7 | 9 | 4 | 3 | | | | | | | | 2 | | | 4 | | | 6 | | |
| | 4 | | | | 5 | 7 | | | | | | | 6 | | | 5 | | | 4 | |
| 8 | | 2 | | | | | | | | | | | | 9 | | | | | 2 | 5 |
| | | | 3 | 1 | 6 | | 4 | | | | | 9 | | | | | | | | |
| | 6 | | | | | | | | | | | | 8 | 2 | | | | | | 7 |
| | | 8 | | | | | 7 | | | | | | 7 | | 5 | 2 | | | | |

| | | | | | | | | | | | | | | | | | | | | |
|---|---|---|---|---|---|---|---|---|---|---|---|---|---|---|---|---|---|---|---|---|
| 3 | 9 | 2 | 6 | 5 | 4 | 1 | 8 | 7 | | | | 1 | 6 | 4 | 8 | 3 | 9 | 5 | 7 | 2 |
| 7 | 5 | 4 | 8 | 1 | 2 | 6 | 3 | 9 | | | | 8 | 3 | 5 | 7 | 2 | 4 | 1 | 6 | 9 |
| 8 | 1 | 6 | 7 | 3 | 9 | 4 | 2 | 5 | | | | 7 | 9 | 2 | 1 | 5 | 6 | 4 | 8 | 3 |
| 5 | 2 | 9 | 1 | 4 | 7 | 8 | 6 | 3 | | | | 2 | 1 | 8 | 9 | 4 | 7 | 6 | 3 | 5 |
| 1 | 4 | 3 | 9 | 6 | 8 | 5 | 7 | 2 | | | | 3 | 4 | 6 | 5 | 1 | 2 | 8 | 9 | 7 |
| 6 | 8 | 7 | 5 | 2 | 3 | 9 | 1 | 4 | | | | 9 | 5 | 7 | 6 | 8 | 3 | 2 | 4 | 1 |
| 4 | 7 | 1 | 3 | 8 | 5 | 2 | 9 | 6 | 7 | 1 | 5 | 4 | 8 | 3 | 2 | 9 | 1 | 7 | 5 | 6 |
| 2 | 3 | 8 | 4 | 9 | 6 | 7 | 5 | 1 | 8 | 4 | 3 | 6 | 2 | 9 | 4 | 7 | 5 | 3 | 1 | 8 |
| 9 | 6 | 5 | 2 | 7 | 1 | 3 | 4 | 8 | 9 | 2 | 6 | 5 | 7 | 1 | 3 | 6 | 8 | 9 | 2 | 4 |
| | | | | | | 1 | 8 | 5 | 4 | 9 | 2 | 7 | 3 | 6 | | | | | | |
| | | | | | | 6 | 2 | 3 | 1 | 5 | 7 | 8 | 9 | 4 | | | | | | |
| | | | | | | 4 | 7 | 9 | 6 | 3 | 8 | 1 | 5 | 2 | | | | | | |
| 3 | 6 | 7 | 2 | 9 | 8 | 5 | 1 | 4 | 3 | 8 | 9 | 2 | 6 | 7 | 3 | 4 | 5 | 1 | 8 | 9 |
| 5 | 4 | 8 | 3 | 1 | 7 | 9 | 6 | 2 | 5 | 7 | 1 | 3 | 4 | 8 | 2 | 1 | 9 | 6 | 7 | 5 |
| 1 | 2 | 9 | 5 | 4 | 6 | 8 | 3 | 7 | 2 | 6 | 4 | 9 | 1 | 5 | 6 | 8 | 7 | 2 | 3 | 4 |
| 8 | 3 | 4 | 9 | 6 | 2 | 1 | 7 | 5 | | | | 8 | 7 | 3 | 9 | 5 | 1 | 4 | 2 | 6 |
| 2 | 1 | 5 | 7 | 8 | 3 | 6 | 4 | 9 | | | | 6 | 2 | 9 | 8 | 3 | 4 | 7 | 5 | 1 |
| 7 | 9 | 6 | 4 | 5 | 1 | 3 | 2 | 8 | | | | 1 | 5 | 4 | 7 | 6 | 2 | 8 | 9 | 3 |
| 9 | 5 | 2 | 6 | 3 | 4 | 7 | 8 | 1 | | | | 7 | 8 | 6 | 4 | 9 | 3 | 5 | 1 | 2 |
| 4 | 8 | 3 | 1 | 7 | 9 | 2 | 5 | 6 | | | | 4 | 3 | 1 | 5 | 2 | 8 | 9 | 6 | 7 |
| 6 | 7 | 1 | 8 | 2 | 5 | 4 | 9 | 3 | | | | 5 | 9 | 2 | 1 | 7 | 6 | 3 | 4 | 8 |

25

27

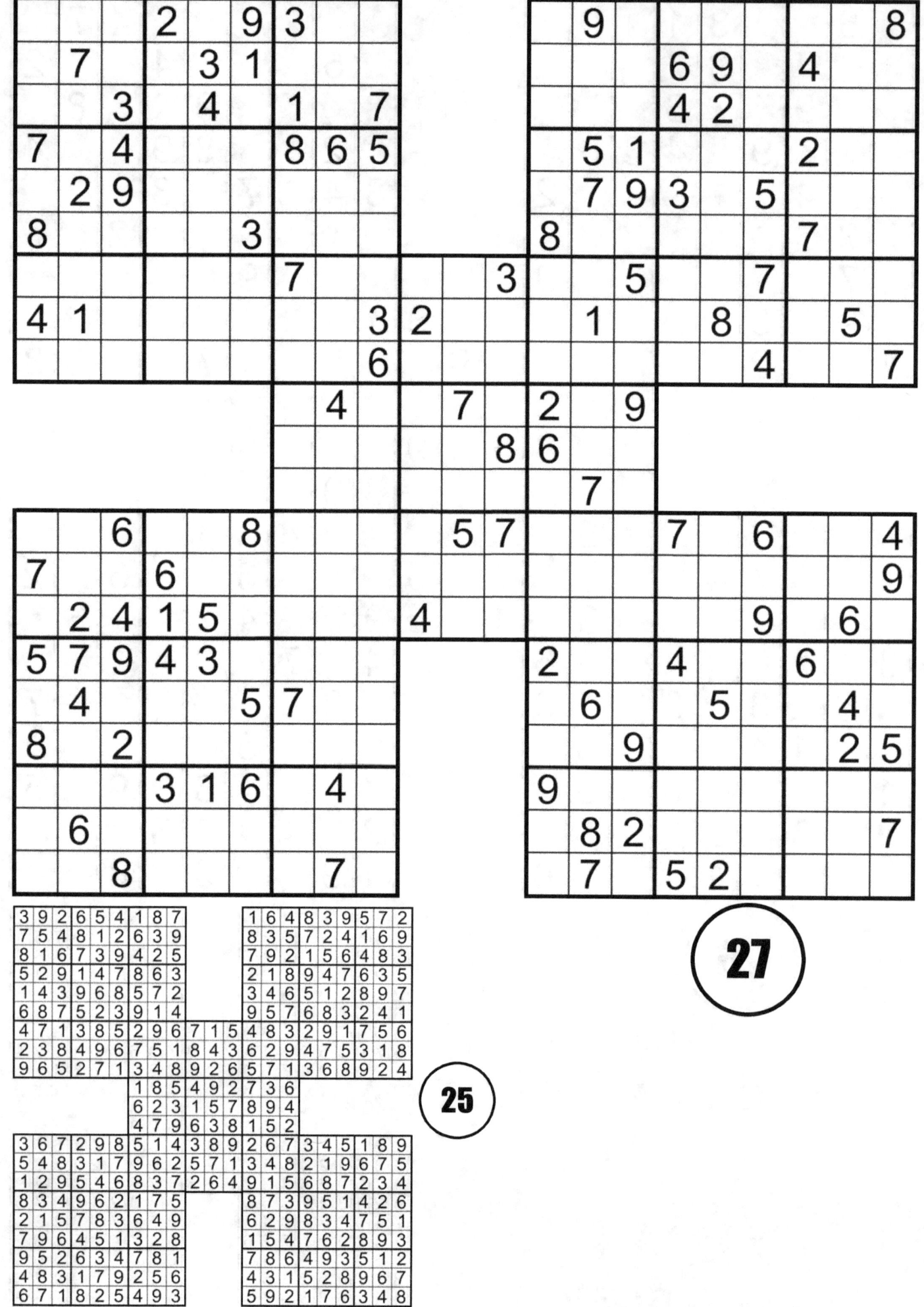

| | | | | | | | | | | | | | | | | | | | | |
|---|---|---|---|---|---|---|---|---|---|---|---|---|---|---|---|---|---|---|---|---|
| | | 3 | | 5 | | | | | | | | 8 | | 1 | | 6 | | | 4 | |
| | | | | | 2 | | 4 | 5 | | | | | | | | | | 2 | | |
| | 1 | | 9 | | 3 | | | | | | | | 3 | | | 5 | 8 | | 9 | |
| | 6 | 8 | 7 | | | | 2 | 4 | | | | | 5 | 2 | | 8 | | 4 | 6 | |
| | | 2 | 5 | 8 | | | | | | | | | | 4 | | | | | | 1 |
| | | | | | | | | | | | | 3 | 7 | | 4 | | | | | |
| | 3 | 9 | 4 | | | | | | | | 2 | | 6 | | | | | | | |
| | 7 | 1 | | | | | | | | | 1 | | 4 | 7 | | | 1 | 6 | | |
| | | | | 6 | 1 | | | | 3 | | 5 | 2 | | | | | | | 7 | |
| | | | | | | | | | | | | 3 | | | | | | | | |
| | | | | | | 9 | 4 | | 5 | | | | | | | | | | | |
| | | | | | | | 3 | | | | | | 5 | 6 | | | | | | |
| | 2 | | 4 | | | | | 1 | 7 | 2 | | | | | | | | 8 | | 1 |
| | 5 | 6 | | | | | 2 | | | | | 1 | | 9 | | | | | | |
| | | | 1 | | | | | | | | | | | 5 | | | 9 | | | |
| | | | | 5 | | | | 3 | | | | | | | | | | 1 | | |
| | | | 9 | 3 | 1 | 8 | | | | | | | 9 | | | 6 | 1 | 3 | 2 | |
| | 6 | | | | | 1 | | | | | | | | | | | | | 6 | |
| | | 1 | | | 7 | | 4 | | | | | | | 2 | | 8 | | | 7 | |
| | 4 | | | | | 6 | | | | | | | | | | 3 | 2 | 6 | | 4 |
| | | | 5 | | 9 | | | | | | | | 4 | | 7 | 9 | | | 8 | |

**28**

| | | | | | | | | | | | | | | | | | | | | |
|---|---|---|---|---|---|---|---|---|---|---|---|---|---|---|---|---|---|---|---|---|
| 4 | 6 | 2 | 5 | 3 | 1 | 7 | 9 | 8 | | | | 6 | 9 | 2 | 8 | 3 | 5 | 4 | 7 | 1 |
| 3 | 5 | 1 | 8 | 9 | 7 | 6 | 2 | 4 | | | | 7 | 5 | 8 | 1 | 6 | 4 | 3 | 9 | 2 |
| 7 | 8 | 9 | 4 | 2 | 6 | 1 | 5 | 3 | | | | 3 | 1 | 4 | 2 | 9 | 7 | 5 | 8 | 6 |
| 6 | 2 | 7 | 9 | 1 | 4 | 3 | 8 | 5 | | | | 1 | 2 | 3 | 6 | 8 | 9 | 7 | 5 | 4 |
| 8 | 1 | 4 | 3 | 6 | 5 | 9 | 7 | 2 | | | | 8 | 4 | 5 | 7 | 2 | 3 | 6 | 1 | 9 |
| 9 | 3 | 5 | 7 | 8 | 2 | 4 | 6 | 1 | | | | 9 | 7 | 6 | 4 | 5 | 1 | 2 | 3 | 8 |
| 2 | 7 | 6 | 1 | 5 | 3 | 8 | 4 | 9 | 6 | 1 | 5 | 2 | 3 | 7 | 9 | 1 | 6 | 8 | 4 | 5 |
| 5 | 9 | 3 | 6 | 4 | 8 | 2 | 1 | 7 | 4 | 3 | 8 | 5 | 6 | 9 | 3 | 4 | 8 | 1 | 2 | 7 |
| 1 | 4 | 8 | 2 | 7 | 9 | 5 | 3 | 6 | 2 | 9 | 7 | 4 | 8 | 1 | 5 | 7 | 2 | 9 | 6 | 3 |
| | | | | | | 1 | 9 | 5 | 3 | 8 | 2 | 7 | 4 | 6 | | | | | | |
| | | | | | | 4 | 7 | 8 | 5 | 6 | 9 | 1 | 2 | 3 | | | | | | |
| | | | | | | 3 | 6 | 2 | 7 | 4 | 1 | 8 | 9 | 5 | | | | | | |
| 2 | 1 | 9 | 8 | 3 | 6 | 7 | 5 | 4 | 9 | 2 | 3 | 6 | 1 | 8 | 3 | 5 | 2 | 4 | 7 | 9 |
| 8 | 3 | 6 | 7 | 4 | 5 | 9 | 2 | 1 | 8 | 5 | 6 | 3 | 7 | 4 | 6 | 9 | 1 | 5 | 8 | 2 |
| 7 | 4 | 5 | 1 | 2 | 9 | 6 | 8 | 3 | 1 | 7 | 4 | 9 | 5 | 2 | 4 | 8 | 7 | 6 | 3 | 1 |
| 3 | 8 | 7 | 9 | 5 | 1 | 2 | 4 | 6 | | | | 4 | 6 | 7 | 2 | 3 | 9 | 1 | 5 | 8 |
| 4 | 6 | 2 | 3 | 7 | 8 | 5 | 1 | 9 | | | | 5 | 3 | 9 | 8 | 1 | 4 | 2 | 6 | 7 |
| 5 | 9 | 1 | 4 | 6 | 2 | 8 | 3 | 7 | | | | 8 | 2 | 1 | 5 | 7 | 6 | 3 | 9 | 4 |
| 1 | 7 | 8 | 5 | 9 | 3 | 4 | 6 | 2 | | | | 7 | 4 | 3 | 1 | 6 | 8 | 9 | 2 | 5 |
| 9 | 2 | 3 | 6 | 8 | 4 | 1 | 7 | 5 | | | | 2 | 8 | 5 | 9 | 4 | 3 | 7 | 1 | 6 |
| 6 | 5 | 4 | 2 | 1 | 7 | 3 | 9 | 8 | | | | 1 | 9 | 6 | 7 | 2 | 5 | 8 | 4 | 3 |

**26**

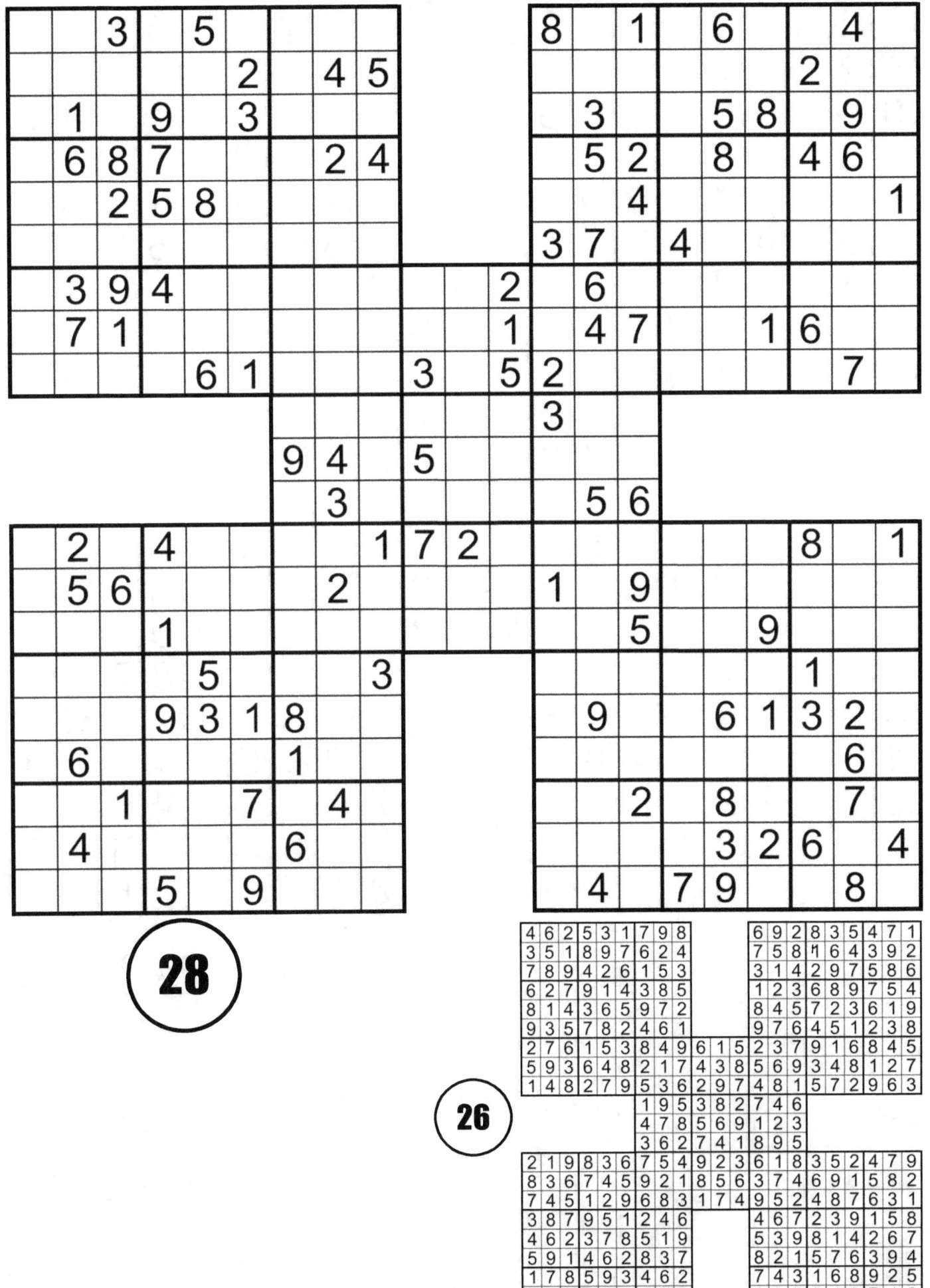

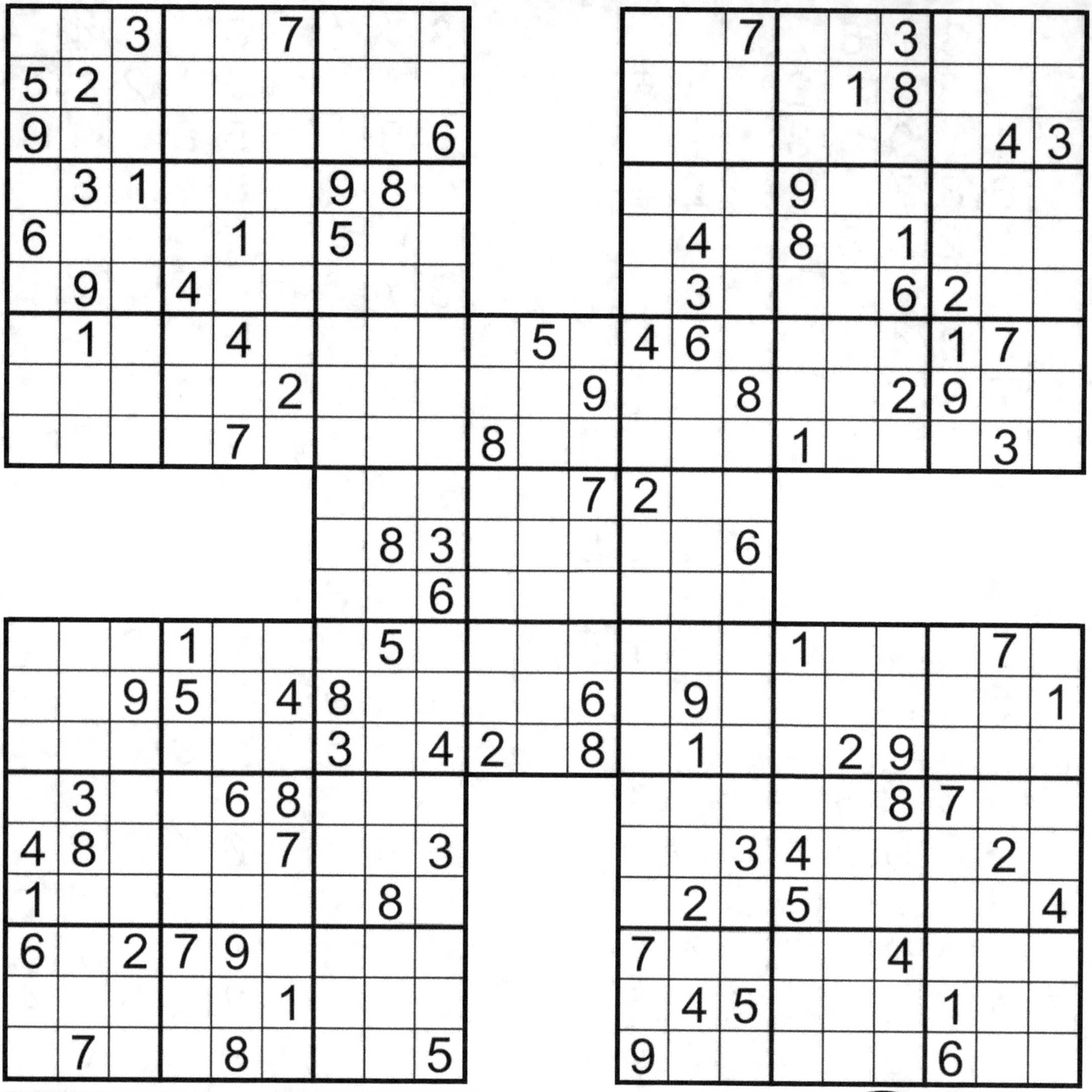

29

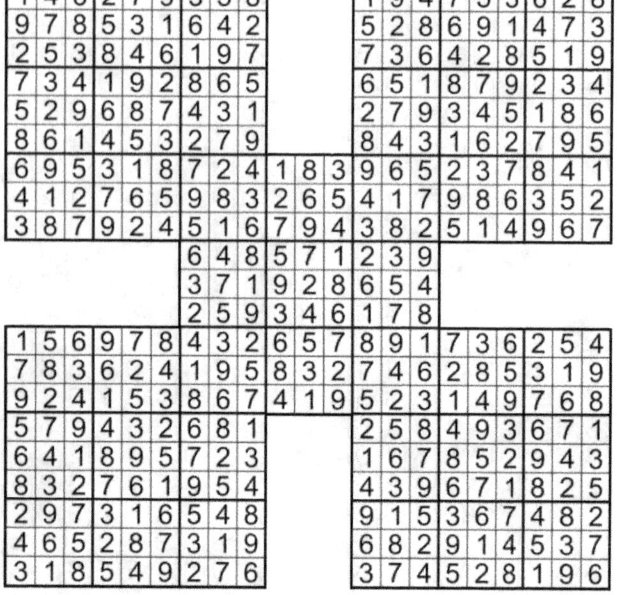

27

| | | | | | | | | | | | | | | | | | | | | |
|---|---|---|---|---|---|---|---|---|---|---|---|---|---|---|---|---|---|---|---|---|
| | | | | 1 | | | | 6 | | | | | 7 | | | | 4 | | | |
| | | 7 | 9 | | | | | 5 | | | | 3 | 4 | | | | | 7 | | |
| 2 | 8 | | | | | 3 | | | | | | | | | 6 | | 5 | | | |
| | 7 | | | | | 8 | | | | | | | | | | | | 8 | | |
| | | | | 7 | 3 | | | | | | | | | 9 | | | | | 2 | |
| | | 4 | | | 5 | | | 9 | | | | 2 | 8 | | | | | 3 | | |
| | | | | | | | | | | | | 5 | 1 | 4 | 8 | 3 | | | | |
| 4 | | | 6 | 2 | 9 | 7 | | | | 4 | | | | 2 | | | 6 | 4 | 5 | |
| | | | 7 | | | | | | | 5 | | 6 | | | | | | | | 9 |
| | | | | | | | | | 4 | | | 7 | | | | | | | | |
| | | | | | | 4 | 3 | 2 | | | | | | 5 | | | | | | |
| | | | | | | | | | | 1 | | | | | | | | | | |
| 6 | 4 | | 1 | | | 5 | | | | | | | | | | | | | 4 | |
| | 2 | | 5 | | | | | | 9 | | | | | | | | | 8 | | |
| | | | | | | 3 | | | | | 8 | | | | | | | | | |
| | 1 | | | | 8 | | | | | | | 8 | | 7 | | | 3 | 6 | | |
| | | 7 | | | | | | 2 | | | | | | 4 | | | | | 7 | 2 |
| 9 | | | | 1 | | | | 7 | | | | | | | | | 4 | | | 1 |
| | 5 | 6 | | 3 | | | | | | | | 6 | | | | 7 | 1 | | 2 | 3 |
| | | 1 | | | | 2 | | | | | | | 1 | 2 | 4 | | | 9 | 5 | |
| | | | | 8 | 9 | 7 | 1 | | | | | 5 | | | | 6 | 2 | | | |

30

28

| | | | | | | | | | | | | | | | | | | | | |
|---|---|---|---|---|---|---|---|---|---|---|---|---|---|---|---|---|---|---|---|---|
| 2 | 4 | 3 | 6 | 5 | 8 | 9 | 1 | 7 | | | | 8 | 2 | 1 | 9 | 6 | 7 | 3 | 4 | 5 |
| 9 | 8 | 6 | 1 | 7 | 2 | 3 | 4 | 5 | | | | 7 | 9 | 5 | 1 | 3 | 4 | 2 | 8 | 6 |
| 5 | 1 | 7 | 9 | 4 | 3 | 6 | 8 | 2 | | | | 4 | 3 | 6 | 2 | 5 | 8 | 1 | 9 | 7 |
| 3 | 6 | 8 | 7 | 1 | 9 | 5 | 2 | 4 | | | | 1 | 5 | 2 | 7 | 8 | 3 | 4 | 6 | 9 |
| 1 | 9 | 2 | 5 | 8 | 4 | 7 | 3 | 6 | | | | 6 | 8 | 4 | 5 | 2 | 9 | 7 | 3 | 1 |
| 7 | 5 | 4 | 2 | 3 | 6 | 8 | 9 | 1 | | | | 3 | 7 | 9 | 4 | 1 | 6 | 8 | 5 | 2 |
| 6 | 3 | 9 | 4 | 2 | 7 | 1 | 5 | 8 | 4 | 7 | 2 | 9 | 6 | 3 | 8 | 7 | 2 | 5 | 1 | 4 |
| 4 | 7 | 1 | 8 | 9 | 5 | 2 | 6 | 3 | 9 | 8 | 1 | 5 | 4 | 7 | 3 | 9 | 1 | 6 | 2 | 8 |
| 8 | 2 | 5 | 3 | 6 | 1 | 4 | 7 | 9 | 3 | 6 | 5 | 2 | 1 | 8 | 6 | 4 | 5 | 9 | 7 | 3 |
| | | | | | | 6 | 1 | 5 | 8 | 4 | 7 | 3 | 9 | 2 | | | | | | |
| | | | | | | 9 | 4 | 2 | 5 | 3 | 6 | 8 | 7 | 1 | | | | | | |
| | | | | | | 8 | 3 | 7 | 2 | 1 | 9 | 4 | 5 | 6 | | | | | | |
| 8 | 2 | 3 | 4 | 7 | 6 | 5 | 9 | 1 | 7 | 2 | 8 | 6 | 3 | 4 | 2 | 5 | 7 | 8 | 9 | 1 |
| 1 | 5 | 6 | 8 | 9 | 3 | 7 | 2 | 4 | 6 | 5 | 3 | 1 | 8 | 9 | 6 | 4 | 3 | 2 | 5 | 7 |
| 7 | 9 | 4 | 1 | 2 | 5 | 3 | 8 | 6 | 1 | 9 | 4 | 7 | 2 | 5 | 8 | 1 | 9 | 4 | 3 | 6 |
| 9 | 1 | 8 | 6 | 5 | 2 | 4 | 7 | 3 | | | | 2 | 5 | 6 | 3 | 7 | 8 | 1 | 4 | 9 |
| 4 | 7 | 5 | 9 | 3 | 1 | 8 | 6 | 2 | | | | 8 | 9 | 7 | 4 | 6 | 1 | 3 | 2 | 5 |
| 3 | 6 | 2 | 7 | 8 | 4 | 1 | 5 | 9 | | | | 4 | 1 | 3 | 9 | 2 | 5 | 7 | 6 | 8 |
| 2 | 8 | 1 | 3 | 6 | 7 | 9 | 4 | 5 | | | | 5 | 6 | 2 | 1 | 8 | 4 | 9 | 7 | 3 |
| 5 | 4 | 9 | 2 | 1 | 8 | 6 | 3 | 7 | | | | 9 | 7 | 8 | 5 | 3 | 2 | 6 | 1 | 4 |
| 6 | 3 | 7 | 5 | 4 | 9 | 2 | 1 | 8 | | | | 3 | 4 | 1 | 7 | 9 | 6 | 5 | 8 | 2 |

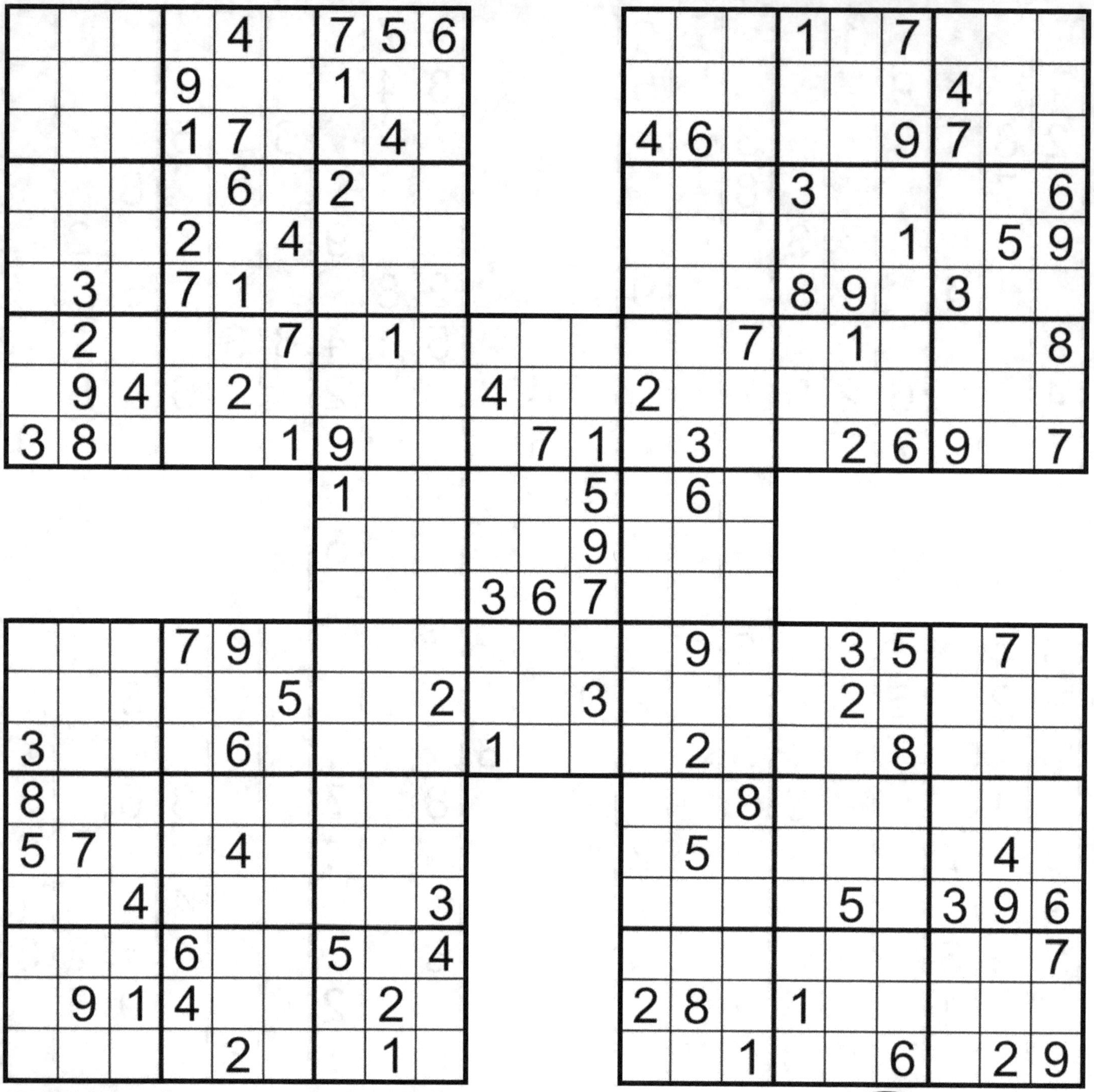

31

| | | | | | | | | | | | | | | | | | | | | |
|---|---|---|---|---|---|---|---|---|---|---|---|---|---|---|---|---|---|---|---|---|
| 1 | 6 | 3 | 2 | 8 | 7 | 4 | 5 | 9 | | | | 2 | 8 | 7 | 4 | 5 | 3 | 6 | 9 | 1 |
| 5 | 2 | 8 | 6 | 9 | 4 | 7 | 1 | 3 | | | | 3 | 9 | 4 | 6 | 1 | 8 | 7 | 2 | 5 |
| 9 | 7 | 4 | 3 | 5 | 1 | 8 | 2 | 6 | | | | 6 | 1 | 5 | 2 | 9 | 7 | 8 | 4 | 3 |
| 4 | 3 | 1 | 7 | 6 | 5 | 9 | 8 | 2 | | | | 8 | 7 | 2 | 9 | 3 | 5 | 4 | 1 | 6 |
| 6 | 8 | 2 | 9 | 1 | 3 | 5 | 7 | 4 | | | | 9 | 4 | 6 | 8 | 2 | 1 | 3 | 5 | 7 |
| 7 | 9 | 5 | 4 | 2 | 8 | 3 | 6 | 1 | | | | 5 | 3 | 1 | 7 | 4 | 6 | 2 | 8 | 9 |
| 3 | 1 | 7 | 5 | 4 | 6 | 2 | 9 | 8 | 7 | 5 | 1 | 4 | 6 | 3 | 5 | 8 | 9 | 1 | 7 | 2 |
| 8 | 5 | 9 | 1 | 3 | 2 | 6 | 4 | 7 | 3 | 2 | 9 | 1 | 5 | 8 | 3 | 7 | 2 | 9 | 6 | 4 |
| 2 | 4 | 6 | 8 | 7 | 9 | 1 | 3 | 5 | 8 | 6 | 4 | 7 | 2 | 9 | 1 | 6 | 4 | 5 | 3 | 8 |
| | | | | | | 4 | 1 | 9 | 6 | 8 | 7 | 2 | 3 | 5 | | | | | | |
| | | | | | | 5 | 8 | 3 | 4 | 1 | 2 | 9 | 7 | 6 | | | | | | |
| | | | | | | 7 | 2 | 6 | 9 | 3 | 5 | 8 | 4 | 1 | | | | | | |
| 7 | 4 | 8 | 1 | 3 | 6 | 9 | 5 | 2 | 1 | 7 | 3 | 6 | 8 | 4 | 1 | 3 | 5 | 2 | 7 | 9 |
| 3 | 6 | 9 | 5 | 2 | 4 | 8 | 7 | 1 | 5 | 4 | 6 | 3 | 9 | 2 | 6 | 4 | 7 | 5 | 8 | 1 |
| 5 | 2 | 1 | 8 | 7 | 9 | 3 | 6 | 4 | 2 | 9 | 8 | 5 | 1 | 7 | 8 | 2 | 9 | 4 | 3 | 6 |
| 2 | 3 | 5 | 9 | 6 | 8 | 1 | 4 | 7 | | | | 4 | 5 | 6 | 2 | 9 | 8 | 7 | 1 | 3 |
| 4 | 8 | 6 | 2 | 1 | 7 | 5 | 9 | 3 | | | | 8 | 7 | 3 | 4 | 6 | 1 | 9 | 2 | 5 |
| 1 | 9 | 7 | 4 | 5 | 3 | 2 | 8 | 6 | | | | 1 | 2 | 9 | 5 | 7 | 3 | 8 | 6 | 4 |
| 6 | 1 | 2 | 7 | 9 | 5 | 4 | 3 | 8 | | | | 7 | 6 | 8 | 9 | 1 | 4 | 3 | 5 | 2 |
| 8 | 5 | 3 | 6 | 4 | 1 | 7 | 2 | 9 | | | | 2 | 4 | 5 | 3 | 8 | 6 | 1 | 9 | 7 |
| 9 | 7 | 4 | 3 | 8 | 2 | 6 | 1 | 5 | | | | 9 | 3 | 1 | 7 | 5 | 2 | 6 | 4 | 8 |

29

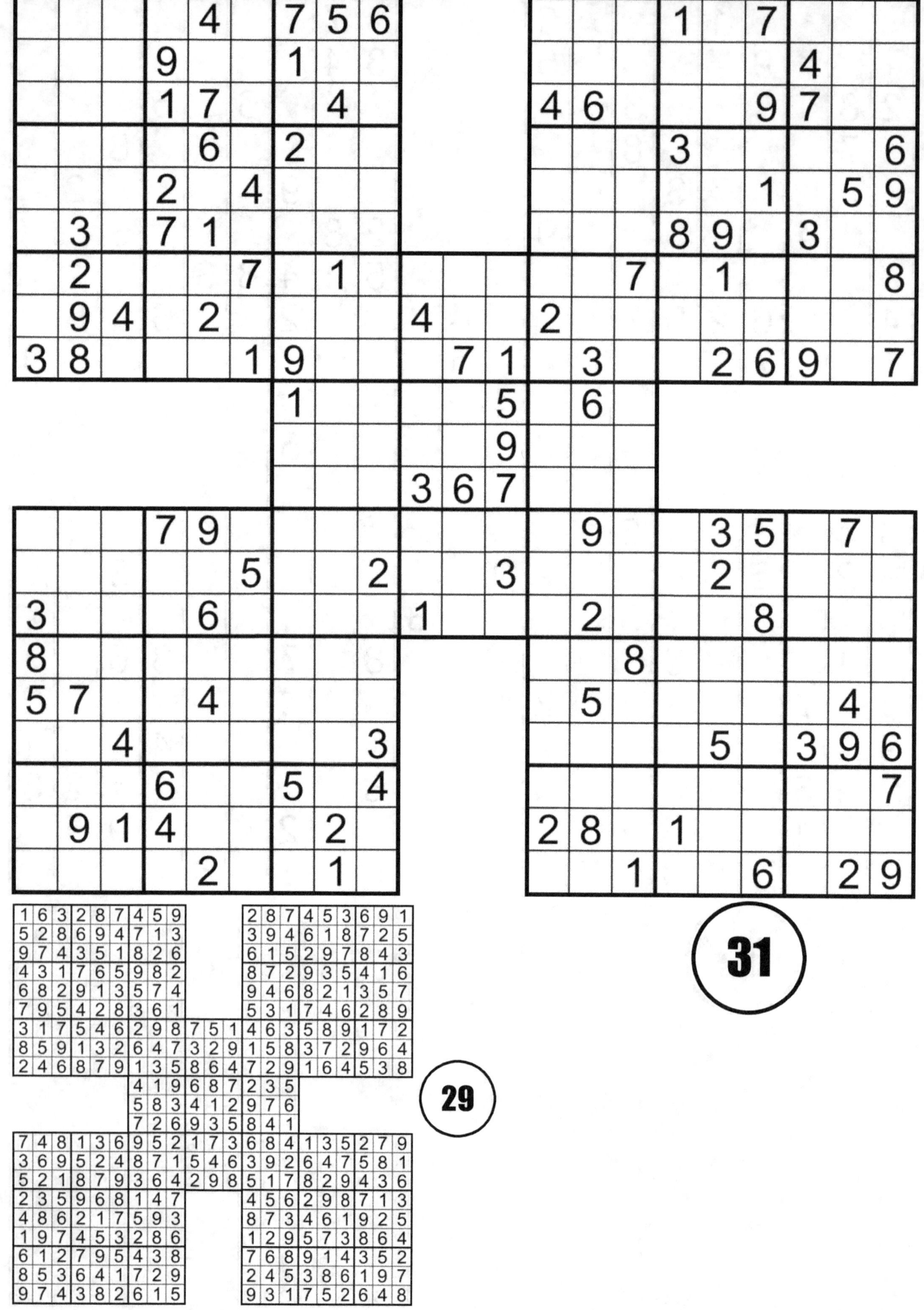

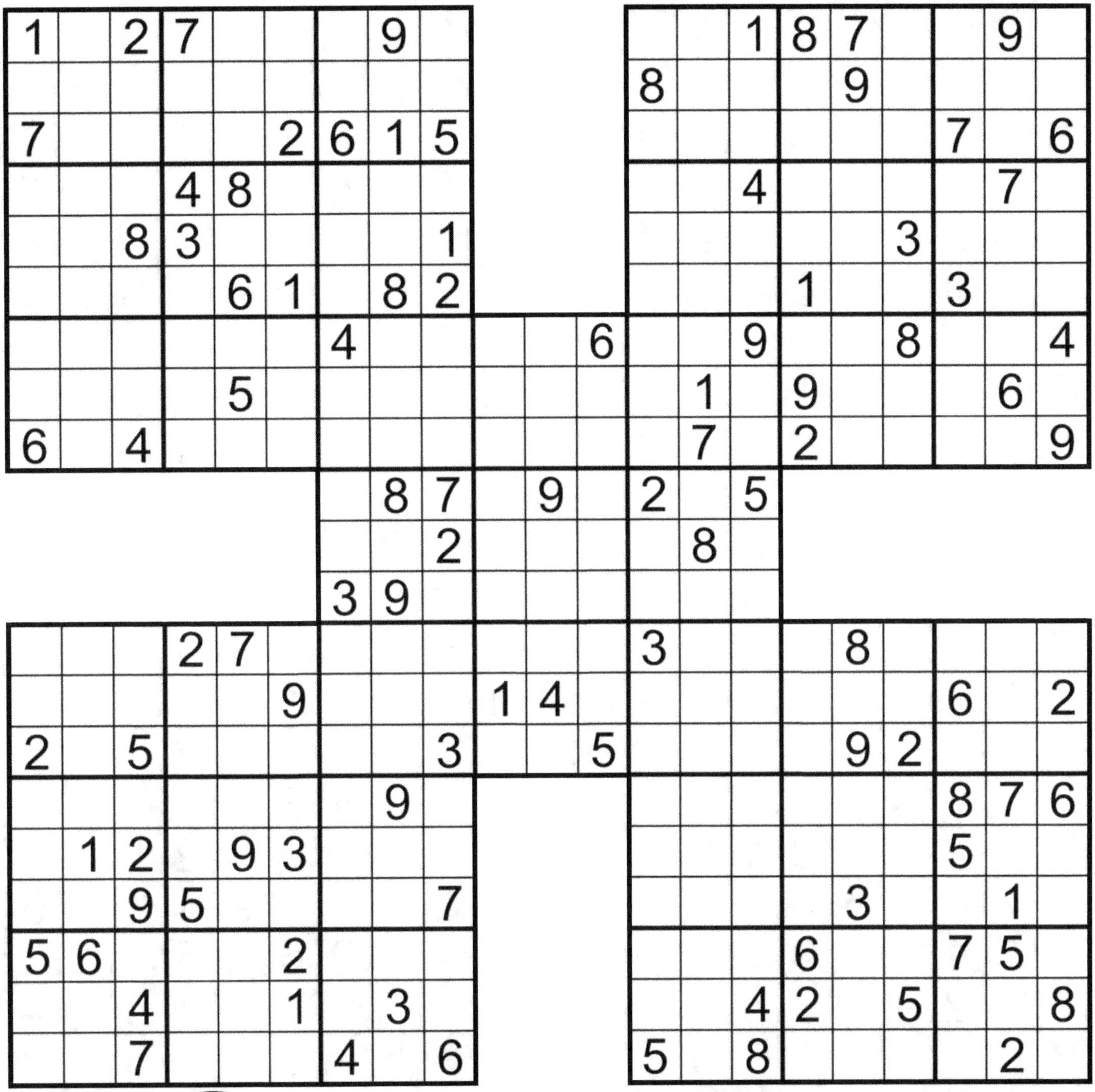

**32**

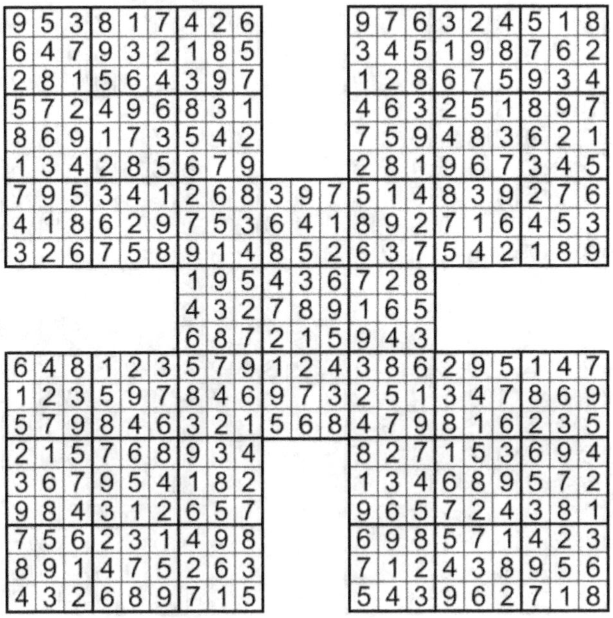

**30**

| | | | | | | | | | | | | | | | | | | | | |
|---|---|---|---|---|---|---|---|---|---|---|---|---|---|---|---|---|---|---|---|---|
| | 6 | | | | | | 2 | | | | | 3 | | | | | | 9 | 2 | |
| | | | | | | | 1 | | | | | | 2 | 6 | | | | | 3 | |
| 3 | 1 | | | | 6 | | | 8 | | | | | | | | | 4 | | | 1 |
| | 8 | | | | | | | | | | | 8 | | 5 | | 6 | | | | 2 |
| | | 9 | | 6 | | | 8 | 4 | | | | | | | | | | | | 4 |
| | | 3 | | | 2 | | | | | | | 7 | 4 | | 2 | | | 3 | 5 | |
| 5 | | | | | | | | | | | | 2 | | | | | | | 1 | |
| 9 | | | 8 | | 1 | | | | | | 8 | | | | | | | | | |
| 8 | | | | | 7 | | | 3 | | | 7 | 4 | 5 | 8 | | | 1 | | | |
| | | | | | | | | 2 | | 9 | | | 3 | 1 | | | | | | |
| | | | | | | 5 | | 7 | | | | | 2 | | | | | | | |
| | | | | | | 4 | | | | | | 8 | | | | | | | | |
| 5 | | | | | | | | | | 6 | | 5 | | | | 4 | | | | |
| | 6 | | | 2 | | | | 8 | | 3 | 1 | | | | | | | | | |
| | | | | | | | | | | | | | | | | | 6 | | | |
| | | | 4 | 3 | | | | | | | | | | 4 | 8 | | | | 6 | |
| | 4 | 3 | 6 | | 8 | 1 | 9 | | | | | | | | | | 2 | | | |
| | 7 | | | 5 | | | | | | | | 8 | | | | 9 | 4 | 3 | | 5 |
| | 5 | 1 | | | 3 | | | | | | | | | 9 | 6 | | 5 | | 1 | |
| | | 2 | 9 | | | 8 | | | | | | | | | | | 1 | 8 | | 4 |
| 7 | | | | | | | 3 | | | | | | 5 | | | | | 6 | | |

| | | | | | | | | | | | | | | | | | | | | |
|---|---|---|---|---|---|---|---|---|---|---|---|---|---|---|---|---|---|---|---|---|
| 9 | 1 | 3 | 8 | 4 | 2 | 7 | 5 | 6 | | | | 9 | 2 | 3 | 1 | 4 | 7 | 8 | 6 | 5 |
| 4 | 7 | 6 | 9 | 3 | 5 | 1 | 8 | 2 | | | | 8 | 7 | 1 | 6 | 3 | 5 | 4 | 9 | 2 |
| 2 | 5 | 8 | 1 | 7 | 6 | 3 | 4 | 9 | | | | 4 | 6 | 5 | 2 | 8 | 9 | 7 | 3 | 1 |
| 8 | 4 | 1 | 5 | 6 | 3 | 2 | 9 | 7 | | | | 7 | 9 | 2 | 3 | 5 | 4 | 1 | 8 | 6 |
| 7 | 6 | 9 | 2 | 8 | 4 | 5 | 3 | 1 | | | | 3 | 8 | 4 | 7 | 6 | 1 | 2 | 5 | 9 |
| 5 | 3 | 2 | 7 | 1 | 9 | 4 | 6 | 8 | | | | 1 | 5 | 6 | 8 | 9 | 2 | 3 | 7 | 4 |
| 6 | 2 | 5 | 4 | 9 | 7 | 8 | 1 | 3 | 5 | 9 | 2 | 6 | 4 | 7 | 9 | 1 | 3 | 5 | 2 | 8 |
| 1 | 9 | 4 | 3 | 2 | 8 | 6 | 7 | 5 | 4 | 3 | 8 | 2 | 1 | 9 | 5 | 7 | 8 | 6 | 4 | 3 |
| 3 | 8 | 7 | 6 | 5 | 1 | 9 | 2 | 4 | 6 | 7 | 1 | 5 | 3 | 8 | 4 | 2 | 6 | 9 | 1 | 7 |
| | | | | | | 1 | 3 | 7 | 8 | 4 | 5 | 9 | 6 | 2 | | | | | | |
| | | | | | | 5 | 4 | 6 | 2 | 1 | 9 | 7 | 8 | 3 | | | | | | |
| | | | | | | 2 | 8 | 9 | 3 | 6 | 7 | 4 | 5 | 1 | | | | | | |
| 2 | 4 | 6 | 7 | 9 | 8 | 3 | 5 | 1 | 7 | 2 | 6 | 8 | 9 | 4 | 6 | 3 | 5 | 2 | 7 | 1 |
| 9 | 8 | 7 | 1 | 3 | 5 | 4 | 6 | 2 | 9 | 8 | 3 | 1 | 7 | 5 | 9 | 2 | 4 | 6 | 8 | 3 |
| 3 | 1 | 5 | 2 | 6 | 4 | 7 | 9 | 8 | 1 | 5 | 4 | 3 | 2 | 6 | 7 | 1 | 8 | 9 | 5 | 4 |
| 8 | 3 | 2 | 9 | 7 | 6 | 1 | 4 | 5 | | | | 7 | 6 | 8 | 3 | 4 | 9 | 5 | 1 | 2 |
| 5 | 7 | 9 | 3 | 4 | 1 | 2 | 8 | 6 | | | | 9 | 5 | 3 | 2 | 6 | 1 | 7 | 4 | 8 |
| 1 | 6 | 4 | 5 | 8 | 2 | 9 | 7 | 3 | | | | 4 | 1 | 2 | 8 | 5 | 7 | 3 | 9 | 6 |
| 7 | 2 | 8 | 6 | 1 | 9 | 5 | 3 | 4 | | | | 6 | 4 | 9 | 5 | 8 | 2 | 1 | 3 | 7 |
| 6 | 9 | 1 | 4 | 5 | 3 | 8 | 2 | 7 | | | | 2 | 8 | 7 | 1 | 9 | 3 | 4 | 6 | 5 |
| 4 | 5 | 3 | 8 | 2 | 7 | 6 | 1 | 9 | | | | 5 | 3 | 1 | 4 | 7 | 6 | 8 | 2 | 9 |

31

33

| | | | | | | | | | | | | | | | | | | | | |
|---|---|---|---|---|---|---|---|---|---|---|---|---|---|---|---|---|---|---|---|---|
| | | | | 2 | | | | 9 | | | | | | | 4 | | | | | 2 |
| | | 7 | | 3 | 6 | | 5 | | | | | | 7 | | | | | | 6 | |
| 9 | | | 7 | | | | | 6 | | | | | 2 | 8 | | 1 | | | | 7 |
| | 4 | 3 | 8 | | | | | 7 | | | | 7 | | 6 | | | | | | |
| | | 5 | | 1 | | | 2 | | | | | | | | 2 | | 3 | | | 1 |
| | | 9 | | | | | | | | | | | | | 1 | 4 | | | | 8 |
| | 3 | | | | | | 1 | | 8 | | | | | | 3 | | | | | |
| 6 | | | | | | | 9 | 3 | | | | | | | 7 | | | | 4 | |
| | | 1 | | | | 6 | | | 1 | | | | | | 5 | | | | | |
| | | | | | | 4 | | 7 | | | | | | | | | | | | |
| | | | | | | | 5 | | 9 | | | 6 | | | | | | | | |
| | | | | | | | 6 | | | | 1 | | | | | | | | | |
| | 8 | | | 3 | | 2 | 4 | | | | | | | | 8 | | 2 | | | |
| | | | | 9 | | | | 5 | | 4 | 9 | | | | 7 | 3 | | | | |
| 5 | 3 | | | | 6 | 1 | | | | | | | 7 | 4 | | | | | | |
| | | 5 | | | 4 | | 7 | | | | | | 2 | | | | | | 6 | |
| | | | | 8 | | | | 2 | | | | | | | | 1 | | 3 | | |
| 6 | | | | | | | 9 | | | | | | 6 | | | | 8 | 9 | | |
| | | | 7 | | | 9 | | | | | | 5 | | 3 | | 9 | | | | 2 |
| | 5 | 9 | 6 | | 8 | | | 7 | | | | | | 2 | 6 | | 4 | | | |
| | | 3 | | | | 4 | | 8 | | | | | | 7 | | | | | 5 | |

34

32

| | | | | | | | | | | | | | | | | | | | | |
|---|---|---|---|---|---|---|---|---|---|---|---|---|---|---|---|---|---|---|---|---|
| 1 | 5 | 2 | 7 | 4 | 6 | 8 | 9 | 3 | | | | 3 | 5 | 1 | 8 | 7 | 6 | 4 | 9 | 2 |
| 8 | 9 | 6 | 5 | 1 | 3 | 2 | 7 | 4 | | | | 8 | 6 | 7 | 4 | 9 | 2 | 5 | 1 | 3 |
| 7 | 4 | 3 | 8 | 9 | 2 | 6 | 1 | 5 | | | | 9 | 4 | 2 | 3 | 5 | 1 | 7 | 8 | 6 |
| 9 | 2 | 1 | 4 | 8 | 5 | 3 | 6 | 7 | | | | 1 | 3 | 4 | 5 | 2 | 9 | 6 | 7 | 8 |
| 5 | 6 | 8 | 3 | 2 | 7 | 9 | 4 | 1 | | | | 7 | 8 | 5 | 6 | 4 | 3 | 9 | 2 | 1 |
| 4 | 3 | 7 | 9 | 6 | 1 | 5 | 8 | 2 | | | | 2 | 9 | 6 | 1 | 8 | 7 | 3 | 4 | 5 |
| 2 | 1 | 5 | 6 | 7 | 9 | 4 | 3 | 8 | 7 | 1 | 6 | 5 | 2 | 9 | 7 | 6 | 8 | 1 | 3 | 4 |
| 3 | 8 | 9 | 1 | 5 | 4 | 7 | 2 | 6 | 5 | 3 | 9 | 4 | 1 | 8 | 9 | 3 | 5 | 2 | 6 | 7 |
| 6 | 7 | 4 | 2 | 3 | 8 | 1 | 5 | 9 | 2 | 8 | 4 | 6 | 7 | 3 | 2 | 1 | 4 | 8 | 5 | 9 |
| | | | | | | 6 | 8 | 7 | 4 | 9 | 1 | 2 | 3 | 5 | | | | | | |
| | | | | | | 5 | 1 | 2 | 3 | 6 | 7 | 9 | 8 | 4 | | | | | | |
| | | | | | | 3 | 9 | 4 | 8 | 5 | 2 | 7 | 6 | 1 | | | | | | |
| 6 | 8 | 3 | 2 | 7 | 5 | 9 | 4 | 1 | 6 | 7 | 8 | 3 | 5 | 2 | 4 | 8 | 6 | 1 | 9 | 7 |
| 4 | 7 | 1 | 3 | 8 | 9 | 2 | 6 | 5 | 1 | 4 | 3 | 8 | 9 | 7 | 3 | 5 | 1 | 6 | 4 | 2 |
| 2 | 9 | 5 | 6 | 1 | 4 | 8 | 7 | 3 | 9 | 2 | 5 | 1 | 4 | 6 | 7 | 9 | 2 | 3 | 8 | 5 |
| 8 | 5 | 6 | 1 | 4 | 7 | 3 | 9 | 2 | | | | 4 | 1 | 3 | 5 | 2 | 9 | 8 | 7 | 6 |
| 7 | 1 | 2 | 8 | 9 | 3 | 6 | 5 | 4 | | | | 2 | 8 | 9 | 1 | 6 | 7 | 5 | 3 | 4 |
| 3 | 4 | 9 | 5 | 2 | 6 | 1 | 8 | 7 | | | | 6 | 7 | 5 | 8 | 3 | 4 | 2 | 1 | 9 |
| 5 | 6 | 8 | 4 | 3 | 2 | 7 | 1 | 9 | | | | 9 | 2 | 1 | 6 | 4 | 8 | 7 | 5 | 3 |
| 9 | 2 | 4 | 7 | 6 | 1 | 5 | 3 | 8 | | | | 7 | 3 | 4 | 2 | 1 | 5 | 9 | 6 | 8 |
| 1 | 3 | 7 | 9 | 5 | 8 | 4 | 2 | 6 | | | | 5 | 6 | 8 | 9 | 7 | 3 | 4 | 2 | 1 |

| | | | | | | | | | | | | | | | | | | | | |
|---|---|---|---|---|---|---|---|---|---|---|---|---|---|---|---|---|---|---|---|---|
| | | | | | | | 8 | | | | | | 8 | | 3 | | | | | |
| 1 | | 2 | | 7 | | | | | | | | | 2 | 5 | | | | | | |
| | 7 | 5 | | | 9 | | | | | | | | | 6 | 2 | | | 3 | 1 | 5 |
| | | | | | | 6 | 4 | | | | | 7 | | | | | 1 | | | 8 |
| 5 | 6 | | | | 2 | 7 | | | | | | | | 4 | | | 8 | | 3 | |
| | 3 | 9 | | | | | | 8 | | | | | 1 | | | | | | | |
| | | | 2 | | | | | | | | | | | | 4 | 2 | | | 6 | |
| | | | 4 | | | | 6 | 9 | | | 4 | | | | | | | | | |
| | | 3 | 9 | 6 | | 2 | | | | | 9 | | | 3 | 1 | | 9 | 8 | | |
| | | | | | | | | 3 | 1 | | 2 | | 8 | | | | | | | |
| | | | | | | 5 | | | 6 | 9 | | 1 | | | | | | | | |
| | | | | | | | | 1 | | | | | | | | | | | | |
| | | | | 9 | | | | | | 2 | | | | 7 | | 1 | | | | |
| | | 9 | | 1 | 2 | | | | | | | 6 | | | | | 3 | 5 | 9 | |
| 4 | | | | | | | | 2 | 3 | | | | | | 6 | | | | 3 | |
| | 8 | | | | | | 3 | 1 | | | | | 8 | | | 5 | | | | |
| | | | | 8 | | | | | | | | | | | | 4 | | | | |
| | | | 1 | | | | 7 | | | | | | 9 | | 8 | | | | 4 | 7 |
| 9 | | | 3 | 6 | | | | | | | | | | | | | | 3 | | |
| 6 | | | | 2 | 5 | | | | | | | 2 | 6 | 4 | | | 8 | | | |
| 3 | 5 | 2 | | | | | 8 | | | | | 3 | | | | | 9 | | 6 | |

**35**

| | | | | | | | | | | | | | | | | | | | | |
|---|---|---|---|---|---|---|---|---|---|---|---|---|---|---|---|---|---|---|---|---|
| 4 | 6 | 5 | 1 | 3 | 8 | 9 | 2 | 7 | | | | 3 | 1 | 4 | 5 | 7 | 6 | 9 | 2 | 8 |
| 2 | 9 | 8 | 5 | 7 | 4 | 3 | 1 | 6 | | | | 5 | 2 | 6 | 9 | 1 | 8 | 4 | 3 | 7 |
| 3 | 1 | 7 | 2 | 9 | 6 | 4 | 5 | 8 | | | | 9 | 8 | 7 | 3 | 2 | 4 | 5 | 6 | 1 |
| 6 | 8 | 4 | 7 | 1 | 9 | 5 | 3 | 2 | | | | 8 | 3 | 5 | 4 | 6 | 7 | 1 | 9 | 2 |
| 1 | 2 | 9 | 3 | 6 | 5 | 7 | 8 | 4 | | | | 6 | 9 | 2 | 1 | 5 | 3 | 7 | 8 | 4 |
| 7 | 5 | 3 | 4 | 8 | 2 | 6 | 9 | 1 | | | | 7 | 4 | 1 | 2 | 8 | 9 | 3 | 5 | 6 |
| 5 | 7 | 1 | 6 | 2 | 3 | 8 | 4 | 9 | 5 | 1 | 6 | 2 | 7 | 3 | 8 | 4 | 5 | 6 | 1 | 9 |
| 9 | 3 | 6 | 8 | 4 | 1 | 2 | 7 | 5 | 3 | 4 | 8 | 1 | 6 | 9 | 7 | 3 | 2 | 8 | 4 | 5 |
| 8 | 4 | 2 | 9 | 5 | 7 | 1 | 6 | 3 | 9 | 2 | 7 | 4 | 5 | 8 | 6 | 9 | 1 | 2 | 7 | 3 |
| | | | | | | 6 | 8 | 2 | 4 | 9 | 5 | 7 | 3 | 1 | | | | | | |
| | | | | | | 5 | 9 | 7 | 1 | 8 | 3 | 6 | 2 | 4 | | | | | | |
| | | | | | | 4 | 3 | 1 | 6 | 7 | 2 | 8 | 9 | 5 | | | | | | |
| 5 | 1 | 7 | 8 | 9 | 6 | 3 | 2 | 4 | 8 | 6 | 9 | 5 | 1 | 7 | 3 | 4 | 9 | 2 | 8 | 6 |
| 9 | 6 | 4 | 3 | 2 | 1 | 7 | 5 | 8 | 2 | 3 | 1 | 9 | 4 | 6 | 2 | 7 | 8 | 5 | 3 | 1 |
| 3 | 2 | 8 | 5 | 4 | 7 | 9 | 1 | 6 | 7 | 5 | 4 | 3 | 8 | 2 | 5 | 1 | 6 | 4 | 7 | 9 |
| 1 | 8 | 5 | 4 | 3 | 9 | 6 | 7 | 2 | | | | 2 | 9 | 4 | 8 | 5 | 3 | 1 | 6 | 7 |
| 2 | 4 | 3 | 6 | 7 | 8 | 1 | 9 | 5 | | | | 7 | 3 | 5 | 1 | 6 | 2 | 9 | 4 | 8 |
| 6 | 7 | 9 | 1 | 5 | 2 | 4 | 8 | 3 | | | | 8 | 6 | 1 | 7 | 9 | 4 | 3 | 2 | 5 |
| 8 | 5 | 1 | 7 | 6 | 3 | 2 | 4 | 9 | | | | 4 | 2 | 9 | 6 | 8 | 5 | 7 | 1 | 3 |
| 4 | 3 | 2 | 9 | 1 | 5 | 8 | 6 | 7 | | | | 6 | 7 | 3 | 9 | 2 | 1 | 8 | 5 | 4 |
| 7 | 9 | 6 | 2 | 8 | 4 | 5 | 3 | 1 | | | | 1 | 5 | 8 | 4 | 3 | 7 | 6 | 9 | 2 |

**33**

| | | | | | | | | | | | | | | | | | | | | |
|---|---|---|---|---|---|---|---|---|---|---|---|---|---|---|---|---|---|---|---|---|
| | | | | | 7 | 4 | | | | | | | 7 | | 5 | | | | | 3 |
| | | | | | 5 | | 3 | 1 | | | | | | 4 | 1 | | | | 5 | |
| 9 | | | 2 | 6 | | | | | | | | | | | | | | | 8 | 9 |
| | | | | | | 2 | 8 | | | | | 7 | | 5 | | | | 6 | | |
| 3 | 6 | | 4 | | | | | 7 | | | | | 1 | | | 5 | | 9 | | |
| 4 | | 1 | | | | | | | | | | 3 | | | | | | | | |
| | 1 | | 6 | | | | | | | | | | | | | 2 | | | 7 | |
| 8 | 3 | | | | | | | | | | 3 | | | | | 6 | | | | |
| | | | | 2 | | | | | 4 | | | | | 2 | | 9 | | 3 | 1 | |
| | | | | | | | | | | | | 6 | 7 | | | | | | | |
| | | | | | | 5 | | | | 8 | | 2 | | | | | | | | |
| | | | | | | | 8 | 6 | | 9 | 1 | | | | | | | | | |
| | 5 | | 9 | 7 | | | | | | | 4 | | | 3 | | | | 2 | | |
| | | 3 | | | | | 5 | | | | | | | | | | | 1 | 3 | |
| | | | | | 8 | 4 | | | | 5 | | | 8 | | | | | | | |
| | | | | | | | | | | | | | 7 | | | 6 | | | | 4 |
| 1 | | 7 | | | | | 4 | 9 | | | | 1 | | | 4 | 8 | | | | |
| | | 4 | 3 | | | 5 | | 1 | | | | | | 2 | | 9 | | | 1 | |
| | | | | | | 8 | | 6 | | | | | | | 7 | | | | | |
| | | | 5 | | | 7 | 3 | | | | | 6 | 3 | | | | | 4 | 2 | 8 |
| | 1 | | 8 | | 7 | | | | | | | | 5 | | | | | 7 | | |

36

| | | | | | | | | | | | | | | | | | | | | |
|---|---|---|---|---|---|---|---|---|---|---|---|---|---|---|---|---|---|---|---|---|
| 3 | 5 | 6 | 1 | 2 | 4 | 7 | 8 | 9 | | | | 6 | 3 | 1 | 4 | 7 | 9 | 5 | 8 | 2 |
| 8 | 2 | 7 | 9 | 3 | 6 | 4 | 5 | 1 | | | | 5 | 7 | 4 | 8 | 3 | 2 | 1 | 6 | 9 |
| 9 | 1 | 4 | 7 | 5 | 8 | 2 | 3 | 6 | | | | 9 | 2 | 8 | 6 | 1 | 5 | 4 | 3 | 7 |
| 2 | 4 | 3 | 8 | 9 | 5 | 1 | 6 | 7 | | | | 7 | 1 | 6 | 9 | 5 | 8 | 3 | 2 | 4 |
| 7 | 6 | 5 | 4 | 1 | 3 | 9 | 2 | 8 | | | | 8 | 4 | 5 | 2 | 6 | 3 | 9 | 7 | 1 |
| 1 | 8 | 9 | 2 | 6 | 7 | 3 | 4 | 5 | | | | 2 | 9 | 3 | 1 | 4 | 7 | 6 | 5 | 8 |
| 4 | 3 | 8 | 6 | 7 | 9 | 5 | 1 | 2 | 8 | 9 | 3 | 4 | 6 | 7 | 3 | 8 | 1 | 2 | 9 | 5 |
| 6 | 7 | 2 | 5 | 4 | 1 | 8 | 9 | 3 | 4 | 6 | 7 | 1 | 5 | 2 | 7 | 9 | 6 | 8 | 4 | 3 |
| 5 | 9 | 1 | 3 | 8 | 2 | 6 | 7 | 4 | 1 | 5 | 2 | 3 | 8 | 9 | 5 | 2 | 4 | 7 | 1 | 6 |
| | | | | | | 4 | 2 | 7 | 3 | 8 | 6 | 5 | 9 | 1 | | | | | | |
| | | | | | | 3 | 5 | 1 | 9 | 7 | 4 | 6 | 2 | 8 | | | | | | |
| | | | | | | 9 | 6 | 8 | 5 | 2 | 1 | 7 | 4 | 3 | | | | | | |
| 9 | 8 | 1 | 5 | 3 | 7 | 2 | 4 | 6 | 7 | 1 | 8 | 9 | 3 | 5 | 8 | 4 | 2 | 7 | 1 | 6 |
| 4 | 2 | 6 | 8 | 9 | 1 | 7 | 3 | 5 | 2 | 4 | 9 | 8 | 1 | 6 | 7 | 3 | 5 | 2 | 9 | 4 |
| 5 | 3 | 7 | 4 | 2 | 6 | 1 | 8 | 9 | 6 | 3 | 5 | 2 | 7 | 4 | 9 | 6 | 1 | 5 | 8 | 3 |
| 2 | 9 | 5 | 1 | 6 | 4 | 8 | 7 | 3 | | | | 3 | 2 | 8 | 5 | 7 | 9 | 4 | 6 | 1 |
| 3 | 7 | 4 | 9 | 8 | 5 | 6 | 1 | 2 | | | | 7 | 5 | 9 | 4 | 1 | 6 | 3 | 2 | 8 |
| 6 | 1 | 8 | 3 | 7 | 2 | 5 | 9 | 4 | | | | 4 | 6 | 1 | 3 | 2 | 8 | 9 | 7 | 5 |
| 8 | 4 | 2 | 7 | 5 | 3 | 9 | 6 | 1 | | | | 5 | 8 | 3 | 1 | 9 | 7 | 6 | 4 | 2 |
| 1 | 5 | 9 | 6 | 4 | 8 | 3 | 2 | 7 | | | | 1 | 9 | 2 | 6 | 5 | 4 | 8 | 3 | 7 |
| 7 | 6 | 3 | 2 | 1 | 9 | 4 | 5 | 8 | | | | 6 | 4 | 7 | 2 | 8 | 3 | 1 | 5 | 9 |

34

| | | | | | | | | | | | | | | | | | | | | |
|---|---|---|---|---|---|---|---|---|---|---|---|---|---|---|---|---|---|---|---|---|
| 8 | 4 | 3 | | | 1 | | 2 | | | | | | | | | 8 | | | | 6 |
| | | | | 3 | 7 | | | | | | | | 8 | | | 5 | | 3 | 2 | |
| | | | | | | | | | | | | | | 6 | | | | 8 | | |
| | | | | | 9 | | | | | | | | | 9 | | 4 | 5 | | | |
| | 9 | | 2 | | | 8 | 7 | | | | | | | | 1 | 7 | | 9 | | |
| | 3 | 4 | | | 5 | | | 1 | | | | 3 | 6 | | | | 8 | | 1 | |
| | | 8 | 3 | | | | | 7 | 2 | | | 5 | | | | | 7 | | | 2 |
| | | 7 | 8 | | | | 5 | | | 3 | 6 | | | | | | | | | 3 |
| | 6 | 9 | 1 | | 4 | | | | | | | | 9 | | 3 | | | | | |
| | | | | | | 8 | | 6 | | | | | | | | | | | | |
| | | | | | | | | | 8 | | 9 | | | | | | | | | |
| | | | | | | | 3 | | | | | | | | | | | | | |
| | 4 | 5 | | | | | | | 6 | | | 7 | | | | 3 | | 6 | | |
| | 1 | | | | 3 | | 4 | 2 | | | | 3 | | | | | | 8 | | |
| 6 | | | 8 | | | | | | | 2 | | | | | | | 5 | | | |
| | | | | | | 5 | 8 | | | | | | | | 9 | 5 | 4 | | | |
| | | | 2 | | 5 | 4 | | | | | | 8 | 1 | | | 7 | 3 | | 9 | |
| | | 9 | | | | | | 3 | | | | 4 | 3 | | | | | | 5 | |
| | | 1 | | | 2 | 9 | | 4 | | | | 1 | | | | | | | | |
| 2 | | | 4 | | | | | | | | | | 8 | 7 | | | | 9 | | 3 |
| | | | | 9 | | 2 | 6 | 7 | | | | | | | | 6 | | | | 4 |

**37**

| | | | | | | | | | | | | | | | | | | | | |
|---|---|---|---|---|---|---|---|---|---|---|---|---|---|---|---|---|---|---|---|---|
| 9 | 4 | 6 | 5 | 2 | 1 | 3 | 8 | 7 | | | | 1 | 8 | 7 | 3 | 9 | 5 | 2 | 4 | 6 |
| 1 | 8 | 2 | 3 | 7 | 4 | 9 | 5 | 6 | | | | 3 | 2 | 5 | 6 | 1 | 4 | 7 | 8 | 9 |
| 3 | 7 | 5 | 6 | 8 | 9 | 4 | 1 | 2 | | | | 9 | 4 | 6 | 2 | 8 | 7 | 3 | 1 | 5 |
| 8 | 2 | 1 | 7 | 9 | 5 | 6 | 4 | 3 | | | | 7 | 3 | 2 | 9 | 4 | 1 | 6 | 5 | 8 |
| 5 | 6 | 4 | 8 | 3 | 2 | 7 | 9 | 1 | | | | 5 | 9 | 4 | 7 | 6 | 8 | 1 | 3 | 2 |
| 7 | 3 | 9 | 1 | 4 | 6 | 5 | 2 | 8 | | | | 6 | 1 | 8 | 5 | 3 | 2 | 9 | 7 | 4 |
| 6 | 9 | 8 | 2 | 5 | 7 | 1 | 3 | 4 | 2 | 6 | 5 | 8 | 7 | 9 | 4 | 2 | 3 | 5 | 6 | 1 |
| 2 | 5 | 7 | 4 | 1 | 3 | 8 | 6 | 9 | 7 | 3 | 4 | 2 | 5 | 1 | 8 | 7 | 6 | 4 | 9 | 3 |
| 4 | 1 | 3 | 9 | 6 | 8 | 2 | 7 | 5 | 8 | 1 | 9 | 4 | 6 | 3 | 1 | 5 | 9 | 8 | 2 | 7 |
| | | | | | | 9 | 4 | 3 | 1 | 5 | 2 | 7 | 8 | 6 | | | | | | |
| | | | | | | 5 | 8 | 7 | 6 | 9 | 3 | 1 | 2 | 4 | | | | | | |
| | | | | | | 6 | 2 | 1 | 4 | 8 | 7 | 3 | 9 | 5 | | | | | | |
| 8 | 2 | 3 | 5 | 9 | 7 | 4 | 1 | 6 | 5 | 2 | 8 | 9 | 3 | 7 | 4 | 1 | 5 | 8 | 2 | 6 |
| 7 | 6 | 9 | 4 | 1 | 2 | 3 | 5 | 8 | 9 | 7 | 1 | 6 | 4 | 2 | 7 | 8 | 3 | 5 | 9 | 1 |
| 4 | 1 | 5 | 8 | 3 | 6 | 7 | 9 | 2 | 3 | 4 | 6 | 5 | 1 | 8 | 6 | 9 | 2 | 7 | 3 | 4 |
| 5 | 8 | 4 | 6 | 7 | 9 | 2 | 3 | 1 | | | | 4 | 8 | 6 | 2 | 5 | 7 | 9 | 1 | 3 |
| 1 | 3 | 7 | 2 | 8 | 4 | 9 | 6 | 5 | | | | 7 | 2 | 3 | 9 | 4 | 1 | 6 | 8 | 5 |
| 2 | 9 | 6 | 1 | 5 | 3 | 8 | 7 | 4 | | | | 1 | 9 | 5 | 8 | 3 | 6 | 2 | 4 | 7 |
| 9 | 4 | 1 | 3 | 6 | 8 | 5 | 2 | 7 | | | | 8 | 5 | 9 | 1 | 6 | 4 | 3 | 7 | 2 |
| 6 | 7 | 8 | 9 | 2 | 5 | 1 | 4 | 3 | | | | 2 | 6 | 4 | 3 | 7 | 8 | 1 | 5 | 9 |
| 3 | 5 | 2 | 7 | 4 | 1 | 6 | 8 | 9 | | | | 3 | 7 | 1 | 5 | 2 | 9 | 4 | 6 | 8 |

**35**

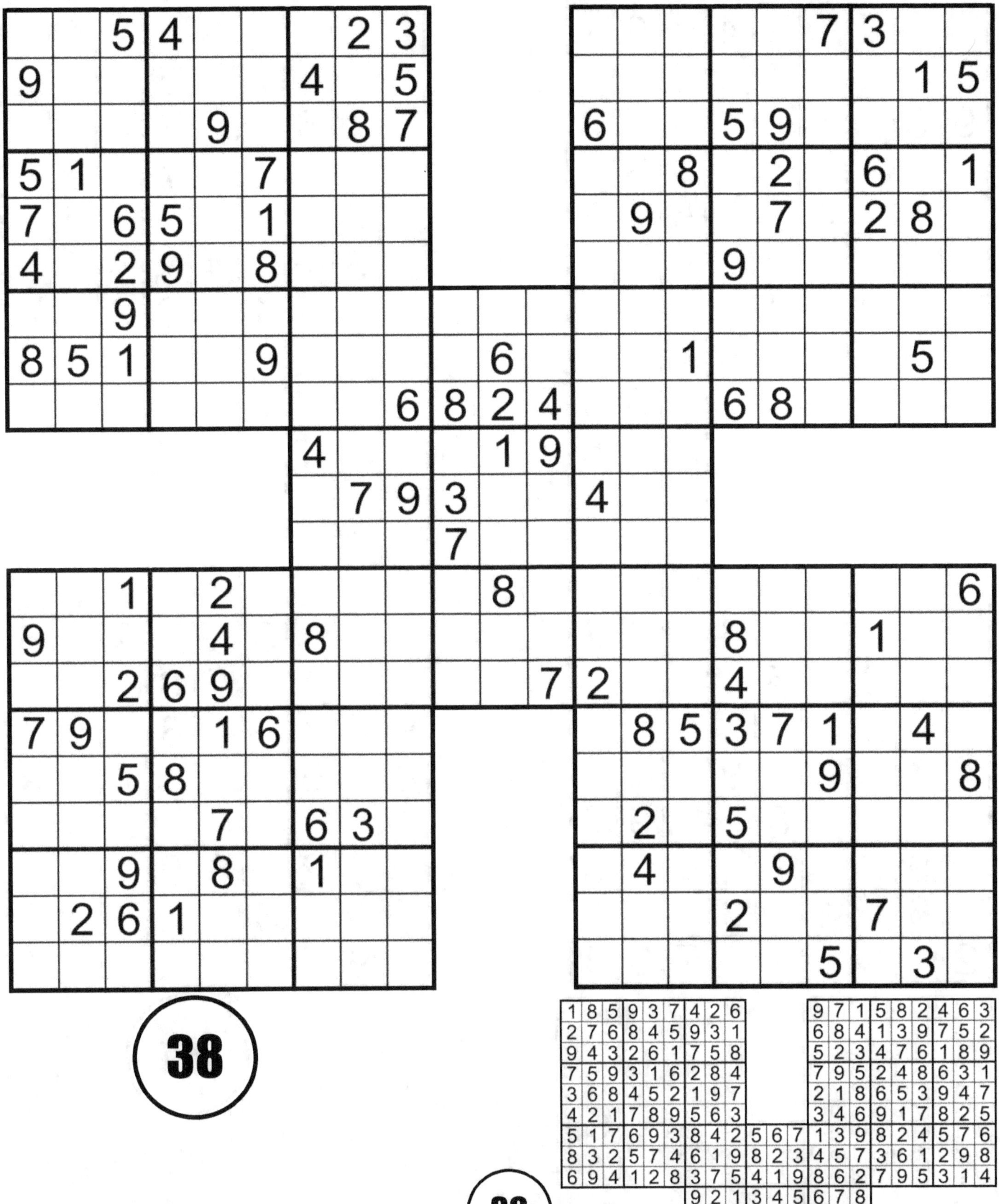

38

36

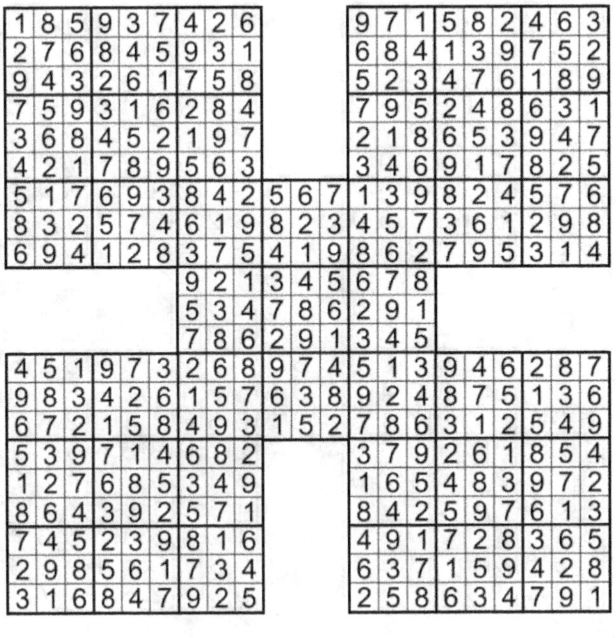

| | | | | | | | | | | | | | | | | | | | | |
|---|---|---|---|---|---|---|---|---|---|---|---|---|---|---|---|---|---|---|---|---|
| | | 7 | | | 4 | | 6 | | | | | | 2 | | | 8 | | | | |
| 6 | | | | | 8 | 4 | | | | | | 6 | | | 7 | | 5 | | | 2 |
| 9 | 8 | | 5 | | | | 7 | 3 | | | | | | 5 | | | | | | |
| | 1 | | | | | | 3 | | | | | | 6 | 4 | | | 7 | | 9 | 8 |
| | | | 4 | | | 5 | | 2 | | | | 7 | 8 | | | | | | 4 | |
| | | | | | | | | | | | | | 3 | | | 4 | | | 2 | |
| | | 9 | 6 | 1 | 5 | | | | | | 9 | | | | 1 | | 8 | 9 | | 4 |
| 5 | | | | | 9 | | | | | | | | | | | | 2 | | | 1 |
| | | | | | | | 5 | 9 | 3 | | | 4 | | | | | | | | |
| | | | | | | | | 5 | 7 | | 6 | | | 1 | | | | | | |
| | | | | | | | | 1 | 8 | | | 9 | | | | | | | | |
| | | | | | | | | | | 4 | | | | | | | | | | |
| | | | | | 2 | | | | | 8 | 3 | | | | | | | | | |
| | | | | | 6 | | 7 | 8 | 4 | | | | | | 8 | | 7 | 9 | | 6 |
| | | 8 | | 5 | | | | | | | | | | | | 5 | 3 | | | |
| | | | | | | | | | | | | 9 | 4 | 1 | | | 8 | | 5 | |
| 4 | 7 | | | | 9 | | | | | | | 8 | | 6 | | | | | 1 | 9 |
| | | | | 8 | | | 9 | 7 | | | | | | | | | | | | |
| | 9 | | | 7 | | | | 5 | | | | | | 2 | | 6 | 9 | | | 3 |
| | 6 | | 1 | | 3 | | | | | | | | | | 3 | | | | | |
| 2 | | | | | | 7 | 3 | 4 | | | | | 9 | | | | 4 | | | 1 |

| | | | | | | | | | | | | | | | | | | | | |
|---|---|---|---|---|---|---|---|---|---|---|---|---|---|---|---|---|---|---|---|---|
| 8 | 4 | 3 | 5 | 6 | 1 | 7 | 2 | 9 | | | | 9 | 3 | 2 | 7 | 8 | 1 | 4 | 5 | 6 |
| 6 | 5 | 2 | 9 | 3 | 7 | 4 | 1 | 8 | | | | 7 | 8 | 1 | 4 | 5 | 6 | 3 | 2 | 9 |
| 9 | 7 | 1 | 4 | 2 | 8 | 5 | 3 | 6 | | | | 4 | 5 | 6 | 2 | 3 | 9 | 8 | 7 | 1 |
| 7 | 8 | 5 | 6 | 1 | 9 | 3 | 4 | 2 | | | | 1 | 7 | 9 | 6 | 4 | 5 | 2 | 3 | 8 |
| 1 | 9 | 6 | 2 | 4 | 3 | 8 | 7 | 5 | | | | 2 | 4 | 8 | 1 | 7 | 3 | 9 | 6 | 5 |
| 2 | 3 | 4 | 7 | 8 | 5 | 6 | 9 | 1 | | | | 3 | 6 | 5 | 9 | 2 | 8 | 7 | 1 | 4 |
| 4 | 1 | 8 | 3 | 5 | 2 | 9 | 6 | 7 | 2 | 8 | 4 | 5 | 1 | 3 | 8 | 9 | 7 | 6 | 4 | 2 |
| 3 | 2 | 7 | 8 | 9 | 6 | 1 | 5 | 4 | 9 | 3 | 6 | 8 | 2 | 7 | 5 | 6 | 4 | 1 | 9 | 3 |
| 5 | 6 | 9 | 1 | 7 | 4 | 2 | 8 | 3 | 5 | 1 | 7 | 6 | 9 | 4 | 3 | 1 | 2 | 5 | 8 | 7 |
| | | | | | | 8 | 2 | 6 | 3 | 4 | 5 | 1 | 7 | 9 | | | | | | |
| | | | | | | 4 | 7 | 1 | 8 | 6 | 9 | 2 | 3 | 5 | | | | | | |
| | | | | | | 5 | 3 | 9 | 1 | 7 | 2 | 4 | 8 | 6 | | | | | | |
| 7 | 4 | 5 | 1 | 2 | 6 | 3 | 9 | 8 | 6 | 5 | 1 | 7 | 4 | 2 | 8 | 3 | 9 | 6 | 1 | 5 |
| 9 | 1 | 8 | 5 | 7 | 3 | 6 | 4 | 2 | 7 | 9 | 8 | 3 | 5 | 1 | 7 | 2 | 6 | 8 | 4 | 9 |
| 6 | 3 | 2 | 8 | 4 | 9 | 7 | 1 | 5 | 4 | 2 | 3 | 9 | 6 | 8 | 4 | 1 | 5 | 2 | 3 | 7 |
| 1 | 2 | 7 | 9 | 3 | 4 | 5 | 8 | 6 | | | | 2 | 7 | 6 | 9 | 5 | 4 | 3 | 8 | 1 |
| 8 | 6 | 3 | 2 | 1 | 5 | 4 | 7 | 9 | | | | 8 | 1 | 5 | 6 | 7 | 3 | 4 | 9 | 2 |
| 4 | 5 | 9 | 7 | 6 | 8 | 1 | 2 | 3 | | | | 4 | 3 | 9 | 1 | 8 | 2 | 7 | 5 | 6 |
| 3 | 7 | 1 | 6 | 8 | 2 | 9 | 5 | 4 | | | | 1 | 2 | 4 | 3 | 9 | 7 | 5 | 6 | 8 |
| 2 | 9 | 6 | 4 | 5 | 7 | 8 | 3 | 1 | | | | 6 | 8 | 7 | 5 | 4 | 1 | 9 | 2 | 3 |
| 5 | 8 | 4 | 3 | 9 | 1 | 2 | 6 | 7 | | | | 5 | 9 | 3 | 2 | 6 | 8 | 1 | 7 | 4 |

**39**

**37**

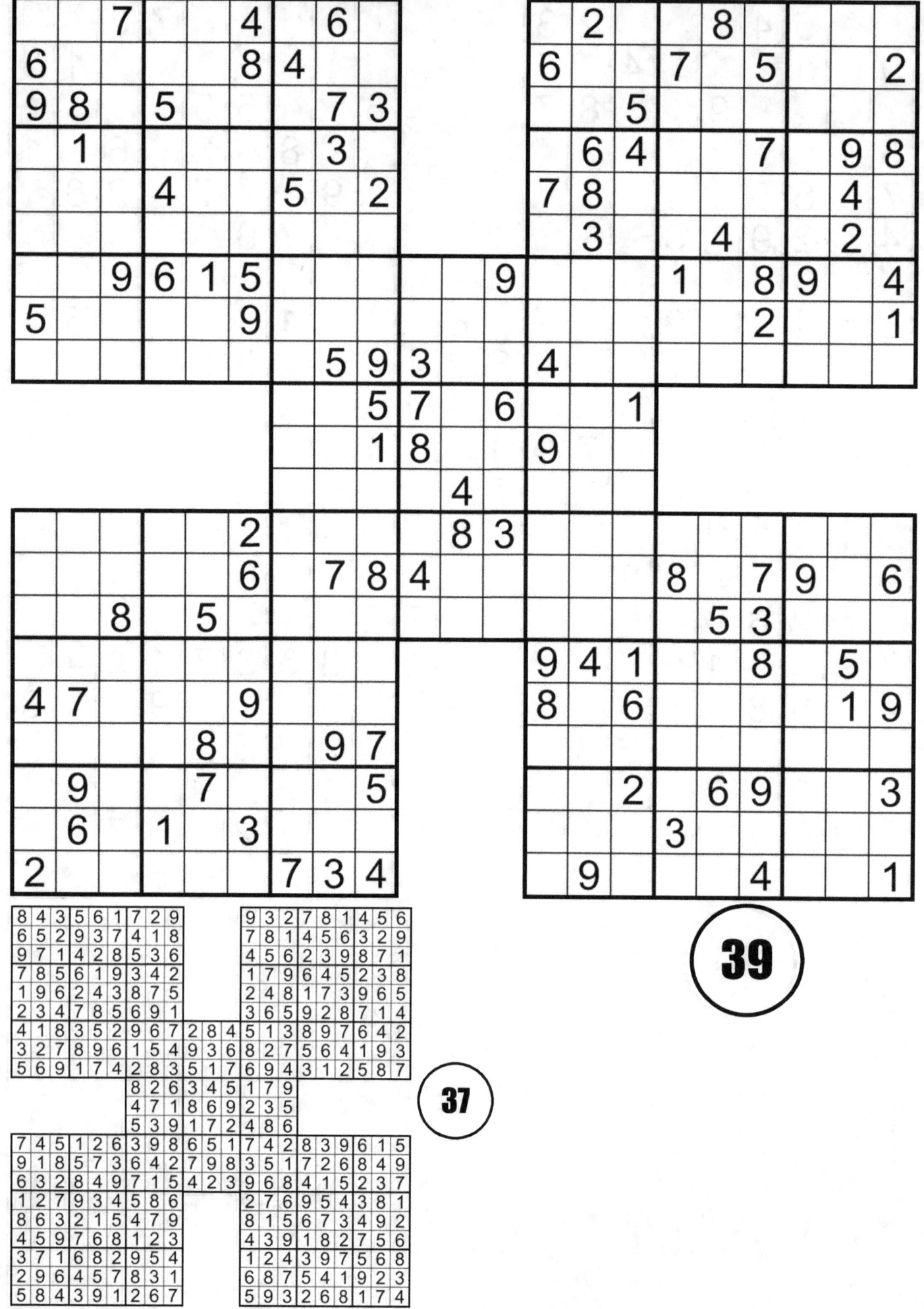

| | | | | | | | | | | | | | | | | | | | | |
|---|---|---|---|---|---|---|---|---|---|---|---|---|---|---|---|---|---|---|---|---|
| | | | | | 5 | | | 1 | | | | | | | | | | | 3 | |
| 6 | | | 8 | | | | | 7 | | | | | | | 6 | 7 | 5 | 2 | | |
| 2 | | | 1 | | | | | | | | | | | | | | | 5 | | |
| | 3 | | | 6 | 2 | | 4 | | | | | 9 | | 5 | 3 | | | | 1 | |
| | | | 9 | 1 | 8 | | | | | | | | 2 | | | | | 8 | | |
| | | | 3 | | | 1 | 8 | | | | | | 6 | | | | | | | 4 |
| | 7 | | | | | | | 4 | | | | 6 | 7 | 2 | 9 | | | | | |
| | | 2 | | | 9 | | 1 | | | | | | | 3 | 7 | 6 | | 4 | | |
| | | 5 | | | | 9 | | 2 | | | | | | | | 3 | | | 7 | |
| | | | | | | | | | | | 7 | | 8 | | | | | | | |
| | | | | | | | | 7 | | | | | 3 | | | | | | | |
| | | | | | | 2 | | | | 6 | 9 | | | | | | | | | |
| | 2 | 4 | 9 | | | | | | 9 | | | 3 | | | 8 | | | | 5 | |
| | 6 | | | 4 | | | | 3 | 5 | | 2 | 9 | | | | | | 1 | | |
| | | 3 | 7 | | | 4 | | | 6 | | | | | | | | | | | |
| | | | | | 5 | | 6 | | | | | 8 | | 3 | 4 | | | | | |
| 2 | 9 | | | | | | | | | | | | | | 6 | | | 9 | 2 | |
| | | | | | | | | 7 | | | | | | 2 | 1 | 5 | | 3 | | |
| 3 | 7 | | 6 | | | 8 | | | | | | | | | 2 | | | | | 8 |
| 6 | | 2 | | 8 | | 9 | | | | | | | | | | | | | 7 | 6 |
| | 5 | | | | 9 | | 3 | | | | | | 7 | | | 4 | | 2 | | |

40

38

| | | | | | | | | | | | | | | | | | | | | |
|---|---|---|---|---|---|---|---|---|---|---|---|---|---|---|---|---|---|---|---|---|
| 1 | 8 | 5 | 4 | 7 | 6 | 9 | 2 | 3 | | | | 2 | 5 | 9 | 8 | 1 | 7 | 3 | 6 | 4 |
| 9 | 6 | 7 | 3 | 8 | 2 | 4 | 1 | 5 | | | | 3 | 8 | 7 | 2 | 6 | 4 | 9 | 1 | 5 |
| 3 | 2 | 4 | 1 | 9 | 5 | 6 | 8 | 7 | | | | 6 | 1 | 4 | 5 | 9 | 3 | 8 | 7 | 2 |
| 5 | 1 | 8 | 2 | 4 | 7 | 3 | 6 | 9 | | | | 7 | 3 | 8 | 4 | 2 | 5 | 6 | 9 | 1 |
| 7 | 9 | 6 | 5 | 3 | 1 | 8 | 4 | 2 | | | | 4 | 9 | 5 | 1 | 7 | 6 | 2 | 8 | 3 |
| 4 | 3 | 2 | 9 | 6 | 8 | 5 | 7 | 1 | | | | 1 | 6 | 2 | 9 | 3 | 8 | 5 | 4 | 7 |
| 6 | 4 | 9 | 7 | 1 | 3 | 2 | 5 | 8 | 1 | 7 | 3 | 9 | 4 | 6 | 7 | 5 | 2 | 1 | 3 | 8 |
| 8 | 5 | 1 | 6 | 2 | 9 | 7 | 3 | 4 | 9 | 6 | 5 | 8 | 2 | 1 | 3 | 4 | 9 | 7 | 5 | 6 |
| 2 | 7 | 3 | 8 | 5 | 4 | 1 | 9 | 6 | 8 | 2 | 4 | 5 | 7 | 3 | 6 | 8 | 1 | 4 | 2 | 9 |
| | | | | | | 4 | 8 | 3 | 2 | 1 | 9 | 7 | 6 | 5 | | | | | | |
| | | | | | | 6 | 7 | 9 | 3 | 5 | 8 | 4 | 1 | 2 | | | | | | |
| | | | | | | 5 | 1 | 2 | 7 | 4 | 6 | 3 | 8 | 9 | | | | | | |
| 4 | 3 | 1 | 5 | 2 | 8 | 9 | 6 | 7 | 5 | 8 | 2 | 1 | 3 | 4 | 9 | 5 | 7 | 8 | 2 | 6 |
| 9 | 6 | 7 | 3 | 4 | 1 | 8 | 2 | 5 | 4 | 3 | 1 | 6 | 9 | 7 | 8 | 3 | 2 | 1 | 5 | 4 |
| 5 | 8 | 2 | 6 | 9 | 7 | 3 | 4 | 1 | 6 | 9 | 7 | 2 | 5 | 8 | 4 | 1 | 6 | 3 | 9 | 7 |
| 7 | 9 | 3 | 4 | 1 | 6 | 5 | 8 | 2 | | | | 9 | 8 | 5 | 3 | 7 | 1 | 6 | 4 | 2 |
| 6 | 4 | 5 | 8 | 3 | 2 | 7 | 1 | 9 | | | | 4 | 1 | 3 | 6 | 2 | 9 | 5 | 7 | 8 |
| 2 | 1 | 8 | 9 | 7 | 5 | 6 | 3 | 4 | | | | 7 | 2 | 6 | 5 | 8 | 4 | 9 | 1 | 3 |
| 3 | 7 | 9 | 2 | 8 | 4 | 1 | 5 | 6 | | | | 3 | 4 | 1 | 7 | 9 | 8 | 2 | 6 | 5 |
| 8 | 2 | 6 | 1 | 5 | 9 | 4 | 7 | 3 | | | | 5 | 6 | 9 | 2 | 4 | 3 | 7 | 8 | 1 |
| 1 | 5 | 4 | 7 | 6 | 3 | 2 | 9 | 8 | | | | 8 | 7 | 2 | 1 | 6 | 5 | 4 | 3 | 9 |

| | | | | | | | | | | | | | | | | | | | | |
|---|---|---|---|---|---|---|---|---|---|---|---|---|---|---|---|---|---|---|---|---|
| | | 1 | 5 | 8 | 7 | | | | | | | | | | | | 6 | | | 4 |
| | 8 | 5 | | | | | 6 | | | | | | | 4 | | 2 | 1 | | | |
| 7 | | 2 | 9 | | | | | | | | | | 2 | | 3 | | 8 | | | |
| | | | | | | 9 | | | | | | | 3 | 5 | | | | | 6 | |
| 8 | | | | | 2 | | | | | | | 2 | | | | | | 4 | | |
| | | 7 | 8 | 1 | 4 | | | | | | | | | | 2 | | | 5 | | 1 |
| 1 | 4 | | | | | 2 | | | | 4 | | | | 7 | | | 2 | | | |
| | | | | | | | | | 1 | | | | 6 | | | | | 9 | | |
| | | | 4 | | | | | | 3 | | 7 | | | | | 6 | | | 3 | 7 |
| | | | | | | 7 | | 4 | | | 3 | | | | | | | | | |
| | | | | | | | 3 | | | 7 | | 8 | 5 | | | | | | | |
| | | | | | | | | | | | | | | | | | | | | |
| | | | 1 | | 4 | | | | | | | | | | | | 8 | | | |
| | | 4 | | | | 3 | | | | | 6 | | 1 | 8 | 5 | | | | | 4 |
| | 5 | | | 6 | | | | | 7 | | 5 | | | | | 4 | | | | |
| 6 | | | | | 9 | | | 4 | | | | 1 | | | | | | 6 | | |
| 5 | 8 | | | | 6 | | | | | | | | | | | 7 | 2 | | 8 | 5 |
| 9 | 4 | | 5 | | | | 1 | 3 | | | | | | | | | | | | |
| | | | | | | | | 9 | | | | | | | | | 6 | 7 | 2 | |
| | | | 4 | | | | 5 | | | | | 9 | | | | | | | 3 | |
| | 7 | 9 | | | 5 | | | | | | | | 7 | | 3 | 2 | 9 | | 1 | |

41

| | | | | | | | | | | | | | | | | | | | | |
|---|---|---|---|---|---|---|---|---|---|---|---|---|---|---|---|---|---|---|---|---|
| 2 | 5 | 7 | 1 | 3 | 4 | 9 | 6 | 8 | | | | 9 | 2 | 1 | 6 | 8 | 3 | 4 | 7 | 5 |
| 6 | 3 | 1 | 9 | 7 | 8 | 4 | 2 | 5 | | | | 6 | 4 | 8 | 7 | 9 | 5 | 3 | 1 | 2 |
| 9 | 8 | 4 | 5 | 6 | 2 | 1 | 7 | 3 | | | | 3 | 7 | 5 | 2 | 1 | 4 | 8 | 6 | 9 |
| 4 | 1 | 5 | 2 | 9 | 7 | 8 | 3 | 6 | | | | 1 | 6 | 4 | 3 | 2 | 7 | 5 | 9 | 8 |
| 3 | 7 | 6 | 4 | 8 | 1 | 5 | 9 | 2 | | | | 7 | 8 | 2 | 9 | 5 | 6 | 1 | 4 | 3 |
| 8 | 9 | 2 | 3 | 5 | 6 | 7 | 4 | 1 | | | | 5 | 3 | 9 | 8 | 4 | 1 | 7 | 2 | 6 |
| 7 | 2 | 9 | 6 | 1 | 5 | 3 | 8 | 4 | 6 | 1 | 9 | 2 | 5 | 7 | 1 | 6 | 8 | 9 | 3 | 4 |
| 5 | 4 | 3 | 8 | 2 | 9 | 6 | 1 | 7 | 2 | 5 | 4 | 8 | 9 | 3 | 4 | 7 | 2 | 6 | 5 | 1 |
| 1 | 6 | 8 | 7 | 4 | 3 | 2 | 5 | 9 | 3 | 7 | 8 | 4 | 1 | 6 | 5 | 3 | 9 | 2 | 8 | 7 |
| | | | | | | 8 | 9 | 5 | 7 | 2 | 6 | 3 | 4 | 1 | | | | | | |
| | | | | | | 4 | 6 | 1 | 8 | 3 | 5 | 9 | 7 | 2 | | | | | | |
| | | | | | | 7 | 3 | 2 | 9 | 4 | 1 | 5 | 6 | 8 | | | | | | |
| 9 | 3 | 7 | 8 | 1 | 2 | 5 | 4 | 6 | 1 | 8 | 3 | 7 | 2 | 9 | 1 | 4 | 6 | 8 | 3 | 5 |
| 1 | 5 | 2 | 4 | 3 | 6 | 9 | 7 | 8 | 4 | 6 | 2 | 1 | 3 | 5 | 8 | 2 | 7 | 9 | 4 | 6 |
| 6 | 4 | 8 | 9 | 5 | 7 | 1 | 2 | 3 | 5 | 9 | 7 | 6 | 8 | 4 | 9 | 5 | 3 | 1 | 2 | 7 |
| 8 | 1 | 9 | 7 | 6 | 4 | 3 | 5 | 2 | | | | 9 | 4 | 1 | 6 | 7 | 8 | 3 | 5 | 2 |
| 4 | 7 | 3 | 5 | 2 | 9 | 8 | 6 | 1 | | | | 8 | 7 | 6 | 2 | 3 | 5 | 4 | 1 | 9 |
| 5 | 2 | 6 | 3 | 8 | 1 | 4 | 9 | 7 | | | | 2 | 5 | 3 | 4 | 9 | 1 | 6 | 7 | 8 |
| 3 | 9 | 4 | 2 | 7 | 8 | 6 | 1 | 5 | | | | 4 | 1 | 2 | 7 | 6 | 9 | 5 | 8 | 3 |
| 7 | 6 | 5 | 1 | 4 | 3 | 2 | 8 | 9 | | | | 5 | 6 | 8 | 3 | 1 | 2 | 7 | 9 | 4 |
| 2 | 8 | 1 | 6 | 9 | 5 | 7 | 3 | 4 | | | | 3 | 9 | 7 | 5 | 8 | 4 | 2 | 6 | 1 |

39

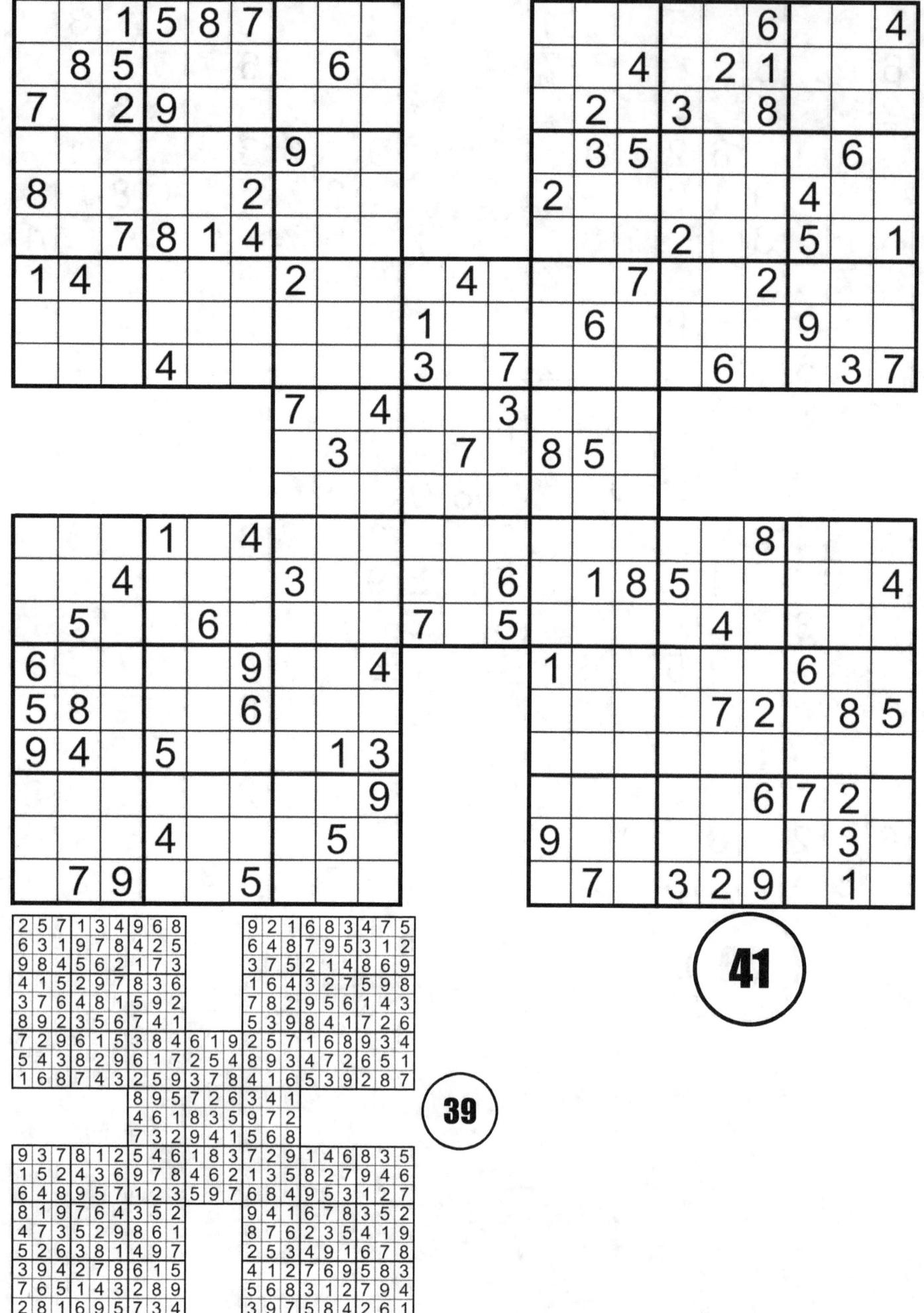

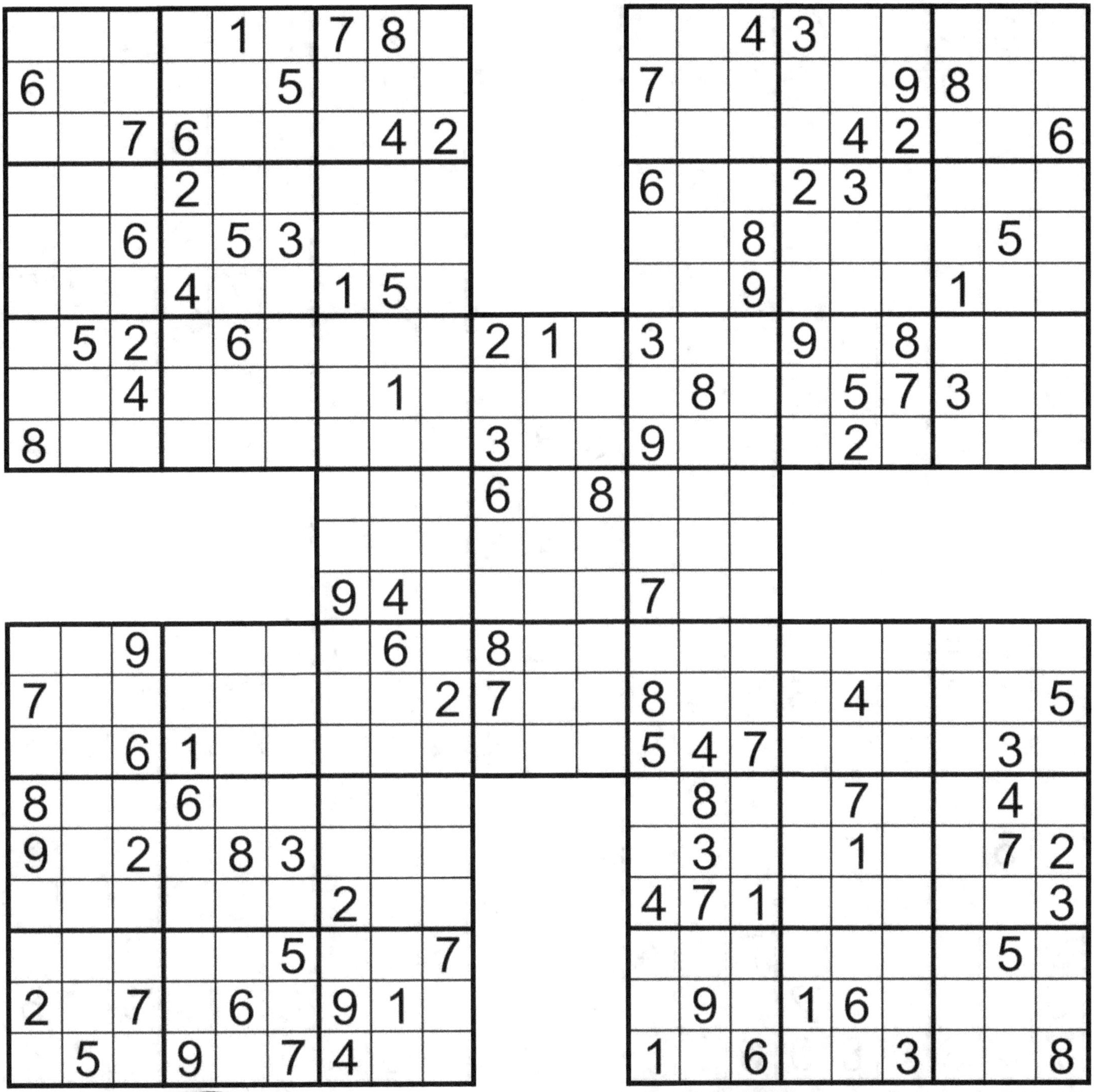

42

40

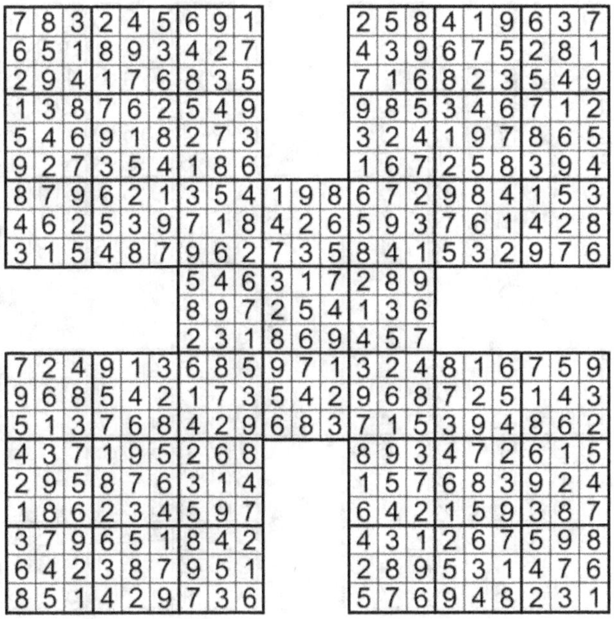

| | | | | | | | | | | | | | | | | | | | | |
|---|---|---|---|---|---|---|---|---|---|---|---|---|---|---|---|---|---|---|---|---|
| | 6 | 4 | | | | | | 7 | | | | | 2 | | 5 | | | 1 | | |
| | | 9 | | | 2 | 3 | 4 | | | | | | 1 | | | | | 3 | | 2 |
| 1 | 5 | | | | | | | | | | | | | | 1 | | 8 | | | |
| | | | 7 | | 1 | | 8 | | | | | 7 | | 5 | | | | | 9 | |
| | 4 | | | 5 | 8 | | | | | | | 3 | | | | | 9 | 6 | | |
| | | | 3 | | | 4 | | 2 | | | | | 8 | | | 7 | | | 2 | 5 |
| | 2 | | | 8 | | | 3 | 1 | | | | | | | | | 2 | | | |
| 9 | | 1 | | | 6 | | | | | | | | | 4 | | | | | 6 | |
| | | 5 | | | | | | | 5 | 8 | | 2 | | | | | | | | 4 |
| | | | | | | | 1 | | | | 5 | 7 | | | | | | | | |
| | | | | | | | | | | 4 | 8 | | | | | | | | | |
| | | | | | | | | 7 | | 3 | | | | | | | | | | |
| 2 | | 4 | | | | | | | | 2 | | | | 1 | | | | | | |
| | | 7 | | | 5 | | 4 | | | | 7 | | | | | 7 | | | | |
| | | | 8 | | 1 | | | 6 | | | 4 | 9 | | | | | | | 4 | 1 |
| | | | | | | | 9 | | | | | | | 6 | | | 7 | | | |
| | 5 | | | 1 | | 4 | | | | | | | | | | | 1 | | | 5 |
| | | | 2 | | | | | | | | | | 2 | | | 8 | | | | |
| 9 | | | | | | 7 | | 4 | | | | 5 | | | | 9 | | 2 | | |
| 5 | | | | | 2 | | | | | | | | | | 3 | | | 9 | | 6 |
| 7 | | 3 | | 8 | 9 | 6 | 5 | | | | | | 3 | | | | | | 8 | 4 |

| | | | | | | | | | | | | | | | | | | | | |
|---|---|---|---|---|---|---|---|---|---|---|---|---|---|---|---|---|---|---|---|---|
| 4 | 6 | 1 | 5 | 8 | 7 | 3 | 9 | 2 | | | | 3 | 1 | 8 | 5 | 9 | 6 | 7 | 2 | 4 |
| 9 | 8 | 5 | 2 | 4 | 3 | 7 | 6 | 1 | | | | 6 | 5 | 4 | 7 | 2 | 1 | 3 | 9 | 8 |
| 7 | 3 | 2 | 9 | 6 | 1 | 8 | 4 | 5 | | | | 7 | 2 | 9 | 3 | 4 | 8 | 1 | 5 | 6 |
| 2 | 1 | 4 | 3 | 5 | 6 | 9 | 8 | 7 | | | | 8 | 3 | 5 | 4 | 1 | 7 | 2 | 6 | 9 |
| 8 | 5 | 6 | 7 | 9 | 2 | 1 | 3 | 4 | | | | 2 | 7 | 1 | 6 | 5 | 9 | 4 | 8 | 3 |
| 3 | 9 | 7 | 8 | 1 | 4 | 5 | 2 | 6 | | | | 4 | 9 | 6 | 2 | 8 | 3 | 5 | 7 | 1 |
| 1 | 4 | 9 | 6 | 7 | 8 | 2 | 5 | 3 | 6 | 4 | 9 | 1 | 8 | 7 | 9 | 3 | 2 | 6 | 4 | 5 |
| 6 | 2 | 8 | 1 | 3 | 5 | 4 | 7 | 9 | 1 | 2 | 8 | 5 | 6 | 3 | 8 | 7 | 4 | 9 | 1 | 2 |
| 5 | 7 | 3 | 4 | 2 | 9 | 6 | 1 | 8 | 3 | 5 | 7 | 9 | 4 | 2 | 1 | 6 | 5 | 8 | 3 | 7 |
| | | | | | | 7 | 8 | 4 | 5 | 1 | 3 | 6 | 2 | 9 | | | | | | |
| | | | | | | 1 | 3 | 6 | 9 | 7 | 2 | 8 | 5 | 4 | | | | | | |
| | | | | | | 5 | 9 | 2 | 8 | 6 | 4 | 3 | 7 | 1 | | | | | | |
| 2 | 9 | 3 | 1 | 5 | 4 | 8 | 6 | 7 | 2 | 3 | 1 | 4 | 9 | 5 | 2 | 1 | 8 | 3 | 6 | 7 |
| 1 | 6 | 4 | 9 | 7 | 8 | 3 | 2 | 5 | 4 | 9 | 6 | 7 | 1 | 8 | 5 | 6 | 3 | 2 | 9 | 4 |
| 7 | 5 | 8 | 2 | 6 | 3 | 9 | 4 | 1 | 7 | 8 | 5 | 2 | 3 | 6 | 9 | 4 | 7 | 8 | 5 | 1 |
| 6 | 3 | 2 | 7 | 1 | 9 | 5 | 8 | 4 | | | | 1 | 2 | 7 | 8 | 9 | 5 | 6 | 4 | 3 |
| 5 | 8 | 1 | 3 | 4 | 6 | 7 | 9 | 2 | | | | 6 | 4 | 3 | 1 | 7 | 2 | 9 | 8 | 5 |
| 9 | 4 | 7 | 5 | 8 | 2 | 6 | 1 | 3 | | | | 5 | 8 | 9 | 6 | 3 | 4 | 1 | 7 | 2 |
| 8 | 2 | 5 | 6 | 3 | 1 | 4 | 7 | 9 | | | | 3 | 5 | 1 | 4 | 8 | 6 | 7 | 2 | 9 |
| 3 | 1 | 6 | 4 | 9 | 7 | 2 | 5 | 8 | | | | 9 | 6 | 2 | 7 | 5 | 1 | 4 | 3 | 8 |
| 4 | 7 | 9 | 8 | 2 | 5 | 1 | 3 | 6 | | | | 8 | 7 | 4 | 3 | 2 | 9 | 5 | 1 | 6 |

41

43

# 44

| | | | | | | | | | | | | | | | | | | | | |
|---|---|---|---|---|---|---|---|---|---|---|---|---|---|---|---|---|---|---|---|---|
| | | | 1 | | | | | | | | | | | | 3 | | | | | |
| | | | 8 | 2 | | | 5 | | | | | | | 7 | | 8 | 4 | 9 | | |
| 1 | | | | 9 | | 3 | | | | | | 2 | | | | | | | | |
| | | | 6 | | | | | 2 | | | | | 3 | | | 7 | | 4 | | |
| | | | | | 2 | 7 | | 8 | | | | | | | 2 | | | 5 | | |
| | | 5 | | | | | 1 | 4 | | | | | | | | 4 | | | 3 | 6 |
| 7 | | | 4 | | 6 | | | | | | | | | 6 | 5 | 3 | | | | 9 |
| 4 | 9 | 6 | | 1 | | 2 | | | | | | | | | | 9 | | | | 2 |
| | 1 | | | | | | 7 | | | 8 | | | | | | | | | | 7 |
| | | | | | | 3 | 1 | | | | 7 | | | | | | | | | |
| | | | | | | 5 | | 2 | 3 | | | | 8 | | | | | | | |
| | | | | | | | 6 | | | | | 3 | 5 | | | | | | | |
| | | | | 2 | 6 | | | | | 2 | | | | | | | | 2 | | 5 |
| 2 | 1 | | | | | 7 | | | | 6 | | | | | | | | | | 9 |
| | 4 | | | 1 | | | | | | 3 | | | | | 2 | | | | 6 | |
| 9 | | 4 | | | | | | 6 | | | | | | | | | | 7 | | |
| | | 7 | | | | | | | | | | 7 | | | | 1 | 5 | | 2 | |
| | | | 2 | | | 5 | | | | | | 2 | | | | 6 | 4 | | | |
| | | 8 | | 9 | | | | 7 | | | | | | | 9 | | 7 | 5 | 3 | |
| | 3 | | | 7 | | 4 | | | | | | | | | | | | | | 4 |
| | | 9 | 3 | | | | | | | | | 9 | 4 | | | | | | | |

# 42

| | | | | | | | | | | | | | | | | | | | | |
|---|---|---|---|---|---|---|---|---|---|---|---|---|---|---|---|---|---|---|---|---|
| 5 | 2 | 3 | 9 | 1 | 4 | 7 | 8 | 6 | | | | 8 | 6 | 4 | 3 | 7 | 1 | 2 | 9 | 5 |
| 6 | 4 | 8 | 7 | 2 | 5 | 9 | 3 | 1 | | | | 7 | 2 | 3 | 5 | 6 | 9 | 8 | 4 | 1 |
| 1 | 9 | 7 | 6 | 3 | 8 | 5 | 4 | 2 | | | | 1 | 9 | 5 | 8 | 4 | 2 | 7 | 3 | 6 |
| 7 | 3 | 5 | 2 | 9 | 1 | 8 | 6 | 4 | | | | 6 | 1 | 7 | 2 | 3 | 5 | 9 | 8 | 4 |
| 4 | 1 | 6 | 8 | 5 | 3 | 2 | 7 | 9 | | | | 2 | 3 | 8 | 1 | 9 | 4 | 6 | 5 | 7 |
| 2 | 8 | 9 | 4 | 7 | 6 | 1 | 5 | 3 | | | | 5 | 4 | 9 | 7 | 8 | 6 | 1 | 2 | 3 |
| 3 | 5 | 2 | 1 | 6 | 7 | 4 | 9 | 8 | 2 | 1 | 7 | 3 | 5 | 6 | 9 | 1 | 8 | 4 | 7 | 2 |
| 9 | 6 | 4 | 5 | 8 | 2 | 3 | 1 | 7 | 9 | 5 | 6 | 4 | 8 | 2 | 6 | 5 | 7 | 3 | 1 | 9 |
| 8 | 7 | 1 | 3 | 4 | 9 | 6 | 2 | 5 | 3 | 8 | 4 | 9 | 7 | 1 | 4 | 2 | 3 | 5 | 6 | 8 |
| | | | | | | 5 | 7 | 3 | 6 | 9 | 8 | 1 | 2 | 4 | | | | | | |
| | | | | | | 2 | 8 | 1 | 4 | 7 | 3 | 6 | 9 | 5 | | | | | | |
| | | | | | | 9 | 4 | 6 | 5 | 2 | 1 | 7 | 3 | 8 | | | | | | |
| 1 | 8 | 9 | 5 | 3 | 2 | 7 | 6 | 4 | 8 | 3 | 5 | 2 | 1 | 9 | 5 | 3 | 6 | 4 | 8 | 7 |
| 7 | 3 | 4 | 8 | 9 | 6 | 1 | 5 | 2 | 7 | 4 | 9 | 8 | 6 | 3 | 9 | 4 | 7 | 2 | 1 | 5 |
| 5 | 2 | 6 | 1 | 7 | 4 | 8 | 3 | 9 | 1 | 6 | 2 | 5 | 4 | 7 | 2 | 8 | 1 | 6 | 3 | 9 |
| 8 | 7 | 5 | 6 | 2 | 9 | 3 | 4 | 1 | | | | 6 | 8 | 2 | 3 | 7 | 9 | 5 | 4 | 1 |
| 9 | 1 | 2 | 4 | 8 | 3 | 5 | 7 | 6 | | | | 9 | 3 | 5 | 6 | 1 | 4 | 8 | 7 | 2 |
| 4 | 6 | 3 | 7 | 5 | 1 | 2 | 9 | 8 | | | | 4 | 7 | 1 | 8 | 5 | 2 | 9 | 6 | 3 |
| 3 | 9 | 1 | 2 | 4 | 5 | 6 | 8 | 7 | | | | 3 | 2 | 4 | 7 | 9 | 8 | 1 | 5 | 6 |
| 2 | 4 | 7 | 3 | 6 | 8 | 9 | 1 | 5 | | | | 7 | 9 | 8 | 1 | 6 | 5 | 3 | 2 | 4 |
| 6 | 5 | 8 | 9 | 1 | 7 | 4 | 2 | 3 | | | | 1 | 5 | 6 | 4 | 2 | 3 | 7 | 9 | 8 |

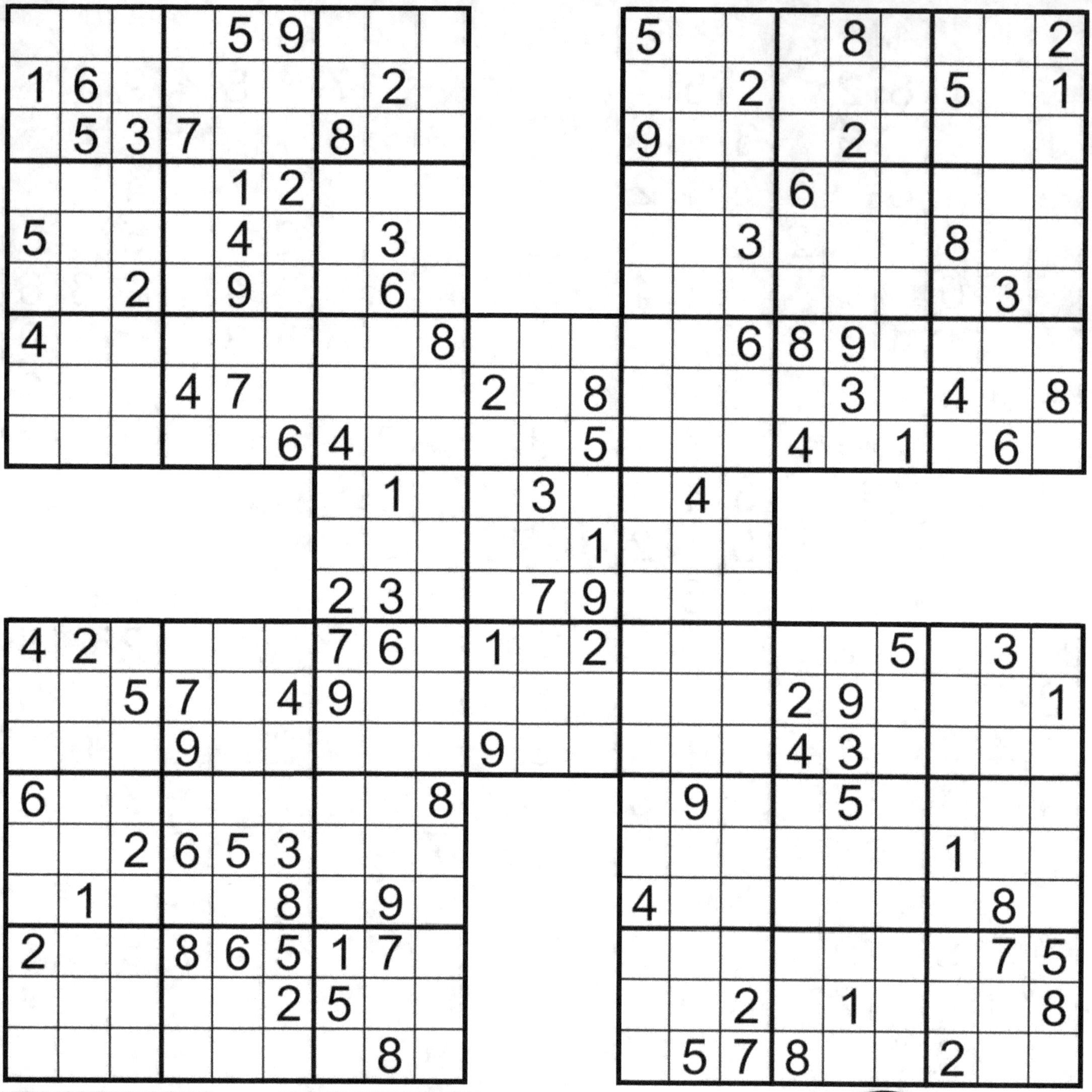

45

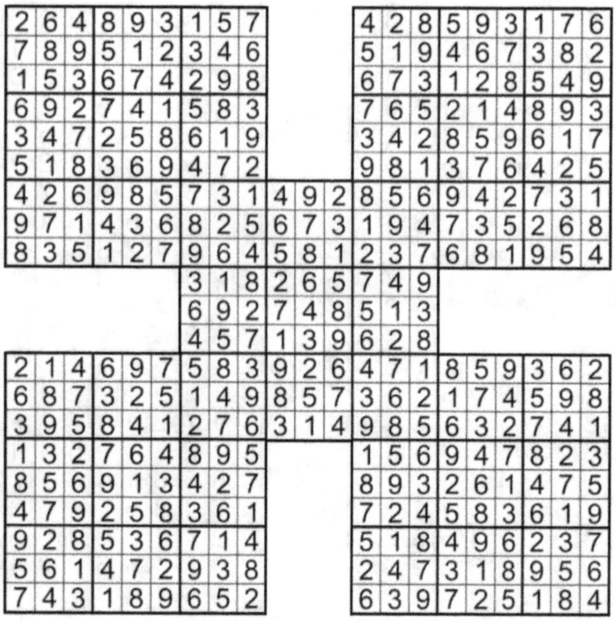

43

| | | | | | | | | | | | | | | | | | | | | |
|---|---|---|---|---|---|---|---|---|---|---|---|---|---|---|---|---|---|---|---|---|
| 1 | | | 5 | | | | | | | | | | | | | | 3 | 6 | | |
| | 8 | | | | 7 | | 6 | | | | | | | | 1 | 4 | | 3 | | 5 |
| 4 | | | 6 | | 2 | | | | | | | 7 | | 9 | | | | | | |
| | 3 | 7 | | | | | | | | | | | | | | | | | 3 | 2 |
| 5 | | 8 | | | | | 2 | | | | | 4 | | | | | | | 9 | |
| | | | 9 | | | | | | | | | | 2 | | 6 | | 5 | | | |
| | | | 1 | 3 | | 4 | | 2 | | 8 | 3 | 6 | | | | | 4 | | | |
| | | 4 | | | 6 | 5 | 3 | | | | | | | | | 3 | 1 | | | |
| | | 5 | | 9 | | | | | | | | | | | | | | | | |
| | | | | | | | | | | | 6 | | 7 | 5 | | | | | | |
| | | | | | | | | | | 3 | | 8 | | | | | | | | |
| | | | | | | 7 | | | | | | | 6 | | | | | | | |
| | | 5 | | 3 | 8 | 2 | | | 5 | | | | 3 | | | | | 6 | | |
| | | | | | 5 | | | | 3 | | | | | | | | 9 | | | |
| | | | | | 6 | 3 | 8 | | 4 | | 7 | | 1 | 6 | | | 4 | | 3 | |
| | | 7 | | 4 | | | | 1 | | | | | | | | | | | | |
| | | 4 | | | 9 | 5 | | 3 | | | | | | 3 | 8 | 5 | | 1 | | |
| 2 | | | | 8 | | | | | | | | | 5 | | | 2 | | | | |
| | 7 | 2 | | | | 6 | | | | | | | | 9 | | 3 | 6 | 5 | | 7 |
| | 9 | | | | | | | 8 | | | | | 8 | | 9 | | | | 6 | |
| | | | 6 | | | | | 2 | | | | | | | | | | | 1 | |

46

| | | | | | | | | | | | | | | | | | | | | |
|---|---|---|---|---|---|---|---|---|---|---|---|---|---|---|---|---|---|---|---|---|
| 2 | 5 | 7 | 1 | 6 | 3 | 8 | 4 | 9 | | | | 9 | 6 | 8 | 3 | 5 | 2 | 7 | 1 | 4 |
| 9 | 3 | 4 | 8 | 2 | 7 | 6 | 5 | 1 | | | | 3 | 1 | 7 | 6 | 8 | 4 | 9 | 2 | 5 |
| 1 | 6 | 8 | 5 | 9 | 4 | 3 | 2 | 7 | | | | 2 | 5 | 4 | 7 | 1 | 9 | 6 | 8 | 3 |
| 8 | 7 | 9 | 6 | 4 | 1 | 5 | 3 | 2 | | | | 6 | 3 | 2 | 1 | 7 | 5 | 4 | 9 | 8 |
| 3 | 4 | 1 | 9 | 5 | 2 | 7 | 6 | 8 | | | | 4 | 8 | 9 | 2 | 6 | 3 | 5 | 7 | 1 |
| 6 | 2 | 5 | 3 | 7 | 8 | 9 | 1 | 4 | | | | 5 | 7 | 1 | 9 | 4 | 8 | 2 | 3 | 6 |
| 7 | 8 | 2 | 4 | 3 | 6 | 1 | 9 | 5 | 4 | 7 | 3 | 8 | 2 | 6 | 5 | 3 | 7 | 1 | 4 | 9 |
| 4 | 9 | 6 | 7 | 1 | 5 | 2 | 8 | 3 | 6 | 9 | 1 | 7 | 4 | 5 | 8 | 9 | 1 | 3 | 6 | 2 |
| 5 | 1 | 3 | 2 | 8 | 9 | 4 | 7 | 6 | 5 | 8 | 2 | 1 | 9 | 3 | 4 | 2 | 6 | 8 | 5 | 7 |
| | | | | | | 3 | 1 | 8 | 9 | 5 | 7 | 2 | 6 | 4 | | | | | | |
| | | | | | | 5 | 4 | 2 | 3 | 1 | 6 | 9 | 8 | 7 | | | | | | |
| | | | | | | 9 | 6 | 7 | 2 | 4 | 8 | 3 | 5 | 1 | | | | | | |
| 7 | 9 | 3 | 4 | 2 | 6 | 8 | 5 | 1 | 7 | 2 | 4 | 6 | 3 | 9 | 1 | 7 | 8 | 2 | 4 | 5 |
| 2 | 1 | 6 | 9 | 8 | 5 | 7 | 3 | 4 | 8 | 6 | 9 | 5 | 1 | 2 | 4 | 3 | 6 | 8 | 7 | 9 |
| 8 | 4 | 5 | 7 | 1 | 3 | 6 | 2 | 9 | 1 | 3 | 5 | 4 | 7 | 8 | 2 | 5 | 9 | 3 | 6 | 1 |
| 9 | 8 | 4 | 5 | 3 | 7 | 2 | 1 | 6 | | | | 1 | 8 | 4 | 3 | 9 | 2 | 7 | 5 | 6 |
| 5 | 2 | 7 | 8 | 6 | 1 | 9 | 4 | 3 | | | | 7 | 9 | 6 | 8 | 1 | 5 | 4 | 2 | 3 |
| 3 | 6 | 1 | 2 | 4 | 9 | 5 | 7 | 8 | | | | 2 | 5 | 3 | 7 | 6 | 4 | 9 | 1 | 8 |
| 4 | 5 | 8 | 1 | 9 | 2 | 3 | 6 | 7 | | | | 8 | 6 | 1 | 9 | 4 | 7 | 5 | 3 | 2 |
| 1 | 3 | 2 | 6 | 7 | 8 | 4 | 9 | 5 | | | | 3 | 2 | 7 | 5 | 8 | 1 | 6 | 9 | 4 |
| 6 | 7 | 9 | 3 | 5 | 4 | 1 | 8 | 2 | | | | 9 | 4 | 5 | 6 | 2 | 3 | 1 | 8 | 7 |

44

| | | | | | | | | | | | | | | | | | | | | |
|---|---|---|---|---|---|---|---|---|---|---|---|---|---|---|---|---|---|---|---|---|
| 1 | | | | 2 | 7 | 4 | | | | | | | | 6 | | | 3 | | | |
| | 9 | | 3 | | | | | | | | | | | | | | | | | |
| | 4 | 3 | | 6 | | 8 | 2 | | | | | | | | | | 2 | 4 | 1 | 8 |
| | | 6 | | 7 | | | | | | | | 8 | | | | | | 3 | | 5 |
| | | | | 8 | 6 | | 4 | 9 | | | | | | | 4 | | | | | |
| 4 | 2 | | | | 3 | | | 8 | | | | 3 | | | 7 | | 1 | | | |
| | 5 | | | | | 3 | | | | | | | | 5 | | | | | | 6 |
| 8 | | | | | | | | | | 5 | | | | 2 | | 9 | | 5 | | |
| | | | | | | | | 1 | | | | | | | | | 7 | 9 | 8 | 1 |
| | | | | | | | | 3 | | | 9 | | | | | | | | | |
| | | | | | | | | 8 | | 3 | | | | | | | | | | |
| | | | | | | | | | 4 | | | 7 | 2 | | | | | | | |
| | 8 | 2 | | | 4 | | | | 1 | | | 2 | 4 | | 9 | | | | | |
| 4 | | | | | 5 | | | 7 | 8 | | 5 | | | 9 | | | | | 1 | 8 |
| | | 3 | | | | | | | | | | | | | 8 | | | 3 | 2 | |
| 9 | | | 5 | 8 | | | | 2 | | | | | | | 5 | | | | 9 | |
| | 6 | | | | 9 | | | 1 | | | | | 9 | | | | | | 7 | 5 |
| 1 | | | 4 | | | | | | | | | | | | | | | | | 3 |
| 3 | | | | 4 | | | | | | | | 9 | 2 | | | | 5 | | | 6 |
| | | | 6 | | | | | 8 | | | | 1 | 5 | | | | 2 | | | |
| | | 1 | | 9 | | | | | | | | | 8 | | 1 | 6 | | | 5 | |

47

| | | | | | | | | | | | | | | | | | | | | |
|---|---|---|---|---|---|---|---|---|---|---|---|---|---|---|---|---|---|---|---|---|
| 7 | 8 | 4 | 2 | 5 | 9 | 6 | 1 | 3 | | | | 5 | 6 | 1 | 3 | 8 | 4 | 9 | 7 | 2 |
| 1 | 6 | 9 | 8 | 3 | 4 | 5 | 2 | 7 | | | | 3 | 4 | 2 | 7 | 6 | 9 | 5 | 8 | 1 |
| 2 | 5 | 3 | 7 | 6 | 1 | 8 | 4 | 9 | | | | 9 | 7 | 8 | 1 | 2 | 5 | 6 | 4 | 3 |
| 6 | 4 | 7 | 3 | 1 | 2 | 9 | 8 | 5 | | | | 7 | 8 | 5 | 6 | 4 | 3 | 1 | 2 | 9 |
| 5 | 9 | 8 | 6 | 4 | 7 | 2 | 3 | 1 | | | | 6 | 1 | 3 | 9 | 7 | 2 | 8 | 5 | 4 |
| 3 | 1 | 2 | 5 | 9 | 8 | 7 | 6 | 4 | | | | 2 | 9 | 4 | 5 | 1 | 8 | 7 | 3 | 6 |
| 4 | 7 | 6 | 9 | 2 | 3 | 1 | 5 | 8 | 3 | 9 | 7 | 4 | 2 | 6 | 8 | 9 | 7 | 3 | 1 | 5 |
| 8 | 2 | 1 | 4 | 7 | 5 | 3 | 9 | 6 | 2 | 4 | 8 | 1 | 5 | 7 | 2 | 3 | 6 | 4 | 9 | 8 |
| 9 | 3 | 5 | 1 | 8 | 6 | 4 | 7 | 2 | 6 | 1 | 5 | 8 | 3 | 9 | 4 | 5 | 1 | 2 | 6 | 7 |
| | | | | | | 5 | 1 | 9 | 8 | 3 | 6 | 7 | 4 | 2 | | | | | | |
| | | | | | | 6 | 8 | 7 | 4 | 2 | 1 | 3 | 9 | 5 | | | | | | |
| | | | | | | 2 | 3 | 4 | 5 | 7 | 9 | 6 | 1 | 8 | | | | | | |
| 4 | 2 | 9 | 5 | 8 | 1 | 7 | 6 | 3 | 1 | 5 | 2 | 9 | 8 | 4 | 1 | 7 | 5 | 6 | 3 | 2 |
| 8 | 6 | 5 | 7 | 3 | 4 | 9 | 2 | 1 | 7 | 8 | 4 | 5 | 6 | 3 | 2 | 9 | 8 | 7 | 4 | 1 |
| 3 | 7 | 1 | 9 | 2 | 6 | 8 | 4 | 5 | 9 | 6 | 3 | 2 | 7 | 1 | 4 | 3 | 6 | 8 | 5 | 9 |
| 6 | 4 | 7 | 2 | 1 | 9 | 3 | 5 | 8 | | | | 1 | 9 | 8 | 7 | 5 | 4 | 3 | 2 | 6 |
| 9 | 8 | 2 | 6 | 5 | 3 | 4 | 1 | 7 | | | | 7 | 2 | 5 | 6 | 8 | 3 | 1 | 9 | 4 |
| 5 | 1 | 3 | 4 | 7 | 8 | 6 | 9 | 2 | | | | 4 | 3 | 6 | 9 | 2 | 1 | 5 | 8 | 7 |
| 2 | 3 | 4 | 8 | 6 | 5 | 1 | 7 | 9 | | | | 8 | 1 | 9 | 3 | 6 | 2 | 4 | 7 | 5 |
| 7 | 9 | 8 | 1 | 4 | 2 | 5 | 3 | 6 | | | | 3 | 4 | 2 | 5 | 1 | 7 | 9 | 6 | 8 |
| 1 | 5 | 6 | 3 | 9 | 7 | 2 | 8 | 4 | | | | 6 | 5 | 7 | 8 | 4 | 9 | 2 | 1 | 3 |

45

| | | | | | | | | | | | | | | | | | | | | |
|---|---|---|---|---|---|---|---|---|---|---|---|---|---|---|---|---|---|---|---|---|
| | | | 4 | | | | 7 | | | | | 6 | | | | | | | 3 | |
| 6 | | | | | | | | | | | | 7 | 1 | 4 | | | | | | |
| 7 | 1 | | | 8 | 9 | | 3 | | | | | | | | | | 5 | 4 | | |
| 8 | 3 | | | | | 4 | 6 | | | | | 5 | | | 1 | | | 9 | | |
| | | | | | | | | 3 | | | | 3 | 9 | | | 5 | | | | 4 |
| | | 4 | | | | 2 | | | | | | 8 | | 6 | 7 | | | 2 | | |
| | | 7 | | 4 | 2 | | | | 4 | 7 | | | 8 | | | 4 | | | 9 | |
| | | | | | | | | | | 1 | | | 6 | 9 | 8 | | | | | 7 |
| 5 | 6 | | | | | | | 2 | | | | | | | 3 | | 9 | | | |
| | | | | | | 9 | | | | 8 | 6 | | | 4 | | | | | | |
| | | | | | | | | 3 | | | | | 1 | 6 | | | | | | |
| | | | | | | | | 6 | | | | | | | | | | | | |
| | 2 | 3 | 7 | | | | | | | | | | | | | | | | | |
| | | | | 3 | 4 | 7 | | | | | | 8 | 9 | | | 3 | | | 2 | |
| 4 | | | | | | | | | | 9 | | | | | | | 7 | | | |
| | 3 | 6 | 1 | | | | 4 | | | | | 1 | | | | | | | | 9 |
| | | | 9 | | 7 | 3 | | | | | | | | | | 1 | | | 4 | |
| 2 | | | | 6 | | | | 7 | | | | 9 | 5 | | 2 | | | 8 | | |
| | | | 8 | | | | 1 | | | | | | | | 5 | 8 | | | | |
| 9 | 1 | | | | 2 | | 7 | | | | | | | | | | 6 | 1 | 3 | |
| | 5 | | | | | 9 | | | | | | | 1 | | | | | 4 | | 7 |

48

46

| | | | | | | | | | | | | | | | | | | | | |
|---|---|---|---|---|---|---|---|---|---|---|---|---|---|---|---|---|---|---|---|---|
| 1 | 7 | 6 | 5 | 8 | 9 | 2 | 4 | 3 | | | | 1 | 4 | 5 | 7 | 8 | 3 | 6 | 2 | 9 |
| 9 | 8 | 2 | 3 | 4 | 7 | 1 | 6 | 5 | | | | 8 | 6 | 2 | 1 | 4 | 9 | 3 | 7 | 5 |
| 4 | 5 | 3 | 6 | 1 | 2 | 7 | 9 | 8 | | | | 7 | 3 | 9 | 2 | 5 | 6 | 8 | 1 | 4 |
| 6 | 3 | 7 | 2 | 5 | 1 | 9 | 8 | 4 | | | | 5 | 7 | 6 | 4 | 9 | 8 | 1 | 3 | 2 |
| 5 | 9 | 8 | 4 | 7 | 3 | 6 | 2 | 1 | | | | 4 | 1 | 8 | 3 | 2 | 7 | 5 | 9 | 6 |
| 2 | 4 | 1 | 9 | 6 | 8 | 3 | 5 | 7 | | | | 9 | 2 | 3 | 6 | 1 | 5 | 7 | 4 | 8 |
| 8 | 6 | 9 | 1 | 3 | 5 | 4 | 7 | 2 | 9 | 8 | 3 | 6 | 5 | 1 | 9 | 7 | 4 | 2 | 8 | 3 |
| 7 | 1 | 4 | 8 | 2 | 6 | 5 | 3 | 9 | 6 | 7 | 1 | 2 | 8 | 4 | 5 | 3 | 1 | 9 | 6 | 7 |
| 3 | 2 | 5 | 7 | 9 | 4 | 8 | 1 | 6 | 2 | 5 | 4 | 3 | 9 | 7 | 8 | 6 | 2 | 4 | 5 | 1 |
| | | | | | | 9 | 2 | 3 | 8 | 4 | 6 | 1 | 7 | 5 | | | | | | |
| | | | | | | 6 | 4 | 1 | 7 | 3 | 5 | 8 | 2 | 9 | | | | | | |
| | | | | | | 7 | 5 | 8 | 1 | 9 | 2 | 4 | 6 | 3 | | | | | | |
| 7 | 1 | 5 | 9 | 3 | 8 | 2 | 6 | 4 | 5 | 1 | 9 | 7 | 3 | 8 | 2 | 1 | 5 | 6 | 4 | 9 |
| 8 | 3 | 6 | 4 | 2 | 5 | 1 | 9 | 7 | 3 | 6 | 8 | 5 | 4 | 2 | 3 | 6 | 9 | 8 | 7 | 1 |
| 4 | 2 | 9 | 7 | 1 | 6 | 3 | 8 | 5 | 4 | 2 | 7 | 9 | 1 | 6 | 7 | 8 | 4 | 2 | 3 | 5 |
| 9 | 6 | 7 | 5 | 4 | 3 | 8 | 2 | 1 | | | | 2 | 7 | 4 | 6 | 9 | 1 | 3 | 5 | 8 |
| 1 | 8 | 4 | 2 | 6 | 9 | 5 | 7 | 3 | | | | 6 | 9 | 3 | 8 | 5 | 7 | 1 | 2 | 4 |
| 2 | 5 | 3 | 1 | 8 | 7 | 9 | 4 | 6 | | | | 8 | 5 | 1 | 4 | 2 | 3 | 7 | 9 | 6 |
| 3 | 7 | 2 | 8 | 5 | 4 | 6 | 1 | 9 | | | | 4 | 2 | 9 | 1 | 3 | 6 | 5 | 8 | 7 |
| 6 | 9 | 1 | 3 | 7 | 2 | 4 | 5 | 8 | | | | 1 | 8 | 5 | 9 | 7 | 2 | 4 | 6 | 3 |
| 5 | 4 | 8 | 6 | 9 | 1 | 7 | 3 | 2 | | | | 3 | 6 | 7 | 5 | 4 | 8 | 9 | 1 | 2 |

| | | | | | | | | | | | | | | | | | | | | |
|---|---|---|---|---|---|---|---|---|---|---|---|---|---|---|---|---|---|---|---|---|
| | | | | | | 4 | | | | | | | | 9 | | 2 | | 7 | | 4 |
| 5 | | 3 | | | 2 | 9 | | | | | | 2 | | | | | | 8 | 6 | |
| | | | | 9 | | | | | | | | | | | | | 6 | | | 2 |
| 2 | | | | 8 | | | | 6 | | | | | 3 | 2 | | | | 5 | | |
| | | | | | 1 | | | | | | | | 7 | | | 3 | 2 | 6 | | 1 |
| | 8 | 6 | 3 | 5 | 9 | | 1 | | | | | | | | 6 | | | | | 8 |
| | | 1 | | | | | | | | | 1 | 4 | | | | | | | | |
| | | | 8 | | | 6 | | | | | | 7 | | | | | 1 | 2 | 9 | |
| | 2 | | | 1 | 3 | | | | | | | | | 1 | | 5 | 7 | | | |
| | | | | | | 1 | 2 | | 4 | | | 6 | | | | | | | | |
| | | | | | | 7 | | | | 1 | | 2 | 5 | 4 | | | | | | |
| | | | | | | | | | 8 | | 6 | 1 | | | | | | | | |
| 5 | | | 7 | | | | | | | | | 9 | | | | 4 | | | 2 | |
| | | | | 4 | 2 | 5 | | | 9 | | | | 6 | | | | | 7 | | |
| | | | | | | | | | | 7 | | | | | | | | | | 9 |
| | | 7 | | | | | | | | | | | | | | 6 | | | 1 | |
| | | 5 | | 1 | 7 | | | 8 | | | | | | | 5 | | | | | |
| 2 | 1 | | | | 9 | | | | | | | | | 9 | 4 | 1 | 7 | | | 5 |
| | 4 | | | | 3 | | | | | | | | | | | | | | | |
| | | | 6 | | | | | 5 | | | | 6 | | 1 | 9 | 2 | | | | 3 |
| 3 | | 2 | 1 | 7 | | | 4 | | | | | 2 | | | 3 | 5 | | | | |

| | | | | | | | | | | | | | | | | | | | | |
|---|---|---|---|---|---|---|---|---|---|---|---|---|---|---|---|---|---|---|---|---|
| 1 | 6 | 8 | 5 | 2 | 7 | 4 | 9 | 3 | | | | 4 | 1 | 6 | 9 | 8 | 3 | 7 | 5 | 2 |
| 2 | 9 | 7 | 3 | 4 | 8 | 5 | 1 | 6 | | | | 7 | 2 | 8 | 1 | 4 | 5 | 6 | 9 | 3 |
| 5 | 4 | 3 | 1 | 6 | 9 | 8 | 2 | 7 | | | | 5 | 9 | 3 | 6 | 7 | 2 | 4 | 1 | 8 |
| 9 | 8 | 6 | 4 | 7 | 1 | 2 | 3 | 5 | | | | 8 | 4 | 1 | 2 | 6 | 9 | 3 | 7 | 5 |
| 3 | 7 | 5 | 2 | 8 | 6 | 1 | 4 | 9 | | | | 2 | 5 | 7 | 4 | 3 | 8 | 1 | 6 | 9 |
| 4 | 2 | 1 | 9 | 5 | 3 | 6 | 7 | 8 | | | | 3 | 6 | 9 | 7 | 5 | 1 | 8 | 2 | 4 |
| 7 | 5 | 9 | 6 | 1 | 4 | 3 | 8 | 2 | 6 | 1 | 4 | 9 | 7 | 5 | 8 | 1 | 4 | 2 | 3 | 6 |
| 8 | 1 | 2 | 7 | 3 | 5 | 9 | 6 | 4 | 7 | 5 | 3 | 1 | 8 | 2 | 3 | 9 | 6 | 5 | 4 | 7 |
| 6 | 3 | 4 | 8 | 9 | 2 | 7 | 5 | 1 | 9 | 2 | 8 | 6 | 3 | 4 | 5 | 2 | 7 | 9 | 8 | 1 |
| | | | | | | 4 | 1 | 3 | 2 | 7 | 9 | 8 | 5 | 6 | | | | | | |
| | | | | | | 2 | 7 | 8 | 5 | 3 | 6 | 4 | 9 | 1 | | | | | | |
| | | | | | | 5 | 9 | 6 | 4 | 8 | 1 | 7 | 2 | 3 | | | | | | |
| 7 | 8 | 2 | 9 | 1 | 4 | 6 | 3 | 5 | 1 | 9 | 7 | 2 | 4 | 8 | 9 | 3 | 1 | 5 | 6 | 7 |
| 4 | 9 | 6 | 8 | 3 | 5 | 1 | 2 | 7 | 8 | 4 | 5 | 3 | 6 | 9 | 2 | 5 | 7 | 4 | 1 | 8 |
| 5 | 1 | 3 | 7 | 6 | 2 | 8 | 4 | 9 | 3 | 6 | 2 | 5 | 1 | 7 | 8 | 4 | 6 | 3 | 2 | 9 |
| 9 | 3 | 7 | 5 | 8 | 1 | 4 | 6 | 2 | | | | 4 | 3 | 2 | 5 | 7 | 8 | 6 | 9 | 1 |
| 8 | 6 | 4 | 3 | 2 | 9 | 5 | 7 | 1 | | | | 6 | 9 | 1 | 4 | 2 | 3 | 8 | 7 | 5 |
| 1 | 2 | 5 | 4 | 7 | 6 | 9 | 8 | 3 | | | | 8 | 7 | 5 | 6 | 1 | 9 | 2 | 4 | 3 |
| 3 | 5 | 8 | 1 | 4 | 7 | 2 | 9 | 6 | | | | 9 | 2 | 4 | 7 | 8 | 5 | 1 | 3 | 6 |
| 2 | 4 | 9 | 6 | 5 | 3 | 7 | 1 | 8 | | | | 1 | 5 | 6 | 3 | 9 | 2 | 7 | 8 | 4 |
| 6 | 7 | 1 | 2 | 9 | 8 | 3 | 5 | 4 | | | | 7 | 8 | 3 | 1 | 6 | 4 | 9 | 5 | 2 |

47

49

| | | | | | | | | | | | | | | | | | | | | |
|---|---|---|---|---|---|---|---|---|---|---|---|---|---|---|---|---|---|---|---|---|
| 8 | | | 4 | 3 | | | | | | | | | | 7 | | | | 5 | | |
| 7 | | 2 | | | 1 | | | | | | | 1 | | | | | 3 | 8 | | 2 |
| | | 5 | 7 | | 8 | | | | | | | | | | | | | | | 6 |
| | | | | | 5 | 9 | 2 | | | | | | 7 | | 6 | | | | 2 | |
| | | 7 | | | | | | | | | | | | | | 2 | | 7 | | 9 |
| 4 | | 9 | | | | | | 8 | | | | | 9 | | | 3 | 5 | | | 8 |
| | | 1 | | 8 | | | 5 | | | | | | | | | | 1 | | | |
| 5 | | 3 | | | 4 | | | | 6 | | 3 | | | | 2 | | | 3 | | |
| | | | | | | | | 6 | 5 | | | | | | | 9 | | | | |
| | | | | | | | | | | 2 | | | | | | | | | | |
| | | | | | | 3 | | | 8 | | 1 | | | 4 | | | | | | |
| | | | | | | 5 | | 8 | | | 9 | | | | | | | | | |
| | 5 | | | | | | 3 | | | | 8 | | | | | 3 | | 4 | | |
| | | | | | 9 | | | | | | | | | | 4 | | | 6 | 1 | |
| | | | 4 | 5 | | | 8 | | | | | 2 | | | 9 | | | 3 | | 7 |
| | | 2 | | | | | 1 | | | | | | | 2 | | 5 | | | 9 | |
| 4 | | 3 | | | | | | 9 | | | | | 8 | 4 | | | 6 | | | |
| 6 | | 8 | | 7 | | | | | | | | 1 | | 5 | | | 2 | | | |
| | | | | | 2 | 4 | | 6 | | | | 8 | | | 1 | | | 9 | 7 | |
| | | 5 | 8 | | | | 9 | | | | | 7 | 6 | | | | | | | |
| | | 6 | 3 | | | 5 | 2 | | | | | | | | | | | | | 8 |

**50**

| | | | | | | | | | | | | | | | | | | | | |
|---|---|---|---|---|---|---|---|---|---|---|---|---|---|---|---|---|---|---|---|---|
| 9 | 5 | 8 | 4 | 2 | 3 | 1 | 7 | 6 | | | | 6 | 2 | 5 | 4 | 7 | 8 | 1 | 3 | 9 |
| 6 | 4 | 3 | 7 | 1 | 5 | 9 | 2 | 8 | | | | 7 | 1 | 4 | 9 | 3 | 6 | 5 | 2 | 8 |
| 7 | 1 | 2 | 6 | 8 | 9 | 5 | 3 | 4 | | | | 9 | 3 | 8 | 2 | 1 | 5 | 4 | 7 | 6 |
| 8 | 3 | 5 | 2 | 9 | 7 | 4 | 6 | 1 | | | | 5 | 7 | 2 | 1 | 8 | 4 | 9 | 6 | 3 |
| 2 | 9 | 6 | 1 | 5 | 4 | 7 | 8 | 3 | | | | 3 | 9 | 1 | 6 | 5 | 2 | 7 | 8 | 4 |
| 1 | 7 | 4 | 8 | 3 | 6 | 2 | 9 | 5 | | | | 8 | 4 | 6 | 7 | 9 | 3 | 2 | 1 | 5 |
| 3 | 8 | 7 | 5 | 4 | 2 | 6 | 1 | 9 | 4 | 7 | 5 | 2 | 8 | 3 | 5 | 4 | 7 | 6 | 9 | 1 |
| 4 | 2 | 1 | 9 | 6 | 8 | 3 | 5 | 7 | 2 | 1 | 8 | 4 | 6 | 9 | 8 | 2 | 1 | 3 | 5 | 7 |
| 5 | 6 | 9 | 3 | 7 | 1 | 8 | 4 | 2 | 6 | 3 | 9 | 1 | 5 | 7 | 3 | 6 | 9 | 8 | 4 | 2 |
| | | | | | | 9 | 2 | 5 | 1 | 8 | 6 | 7 | 3 | 4 | | | | | | |
| | | | | | | 4 | 8 | 3 | 7 | 5 | 2 | 9 | 1 | 6 | | | | | | |
| | | | | | | 1 | 7 | 6 | 9 | 4 | 3 | 5 | 2 | 8 | | | | | | |
| 1 | 2 | 3 | 7 | 8 | 6 | 5 | 9 | 4 | 8 | 6 | 1 | 3 | 7 | 2 | 8 | 6 | 5 | 9 | 1 | 4 |
| 8 | 9 | 5 | 2 | 3 | 4 | 7 | 6 | 1 | 3 | 2 | 4 | 8 | 9 | 5 | 1 | 3 | 4 | 7 | 2 | 6 |
| 4 | 6 | 7 | 5 | 1 | 9 | 2 | 3 | 8 | 5 | 9 | 7 | 6 | 4 | 1 | 9 | 2 | 7 | 3 | 5 | 8 |
| 7 | 3 | 6 | 1 | 2 | 5 | 8 | 4 | 9 | | | | 1 | 6 | 3 | 4 | 5 | 8 | 2 | 7 | 9 |
| 5 | 8 | 1 | 9 | 4 | 7 | 3 | 2 | 6 | | | | 7 | 2 | 8 | 6 | 1 | 9 | 5 | 4 | 3 |
| 2 | 4 | 9 | 3 | 6 | 8 | 1 | 5 | 7 | | | | 9 | 5 | 4 | 2 | 7 | 3 | 8 | 6 | 1 |
| 6 | 7 | 2 | 8 | 9 | 3 | 4 | 1 | 5 | | | | 4 | 3 | 7 | 5 | 8 | 1 | 6 | 9 | 2 |
| 9 | 1 | 8 | 4 | 5 | 2 | 6 | 7 | 3 | | | | 2 | 8 | 9 | 7 | 4 | 6 | 1 | 3 | 5 |
| 3 | 5 | 4 | 6 | 7 | 1 | 9 | 8 | 2 | | | | 5 | 1 | 6 | 3 | 9 | 2 | 4 | 8 | 7 |

**48**

| | | | | | | | | | | | | | | | | | | | | |
|---|---|---|---|---|---|---|---|---|---|---|---|---|---|---|---|---|---|---|---|---|
| | | | | | | | 1 | | | | | 9 | 7 | | | | | 8 | | 3 |
| | | 7 | 4 | 8 | | | 3 | 6 | | | | | 6 | 5 | | | | | 2 | |
| | 1 | 4 | | 6 | | | | 7 | | | | | | | | | 7 | | | |
| | 6 | | 2 | 5 | | | | | | | | 7 | 1 | 4 | | | | | 9 | |
| 2 | | | 8 | | | | | 5 | | | | | | | 1 | | 2 | 3 | | |
| 8 | | | 3 | | | 2 | | | | | | | | | | | 6 | | 4 | |
| 7 | | | | | | | | | 6 | | | 3 | | | | | 4 | | | |
| | | | | | | | | | 3 | | | | 5 | | | | | | | |
| | | 5 | | | 4 | | | | | | | | 4 | 2 | 3 | | | | 8 | 6 |
| | | | | | | 2 | 1 | 9 | | | 5 | | 3 | | | | | | | |
| | | | | | | | | | 8 | | | 7 | | | | | | | | |
| | | | | | | | | 6 | | | 4 | | | | | | | | | |
| | 7 | | | | 3 | | | | | | | 5 | | | | | 2 | | | |
| | 3 | | 2 | | | 5 | | 8 | 9 | | | | 7 | | | | 6 | | 4 | |
| | | | | | 6 | | | | | | | | | | 4 | 3 | | 7 | | 2 |
| | | 4 | | | | | | | | | | | 2 | 7 | | | 3 | 6 | | 4 |
| | | | | 9 | 5 | 1 | | | | | | | | | 7 | | | | 3 | |
| | | 5 | 7 | | 2 | | 8 | | | | | | 4 | | | | | | | |
| 6 | | | | | | | | | | | | | | | 1 | 2 | | | | 6 |
| 5 | | 1 | 9 | | | 4 | | | | | | | | | 6 | | 9 | | | |
| | | | | 8 | | | 5 | | | | | | | | | 8 | 4 | | | |

| | | | | | | | | | | | | | | | | | | | | |
|---|---|---|---|---|---|---|---|---|---|---|---|---|---|---|---|---|---|---|---|---|
| 1 | 9 | 8 | 5 | 3 | 6 | 4 | 2 | 7 | | | | 8 | 6 | 9 | 3 | 2 | 5 | 7 | 1 | 4 |
| 5 | 4 | 3 | 1 | 7 | 2 | 9 | 6 | 8 | | | | 2 | 1 | 3 | 7 | 9 | 4 | 8 | 6 | 5 |
| 6 | 7 | 2 | 4 | 9 | 8 | 1 | 5 | 3 | | | | 5 | 4 | 7 | 8 | 1 | 6 | 9 | 3 | 2 |
| 2 | 1 | 9 | 7 | 8 | 4 | 5 | 3 | 6 | | | | 6 | 3 | 2 | 1 | 4 | 8 | 5 | 7 | 9 |
| 3 | 5 | 4 | 2 | 6 | 1 | 7 | 8 | 9 | | | | 9 | 7 | 8 | 5 | 3 | 2 | 6 | 4 | 1 |
| 7 | 8 | 6 | 3 | 5 | 9 | 2 | 1 | 4 | | | | 1 | 5 | 4 | 6 | 7 | 9 | 3 | 2 | 8 |
| 8 | 6 | 1 | 9 | 4 | 5 | 3 | 7 | 2 | 5 | 8 | 1 | 4 | 9 | 6 | 2 | 8 | 3 | 1 | 5 | 7 |
| 9 | 3 | 5 | 8 | 2 | 7 | 6 | 4 | 1 | 2 | 9 | 3 | 7 | 8 | 5 | 4 | 6 | 1 | 2 | 9 | 3 |
| 4 | 2 | 7 | 6 | 1 | 3 | 8 | 9 | 5 | 7 | 6 | 4 | 3 | 2 | 1 | 9 | 5 | 7 | 4 | 8 | 6 |
| | | | | | | 1 | 2 | 9 | 4 | 5 | 7 | 6 | 3 | 8 | | | | | | |
| | | | | | | 7 | 6 | 8 | 3 | 1 | 9 | 2 | 5 | 4 | | | | | | |
| | | | | | | 4 | 5 | 3 | 8 | 2 | 6 | 1 | 7 | 9 | | | | | | |
| 5 | 9 | 1 | 7 | 3 | 6 | 2 | 8 | 4 | 6 | 3 | 5 | 9 | 1 | 7 | 8 | 4 | 5 | 3 | 2 | 6 |
| 8 | 6 | 3 | 9 | 4 | 2 | 5 | 1 | 7 | 9 | 4 | 2 | 8 | 6 | 3 | 1 | 9 | 2 | 7 | 5 | 4 |
| 7 | 2 | 4 | 8 | 5 | 1 | 9 | 3 | 6 | 1 | 7 | 8 | 5 | 4 | 2 | 7 | 3 | 6 | 1 | 8 | 9 |
| 4 | 8 | 7 | 3 | 6 | 5 | 1 | 9 | 2 | | | | 7 | 5 | 4 | 2 | 6 | 3 | 9 | 1 | 8 |
| 9 | 3 | 5 | 2 | 1 | 7 | 4 | 6 | 8 | | | | 1 | 2 | 6 | 5 | 8 | 9 | 4 | 3 | 7 |
| 2 | 1 | 6 | 4 | 8 | 9 | 7 | 5 | 3 | | | | 3 | 8 | 9 | 4 | 1 | 7 | 2 | 6 | 5 |
| 6 | 4 | 9 | 5 | 2 | 3 | 8 | 7 | 1 | | | | 4 | 3 | 5 | 6 | 7 | 1 | 8 | 9 | 2 |
| 1 | 7 | 8 | 6 | 9 | 4 | 3 | 2 | 5 | | | | 6 | 7 | 1 | 9 | 2 | 8 | 5 | 4 | 3 |
| 3 | 5 | 2 | 1 | 7 | 8 | 6 | 4 | 9 | | | | 2 | 9 | 8 | 3 | 5 | 4 | 6 | 7 | 1 |

49

51

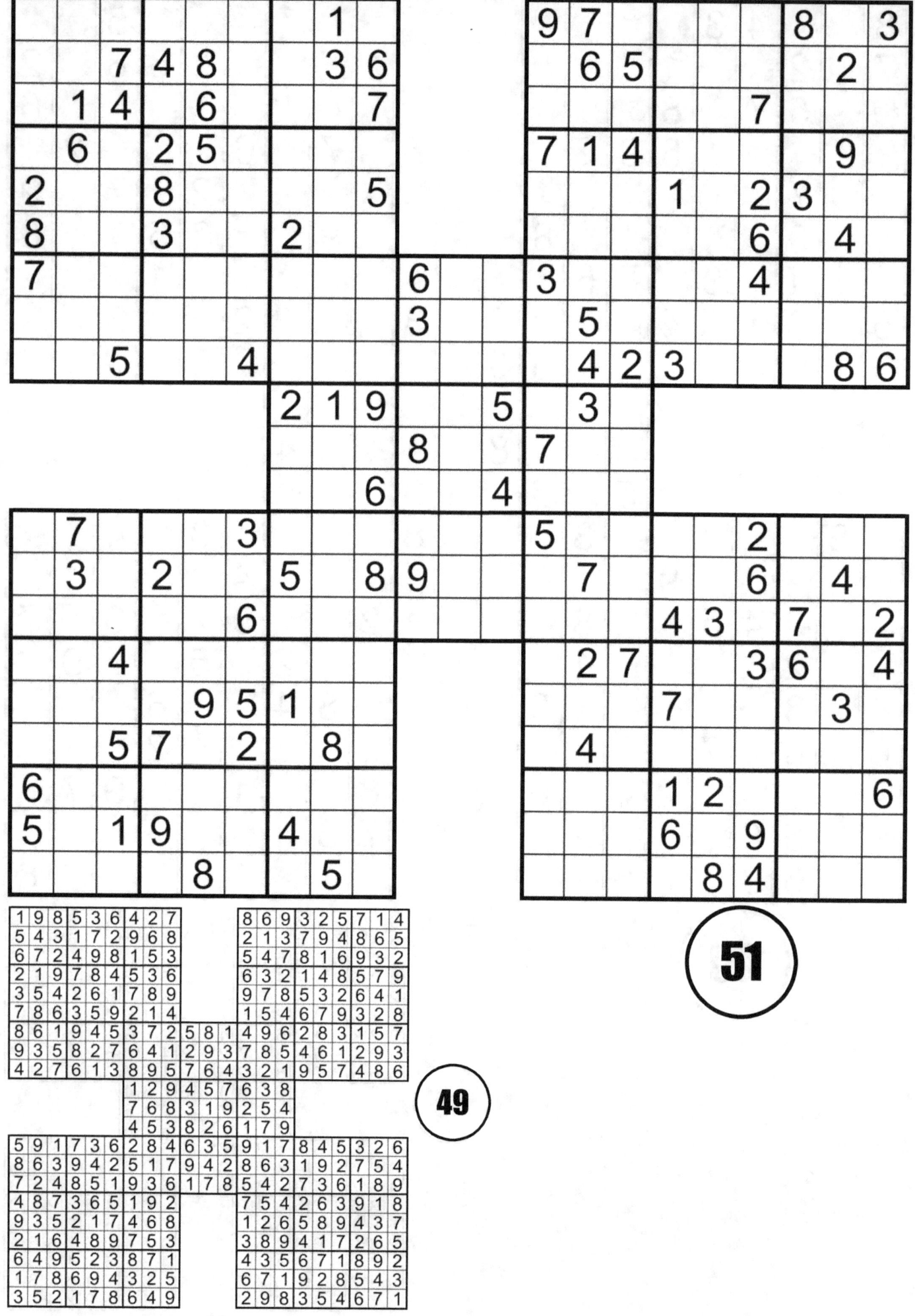

| | | | | | | | | | | | | | | | | | | | | |
|---|---|---|---|---|---|---|---|---|---|---|---|---|---|---|---|---|---|---|---|---|
| 8 | | 2 | | | | | | | | | | | 4 | | | | | | | 8 |
| | | | | | | | | 8 | | | | 5 | | | 9 | | 8 | | 3 | |
| 7 | | | | 6 | 3 | | | 1 | | | | | 3 | 8 | | | | | 7 | 4 |
| 9 | | 6 | | | 7 | | | 5 | | | | | | | | 3 | | 6 | 2 | |
| | | 7 | | | | | 9 | | | | | 2 | | | | 9 | | 7 | | |
| 4 | | | | | 2 | | | | | | | 7 | | | | | 2 | | 4 | |
| | | 5 | | 4 | 6 | | | | | | | | | | | | 1 | 4 | 8 | |
| | | | 3 | | 9 | | | 4 | | | | 3 | 1 | | | | 4 | | | 5 |
| | | | | 7 | 1 | 9 | | | | 1 | | | | 4 | 7 | | | | | |
| | | | | | | 3 | 4 | | 5 | | 2 | | | | | | | | | |
| | | | | | | | | | | | | | | | | | | | | |
| | | | | | | | | | 9 | | | 4 | | | | | | | | |
| | 3 | 8 | 1 | | | | | | | | | | | | 4 | | | | 9 | |
| | | | | | 7 | | 6 | | 7 | | 1 | | 4 | | | 8 | 3 | | | 6 |
| | | 6 | | | | | | | | | 4 | | 3 | | 1 | | | | 8 | |
| 3 | | | | | 1 | | | | | | | | 7 | | 5 | 6 | | | | 9 |
| | 9 | | 8 | | | | | | | | | | | | | | 8 | 7 | | |
| | | | 3 | | 5 | | | | | | | | | | 7 | | | 8 | 4 | 1 |
| | | | | | 8 | | | | | | | 5 | | | 9 | | | | | |
| 2 | | 4 | | 6 | | 8 | | 7 | | | | | | | | 4 | | | | |
| 6 | | | | | | 3 | | 1 | | | | | 9 | | | | 5 | | | 7 |

**52**

**50**

| | | | | | | | | | | | | | | | | | | | | |
|---|---|---|---|---|---|---|---|---|---|---|---|---|---|---|---|---|---|---|---|---|
| 8 | 1 | 6 | 4 | 3 | 2 | 7 | 9 | 5 | | | | 9 | 8 | 7 | 1 | 6 | 2 | 5 | 4 | 3 |
| 7 | 3 | 2 | 9 | 5 | 1 | 6 | 8 | 4 | | | | 1 | 4 | 6 | 9 | 5 | 3 | 8 | 7 | 2 |
| 9 | 4 | 5 | 7 | 6 | 8 | 1 | 3 | 2 | | | | 5 | 3 | 2 | 8 | 4 | 7 | 9 | 1 | 6 |
| 1 | 6 | 8 | 3 | 4 | 5 | 9 | 2 | 7 | | | | 3 | 7 | 8 | 6 | 1 | 9 | 4 | 2 | 5 |
| 3 | 2 | 7 | 8 | 9 | 6 | 5 | 4 | 1 | | | | 6 | 1 | 5 | 4 | 2 | 8 | 7 | 3 | 9 |
| 4 | 5 | 9 | 1 | 2 | 7 | 3 | 6 | 8 | | | | 2 | 9 | 4 | 7 | 3 | 5 | 1 | 6 | 8 |
| 6 | 7 | 1 | 2 | 8 | 9 | 4 | 5 | 3 | 2 | 1 | 7 | 8 | 6 | 9 | 3 | 7 | 1 | 2 | 5 | 4 |
| 5 | 8 | 3 | 6 | 1 | 4 | 2 | 7 | 9 | 6 | 8 | 3 | 4 | 5 | 1 | 2 | 8 | 6 | 3 | 9 | 7 |
| 2 | 9 | 4 | 5 | 7 | 3 | 8 | 1 | 6 | 5 | 9 | 4 | 7 | 2 | 3 | 5 | 9 | 4 | 6 | 8 | 1 |
| | | | | | | 1 | 9 | 4 | 7 | 2 | 6 | 3 | 8 | 5 | | | | | | |
| | | | | | | 3 | 2 | 7 | 8 | 5 | 1 | 6 | 9 | 4 | | | | | | |
| | | | | | | 5 | 6 | 8 | 4 | 3 | 9 | 1 | 7 | 2 | | | | | | |
| 9 | 5 | 4 | 7 | 8 | 1 | 6 | 3 | 2 | 9 | 4 | 8 | 5 | 1 | 7 | 6 | 3 | 8 | 4 | 2 | 9 |
| 8 | 6 | 1 | 2 | 3 | 9 | 7 | 4 | 5 | 1 | 6 | 2 | 9 | 3 | 8 | 4 | 2 | 7 | 6 | 1 | 5 |
| 2 | 3 | 7 | 4 | 5 | 6 | 9 | 8 | 1 | 3 | 7 | 5 | 2 | 4 | 6 | 9 | 1 | 5 | 3 | 8 | 7 |
| 5 | 9 | 2 | 6 | 4 | 8 | 3 | 1 | 7 | | | | 6 | 7 | 2 | 3 | 5 | 1 | 8 | 9 | 4 |
| 4 | 7 | 3 | 1 | 2 | 5 | 8 | 6 | 9 | | | | 3 | 8 | 4 | 7 | 9 | 6 | 2 | 5 | 1 |
| 6 | 1 | 8 | 9 | 7 | 3 | 2 | 5 | 4 | | | | 1 | 9 | 5 | 8 | 4 | 2 | 7 | 3 | 6 |
| 3 | 8 | 9 | 5 | 1 | 2 | 4 | 7 | 6 | | | | 8 | 5 | 3 | 1 | 6 | 4 | 9 | 7 | 2 |
| 7 | 2 | 5 | 8 | 6 | 4 | 1 | 9 | 3 | | | | 7 | 6 | 1 | 2 | 8 | 9 | 5 | 4 | 3 |
| 1 | 4 | 6 | 3 | 9 | 7 | 5 | 2 | 8 | | | | 4 | 2 | 9 | 5 | 7 | 3 | 1 | 6 | 8 |

| | | | | | | | | | | | | | | | | | | | | |
|---|---|---|---|---|---|---|---|---|---|---|---|---|---|---|---|---|---|---|---|---|
| | 3 | | | | 6 | | | 5 | | | | | | 7 | | | | | 6 | |
| | | 7 | | | 5 | | | | | | | 8 | 4 | | | 5 | | | | 9 |
| | | | 4 | | | 3 | | 6 | | | | | | | | | | 7 | 5 | |
| | 2 | 6 | | 7 | | | | | | | | | 7 | 2 | 3 | | | | 9 | |
| 9 | | | | | | | 3 | | | | | | | | 4 | | | | | |
| 1 | | | | | | | | 7 | | | | 9 | 6 | | 1 | | | 8 | | |
| | 6 | | 7 | | | | 1 | | | | | 7 | | 6 | | 4 | | | | 3 |
| | | 9 | | 8 | | 7 | | | 4 | | | 1 | | | | | | 2 | | 7 |
| | 5 | | | | 3 | | | | | 7 | | | | | | 1 | | | | |
| | | | | | | | 7 | | 9 | | | | 4 | | | | | | | |
| | | | | | | 3 | | | | 4 | 8 | | | | | | | | | |
| | | | | | | | | | | | | 8 | 6 | | | | | | | |
| 4 | 9 | | | | 7 | | | 1 | | 8 | | | | | | 1 | | | | 9 |
| | | | | 9 | | | 6 | | | | | | | | | 2 | | 4 | | |
| | | | 6 | | | | | 7 | | | | | | | | | | | | 8 |
| | 2 | | | 3 | | | 4 | | | | | | | 3 | | 6 | 7 | | | |
| | 1 | 4 | | | | | | | | | | 5 | | | 2 | | | | 8 | |
| | 7 | | 9 | | | | 2 | | | | | | | 9 | 4 | | | | | |
| | | | | | | | 1 | 6 | | | | | 2 | 5 | 9 | | | | | |
| | 4 | 5 | | | 2 | 9 | | | | | | 7 | | 1 | | | | | | |
| | | 9 | | 1 | | 4 | | | | | | | | | | | 5 | 3 | | |

| | | | | | | | | | | | | | | | | | | | | |
|---|---|---|---|---|---|---|---|---|---|---|---|---|---|---|---|---|---|---|---|---|
| 3 | 8 | 6 | 5 | 7 | 2 | 4 | 1 | 9 | | | | 9 | 7 | 1 | 4 | 2 | 5 | 8 | 6 | 3 |
| 9 | 2 | 7 | 4 | 8 | 1 | 5 | 3 | 6 | | | | 4 | 6 | 5 | 8 | 1 | 3 | 9 | 2 | 7 |
| 5 | 1 | 4 | 9 | 6 | 3 | 8 | 2 | 7 | | | | 2 | 3 | 8 | 9 | 6 | 7 | 5 | 1 | 4 |
| 4 | 6 | 1 | 2 | 5 | 9 | 3 | 7 | 8 | | | | 7 | 1 | 4 | 5 | 3 | 8 | 6 | 9 | 2 |
| 2 | 7 | 3 | 8 | 1 | 6 | 9 | 4 | 5 | | | | 6 | 8 | 9 | 1 | 4 | 2 | 3 | 7 | 5 |
| 8 | 5 | 9 | 3 | 4 | 7 | 2 | 6 | 1 | | | | 5 | 2 | 3 | 7 | 9 | 6 | 1 | 4 | 8 |
| 7 | 3 | 2 | 6 | 9 | 8 | 1 | 5 | 4 | 6 | 8 | 2 | 3 | 9 | 7 | 6 | 8 | 4 | 2 | 5 | 1 |
| 6 | 4 | 8 | 1 | 3 | 5 | 7 | 9 | 2 | 3 | 4 | 1 | 8 | 5 | 6 | 2 | 7 | 1 | 4 | 3 | 9 |
| 1 | 9 | 5 | 7 | 2 | 4 | 6 | 8 | 3 | 5 | 9 | 7 | 1 | 4 | 2 | 3 | 5 | 9 | 7 | 8 | 6 |
| | | | | | | 2 | 1 | 9 | 7 | 6 | 5 | 4 | 3 | 8 | | | | | | |
| | | | | | | 4 | 3 | 5 | 8 | 2 | 9 | 7 | 6 | 1 | | | | | | |
| | | | | | | 8 | 7 | 6 | 1 | 3 | 4 | 9 | 2 | 5 | | | | | | |
| 4 | 7 | 2 | 8 | 5 | 3 | 9 | 6 | 1 | 2 | 7 | 3 | 5 | 8 | 4 | 9 | 7 | 2 | 1 | 6 | 3 |
| 1 | 3 | 6 | 2 | 7 | 9 | 5 | 4 | 8 | 9 | 1 | 6 | 2 | 7 | 3 | 8 | 1 | 6 | 5 | 4 | 9 |
| 8 | 5 | 9 | 1 | 4 | 6 | 3 | 2 | 7 | 4 | 5 | 8 | 6 | 1 | 9 | 4 | 3 | 5 | 7 | 8 | 2 |
| 7 | 1 | 4 | 3 | 6 | 8 | 2 | 9 | 5 | | | | 8 | 2 | 7 | 5 | 9 | 3 | 6 | 1 | 4 |
| 2 | 6 | 8 | 4 | 9 | 5 | 1 | 7 | 3 | | | | 9 | 6 | 1 | 7 | 4 | 8 | 2 | 3 | 5 |
| 3 | 9 | 5 | 7 | 1 | 2 | 6 | 8 | 4 | | | | 3 | 4 | 5 | 2 | 6 | 1 | 8 | 9 | 7 |
| 6 | 2 | 7 | 5 | 3 | 4 | 8 | 1 | 9 | | | | 4 | 9 | 8 | 1 | 2 | 7 | 3 | 5 | 6 |
| 5 | 8 | 1 | 9 | 2 | 7 | 4 | 3 | 6 | | | | 1 | 3 | 2 | 6 | 5 | 9 | 4 | 7 | 8 |
| 9 | 4 | 3 | 6 | 8 | 1 | 7 | 5 | 2 | | | | 7 | 5 | 6 | 3 | 8 | 4 | 9 | 2 | 1 |

51

53

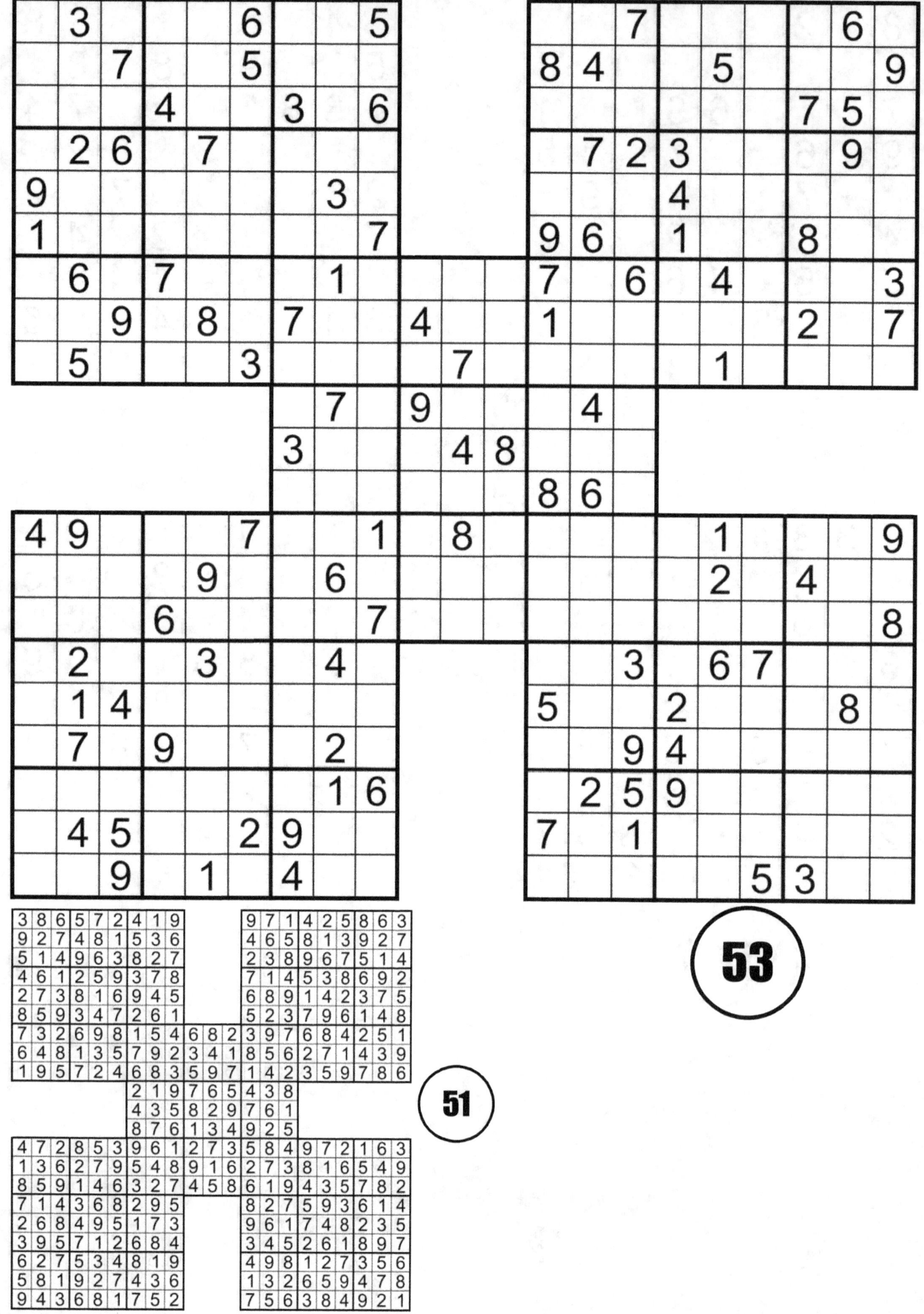

| | | | | | | | | | | | | | | | | | | | | |
|---|---|---|---|---|---|---|---|---|---|---|---|---|---|---|---|---|---|---|---|---|
| | | | |5| | | |4| | | |8| | | |6| |4|7| |
| |7| | | | | | |9| | | | |4| |2| | |5| |1|
|9| |4|6| |2| | |3| | | | | |7| | | | | | |
| |5|3| | |6| | | | | | | | |2|3| | | |5| |
| | |2| | | | | |6| | | |3| | |6| | | | |7|
| | | |3|2| |7| | | | | | | | | |5| | | | |
| | | |1| |7| |6| | | | | |7| | | | | | | |
| | | | | | |2| | | | | | | | |7|4| | | |2|
| |3|6| | |4| |9| |4| | | | |3| |8| | |9| |
| | | | | | |8| |4|5|6| | |9| | | | | | | |
| | | | | | | | | | | |1| | | | | | | | | |
| | | | | | |5| | | |4| | | |6| | | | | | |
| | |6| |2| |7| | | | |4| | | |7| | | | | |
| |2| |1| | | |5| |8|9| | | | | | |8| | | |
| | | |5| |6| | | | | | |6| | | |4| | | | |
| |7| | | | | | | | | | | | | |2|9| | | |8|
| |9|8| | |5| | | | | | |5| |8| |1| | | | |
|1| | |9| | | | |8| | | | |9| | | | | |6| |
| | |1|4| | | | | | | | | |7| | | | |5| |6|
| |5|7|3|9| | | | | | | |9| | |6| |7| | |1|
| | | | | | | |3|6| | | | | | | |2| |4| | |

54

| | | | | | | | | | | | | | | | | | | | | |
|---|---|---|---|---|---|---|---|---|---|---|---|---|---|---|---|---|---|---|---|---|
|8|6|2|7|1|5|3|4|9| | | |9|4|2|1|7|3|5|6|8|
|5|1|3|9|2|4|7|6|8| | | |5|7|6|9|4|8|1|3|2|
|7|4|9|8|6|3|5|2|1| | | |1|3|8|2|6|5|9|7|4|
|9|2|6|1|3|7|4|8|5| | | |4|9|5|8|3|7|6|2|1|
|1|3|7|4|5|8|2|9|6| | | |2|8|1|4|9|6|7|5|3|
|4|5|8|6|9|2|1|7|3| | | |7|6|3|5|1|2|8|4|9|
|3|9|5|2|4|6|8|1|7|4|3|5|6|2|9|3|5|1|4|8|7|
|2|7|1|3|8|9|6|5|4|8|2|9|3|1|7|6|8|4|2|9|5|
|6|8|4|5|7|1|9|3|2|6|1|7|8|5|4|7|2|9|3|1|6|
| | | | | | |3|4|6|5|7|2|1|9|8| | | | | | |
| | | | | | |7|9|8|1|4|3|5|6|2| | | | | | |
| | | | | | |5|2|1|9|6|8|4|7|3| | | | | | |
|5|3|8|1|2|6|4|7|9|3|5|6|2|8|1|4|7|6|5|9|3|
|1|4|9|5|8|7|2|6|3|7|8|1|9|4|5|2|8|3|1|7|6|
|7|2|6|4|3|9|1|8|5|2|9|4|7|3|6|1|5|9|2|8|4|
|3|7|5|6|4|1|9|2|8| | | |1|7|8|5|6|4|3|2|9|
|4|9|1|8|7|2|5|3|6| | | |4|2|9|3|1|8|7|6|5|
|8|6|2|3|9|5|7|1|4| | | |6|5|3|7|9|2|8|4|1|
|9|5|3|7|1|8|6|4|2| | | |5|1|4|9|2|7|6|3|8|
|2|1|4|9|6|3|8|5|7| | | |3|6|7|8|4|1|9|5|2|
|6|8|7|2|5|4|3|9|1| | | |8|9|2|6|3|5|4|1|7|

52

| | | | | | | | | | | | | | | | | | | | | |
|---|---|---|---|---|---|---|---|---|---|---|---|---|---|---|---|---|---|---|---|---|
| | | | | 8 | | | | | | | | | | 4 | | 6 | | | | |
| | | 2 | | | 5 | | 3 | 7 | | | | | | | | | 9 | 4 | | |
| | | | | 4 | | | | | | | | | 9 | 2 | | 1 | | 7 | | |
| 5 | | 4 | 6 | | | | | | | | | 8 | | | 9 | | | | 7 | 5 |
| | 2 | | | | 7 | | | 5 | | | | | 2 | | | | | | 9 | |
| | 9 | 7 | | | | | 6 | | | | | | | | 7 | | | 2 | 6 | |
| 1 | | 8 | | 5 | | | | | 6 | | 1 | | | | | 8 | 1 | | | |
| | | | | 3 | | | | | | | 9 | | | 7 | | | | 1 | 5 | |
| | | 5 | | | | | 8 | | | | | | | | | | 2 | | | |
| | | | | | | 2 | | | | | | | | 5 | | | | | | |
| | | | | | | 3 | | | | | | | | | | | | | | |
| | | | | | | | | | 7 | 5 | | 3 | 9 | | | | | | | |
| 2 | | | 3 | | | | | | 4 | | 8 | | 3 | | | 6 | 4 | 1 | | |
| | | | 5 | 9 | | | 2 | 8 | | | | | 7 | | | | | | 4 | 3 |
| 8 | | | | | | | | | | | | 5 | 4 | | | | | | | |
| | | | | | | | | | | | | | 9 | | | 3 | | | 2 | |
| | | 7 | 9 | | 4 | | 6 | | | | | 2 | | 4 | 8 | | | | 9 | 1 |
| | 3 | 1 | | 7 | | | | 4 | | | | | | | 1 | | 2 | | | |
| 9 | | | 7 | | | 2 | | | | | | | | | | | 3 | | | 2 |
| 3 | | | 1 | | | 7 | 4 | | | | | | | | | | 9 | | | |
| | 7 | | | 4 | 8 | | 9 | | | | | | | | 2 | 8 | | | | 7 |

**55**

| | | | | | | | | | | | | | | | | | | | | |
|---|---|---|---|---|---|---|---|---|---|---|---|---|---|---|---|---|---|---|---|---|
| 4 | 3 | 2 | 9 | 1 | 6 | 8 | 7 | 5 | | | | 2 | 5 | 7 | 8 | 9 | 1 | 3 | 6 | 4 |
| 6 | 9 | 7 | 8 | 3 | 5 | 1 | 2 | 4 | | | | 8 | 4 | 3 | 6 | 5 | 7 | 1 | 2 | 9 |
| 8 | 1 | 5 | 4 | 2 | 7 | 3 | 9 | 6 | | | | 6 | 9 | 1 | 2 | 3 | 4 | 7 | 5 | 8 |
| 5 | 2 | 6 | 3 | 7 | 8 | 9 | 4 | 1 | | | | 5 | 7 | 2 | 3 | 8 | 6 | 4 | 9 | 1 |
| 9 | 7 | 4 | 1 | 6 | 2 | 5 | 3 | 8 | | | | 3 | 1 | 8 | 4 | 2 | 9 | 6 | 7 | 5 |
| 1 | 8 | 3 | 5 | 9 | 4 | 2 | 6 | 7 | | | | 9 | 6 | 4 | 1 | 7 | 5 | 8 | 3 | 2 |
| 2 | 6 | 8 | 7 | 5 | 9 | 4 | 1 | 3 | 8 | 9 | 5 | 7 | 2 | 6 | 9 | 4 | 8 | 5 | 1 | 3 |
| 3 | 4 | 9 | 6 | 8 | 1 | 7 | 5 | 2 | 4 | 6 | 3 | 1 | 8 | 9 | 5 | 6 | 3 | 2 | 4 | 7 |
| 7 | 5 | 1 | 2 | 4 | 3 | 6 | 8 | 9 | 1 | 7 | 2 | 4 | 3 | 5 | 7 | 1 | 2 | 9 | 8 | 6 |
| | | | | | | 1 | 7 | 8 | 9 | 5 | 6 | 2 | 4 | 3 | | | | | | |
| | | | | | | 3 | 2 | 6 | 7 | 4 | 8 | 5 | 9 | 1 | | | | | | |
| | | | | | | 9 | 4 | 5 | 3 | 2 | 1 | 8 | 6 | 7 | | | | | | |
| 4 | 9 | 6 | 8 | 2 | 7 | 5 | 3 | 1 | 2 | 8 | 9 | 6 | 7 | 4 | 3 | 1 | 8 | 2 | 5 | 9 |
| 8 | 3 | 7 | 5 | 9 | 1 | 2 | 6 | 4 | 5 | 3 | 7 | 9 | 1 | 8 | 5 | 2 | 6 | 4 | 7 | 3 |
| 2 | 5 | 1 | 6 | 4 | 3 | 8 | 9 | 7 | 6 | 1 | 4 | 3 | 5 | 2 | 7 | 9 | 4 | 6 | 1 | 8 |
| 5 | 2 | 8 | 1 | 3 | 6 | 7 | 4 | 9 | | | | 1 | 4 | 3 | 8 | 6 | 7 | 5 | 9 | 2 |
| 9 | 1 | 4 | 2 | 7 | 5 | 6 | 8 | 3 | | | | 5 | 6 | 7 | 2 | 3 | 9 | 1 | 8 | 4 |
| 6 | 7 | 3 | 9 | 8 | 4 | 1 | 2 | 5 | | | | 2 | 8 | 9 | 4 | 5 | 1 | 7 | 3 | 6 |
| 7 | 8 | 2 | 4 | 5 | 9 | 3 | 1 | 6 | | | | 4 | 2 | 5 | 9 | 7 | 3 | 8 | 6 | 1 |
| 1 | 4 | 5 | 3 | 6 | 2 | 9 | 7 | 8 | | | | 7 | 3 | 1 | 6 | 8 | 2 | 9 | 4 | 5 |
| 3 | 6 | 9 | 7 | 1 | 8 | 4 | 5 | 2 | | | | 8 | 9 | 6 | 1 | 4 | 5 | 3 | 2 | 7 |

**53**

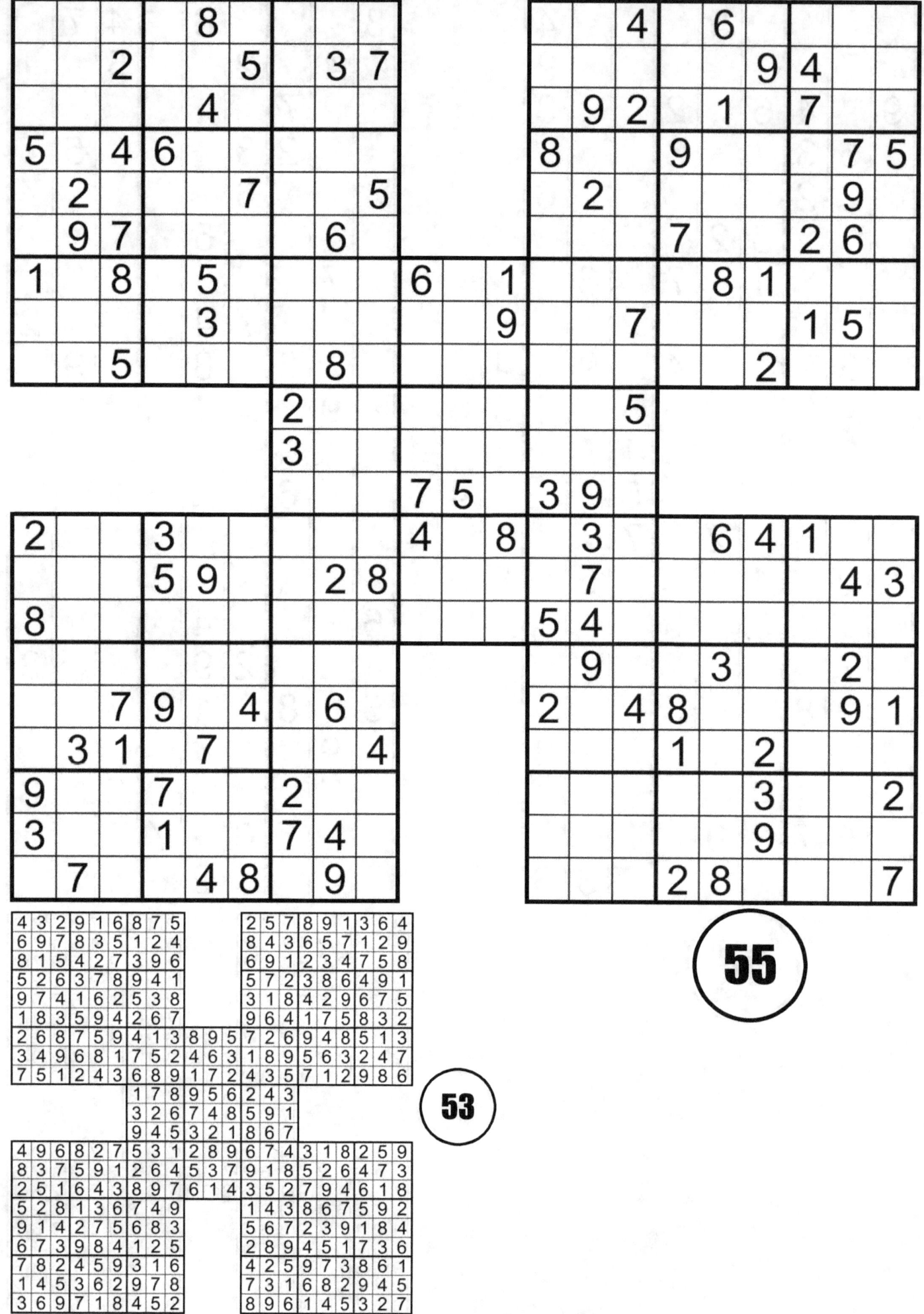

| | | | | | | | | | | | | | | | | | | | | |
|---|---|---|---|---|---|---|---|---|---|---|---|---|---|---|---|---|---|---|---|---|
| | | | | 4 | 7 | | | | | | | | | | | | | 1 | 3 | |
| | 5 | | | 6 | | | | | | | | | 7 | | | | 9 | | 2 | 8 |
| | 1 | 2 | | | | | | | | | | | 8 | | | | | | | 9 |
| 9 | | | 4 | | 5 | 2 | 1 | | | | | | 3 | | | | | | 8 | |
| 5 | 3 | | | | | | | | | | | | | 2 | | | 1 | | | 6 |
| | | | | 7 | 9 | | | 5 | | | | | | | 5 | 6 | | 3 | | |
| 2 | | | | | 1 | 4 | | | | | 5 | | | | 3 | | | 4 | | 5 |
| 6 | | | | | | | | | | | | | 4 | | | | | | | |
| | 8 | | | 9 | | 6 | 7 | | | | | 3 | | | | 4 | | 8 | | |
| | | | | | | | 9 | | | 7 | 1 | | | | | | | | | |
| | | | | | | 7 | 1 | | | 3 | | 4 | | | | | | | | |
| | | | | | | | | | 8 | 5 | 4 | | | | | | | | | |
| 4 | | | | | | 1 | 2 | | | | | | | 8 | 5 | | | 4 | | |
| | 9 | 1 | | | | | | | | | 2 | | | | | | 6 | | 2 | |
| | | | 2 | | 3 | | | | | 1 | 7 | 6 | | 2 | | | | | | 8 |
| | | | 3 | | 9 | | 8 | | | | | | | 5 | | 9 | | 1 | 7 | |
| | 1 | 3 | | | 4 | 6 | | | | | | | | | 3 | | | 6 | | |
| | 5 | | | | 7 | 4 | | | | | | | | | | 5 | | | | |
| | | 2 | | | | | | | | | | | | | 1 | | | | | 2 |
| 5 | | 9 | 6 | | | | | | | | | | 7 | | 8 | | | | 4 | |
| | 8 | | 5 | | | | | | | | | | 2 | 6 | 4 | | | | | |

56

| | | | | | | | | | | | | | | | | | | | | |
|---|---|---|---|---|---|---|---|---|---|---|---|---|---|---|---|---|---|---|---|---|
| 3 | 2 | 1 | 8 | 5 | 9 | 6 | 7 | 4 | | | | 8 | 2 | 1 | 5 | 6 | 3 | 4 | 7 | 9 |
| 6 | 7 | 5 | 4 | 3 | 1 | 8 | 2 | 9 | | | | 6 | 4 | 9 | 2 | 7 | 8 | 5 | 3 | 1 |
| 9 | 8 | 4 | 6 | 7 | 2 | 5 | 1 | 3 | | | | 5 | 3 | 7 | 4 | 9 | 1 | 6 | 2 | 8 |
| 7 | 5 | 3 | 9 | 1 | 6 | 4 | 8 | 2 | | | | 7 | 8 | 2 | 3 | 1 | 4 | 9 | 5 | 6 |
| 8 | 1 | 2 | 7 | 4 | 5 | 9 | 3 | 6 | | | | 3 | 5 | 4 | 6 | 2 | 9 | 8 | 1 | 7 |
| 4 | 6 | 9 | 3 | 2 | 8 | 7 | 5 | 1 | | | | 1 | 9 | 6 | 8 | 5 | 7 | 2 | 4 | 3 |
| 2 | 4 | 8 | 1 | 9 | 7 | 3 | 6 | 5 | 2 | 1 | 9 | 4 | 7 | 8 | 9 | 3 | 2 | 1 | 6 | 5 |
| 1 | 9 | 7 | 5 | 6 | 3 | 2 | 4 | 8 | 3 | 7 | 6 | 9 | 1 | 5 | 7 | 4 | 6 | 3 | 8 | 2 |
| 5 | 3 | 6 | 2 | 8 | 4 | 1 | 9 | 7 | 4 | 8 | 5 | 2 | 6 | 3 | 1 | 8 | 5 | 7 | 9 | 4 |
| | | | | | | 8 | 2 | 4 | 5 | 6 | 3 | 7 | 9 | 1 | | | | | | |
| | | | | | | 9 | 3 | 6 | 7 | 2 | 1 | 5 | 8 | 4 | | | | | | |
| | | | | | | 5 | 7 | 1 | 9 | 4 | 8 | 3 | 2 | 6 | | | | | | |
| 5 | 3 | 6 | 8 | 2 | 4 | 7 | 1 | 9 | 6 | 3 | 4 | 8 | 5 | 2 | 7 | 3 | 9 | 6 | 1 | 4 |
| 8 | 2 | 4 | 1 | 7 | 9 | 6 | 5 | 3 | 8 | 9 | 2 | 1 | 4 | 7 | 5 | 6 | 8 | 9 | 2 | 3 |
| 7 | 1 | 9 | 5 | 3 | 6 | 4 | 8 | 2 | 1 | 5 | 7 | 6 | 3 | 9 | 1 | 4 | 2 | 8 | 7 | 5 |
| 2 | 7 | 5 | 6 | 8 | 3 | 1 | 9 | 4 | | | | 7 | 1 | 6 | 2 | 9 | 4 | 3 | 5 | 8 |
| 4 | 9 | 8 | 2 | 1 | 5 | 3 | 6 | 7 | | | | 5 | 2 | 8 | 3 | 1 | 6 | 7 | 4 | 9 |
| 1 | 6 | 3 | 9 | 4 | 7 | 5 | 2 | 8 | | | | 4 | 9 | 3 | 8 | 7 | 5 | 1 | 6 | 2 |
| 3 | 8 | 1 | 4 | 6 | 2 | 9 | 7 | 5 | | | | 2 | 7 | 1 | 4 | 8 | 3 | 5 | 9 | 6 |
| 6 | 5 | 7 | 3 | 9 | 8 | 2 | 4 | 1 | | | | 9 | 8 | 4 | 6 | 5 | 7 | 2 | 3 | 1 |
| 9 | 4 | 2 | 7 | 5 | 1 | 8 | 3 | 6 | | | | 3 | 6 | 5 | 9 | 2 | 1 | 4 | 8 | 7 |

54

57

Top left

| | | | | | | | | |
|---|---|---|---|---|---|---|---|---|
| 7 | | | 8 | | | | 9 | |
| | | | | 6 | 2 | | | |
| 4 | | | 7 | 3 | | | 8 | |
| 6 | | | | | 7 | | | 2 |
| | 8 | | | | | | 1 | |
| | 4 | | | | | 7 | 6 | |
| | | | | | | | | |
| | | | | 5 | | | | |
| | | 1 | 9 | | | | | |

Top right

| | | | | | | | | |
|---|---|---|---|---|---|---|---|---|
| | | 9 | | 4 | | 2 | | |
| 2 | | | | | | | 8 | 7 |
| | | | | | 1 | | | |
| | | | 6 | | 2 | 8 | | |
| | | 2 | 4 | | 8 | 7 | | |
| 7 | | | | 1 | | | | |
| | | | | | | 6 | | |
| 3 | | 4 | | 2 | | 5 | | 8 |
| | | 8 | | | | | 3 | 2 |

Centre

| | | | | | | | | |
|---|---|---|---|---|---|---|---|---|
| | | | | 3 | 6 | | | |
| | | | | | | 3 | | 4 |
| | | | | | | | | 8 |
| | 7 | | | 6 | 5 | | | |
| | | 4 | | | 8 | | | 6 |
| | | 9 | | | | 7 | | |
| | | | | | 2 | | 6 | |
| | | | | 1 | | | | |
| 4 | | | 6 | | | | 9 | |

Bottom left

| | | | | | | | | |
|---|---|---|---|---|---|---|---|---|
| | | | 2 | | | | | |
| | | 1 | | | | | | |
| | | 8 | | | | 4 | | |
| 8 | | | | | 5 | | | |
| | | 2 | | | 4 | | | |
| 3 | | 4 | | 8 | | 1 | | |
| | 2 | | 6 | 1 | | | | |
| | 7 | 3 | | | 9 | | | 6 |
| 6 | | | | | 7 | 9 | 2 | |

Bottom right

| | | | | | | | | |
|---|---|---|---|---|---|---|---|---|
| | 6 | | | 3 | | | 4 | |
| | | | | | | | | 1 |
| | 9 | | | | | | | |
| 2 | | | | | 8 | 3 | | 4 |
| | | | | 4 | | | | |
| | 8 | | 1 | | | | 2 | 9 |
| | 3 | | 7 | | | | | |
| | | 6 | | 2 | 3 | | 1 | |
| | 2 | | | 8 | | 5 | | |

55

Top left

| | | | | | | | | |
|---|---|---|---|---|---|---|---|---|
| 9 | 3 | 1 | 7 | 8 | 2 | 6 | 5 | 4 |
| 4 | 8 | 2 | 9 | 6 | 5 | 1 | 3 | 7 |
| 7 | 5 | 6 | 3 | 4 | 1 | 8 | 2 | 9 |
| 5 | 1 | 4 | 6 | 9 | 3 | 2 | 7 | 8 |
| 6 | 2 | 3 | 8 | 1 | 7 | 4 | 9 | 5 |
| 8 | 9 | 7 | 5 | 2 | 4 | 3 | 6 | 1 |
| 1 | 6 | 8 | 2 | 5 | 9 | 7 | 4 | 3 |
| 2 | 7 | 9 | 4 | 3 | 8 | 5 | 1 | 6 |
| 3 | 4 | 5 | 1 | 7 | 6 | 9 | 8 | 2 |

Top right

| | | | | | | | | |
|---|---|---|---|---|---|---|---|---|
| 3 | 1 | 4 | 8 | 6 | 7 | 5 | 2 | 9 |
| 6 | 7 | 8 | 2 | 5 | 9 | 4 | 1 | 3 |
| 5 | 9 | 2 | 3 | 1 | 4 | 7 | 8 | 6 |
| 8 | 4 | 1 | 9 | 2 | 6 | 3 | 7 | 5 |
| 7 | 2 | 6 | 1 | 3 | 5 | 8 | 9 | 4 |
| 9 | 3 | 5 | 7 | 4 | 8 | 2 | 6 | 1 |
| 2 | 5 | 9 | 4 | 8 | 1 | 6 | 3 | 7 |
| 4 | 8 | 7 | 6 | 9 | 3 | 1 | 5 | 2 |
| 1 | 6 | 3 | 5 | 7 | 2 | 9 | 4 | 8 |

Centre

| | | | | | | | | |
|---|---|---|---|---|---|---|---|---|
| 7 | 4 | 3 | 6 | 8 | 1 | 2 | 5 | 9 |
| 5 | 1 | 6 | 3 | 2 | 9 | 4 | 8 | 7 |
| 9 | 8 | 2 | 5 | 4 | 7 | 1 | 6 | 3 |
| 2 | 9 | 4 | 8 | 6 | 3 | 7 | 1 | 5 |
| 3 | 5 | 7 | 1 | 9 | 4 | 8 | 2 | 6 |
| 8 | 6 | 1 | 7 | 5 | 2 | 3 | 9 | 4 |
| 6 | 7 | 5 | 4 | 1 | 8 | 9 | 3 | 2 |
| 4 | 2 | 8 | 9 | 3 | 5 | 6 | 7 | 1 |
| 1 | 3 | 9 | 2 | 7 | 6 | 5 | 4 | 8 |

Bottom left

| | | | | | | | | |
|---|---|---|---|---|---|---|---|---|
| 2 | 4 | 9 | 3 | 8 | 1 | 6 | 7 | 5 |
| 7 | 1 | 3 | 5 | 9 | 6 | 4 | 2 | 8 |
| 8 | 6 | 5 | 4 | 2 | 7 | 1 | 3 | 9 |
| 4 | 9 | 2 | 6 | 3 | 5 | 8 | 1 | 7 |
| 5 | 8 | 7 | 9 | 1 | 4 | 3 | 6 | 2 |
| 6 | 3 | 1 | 8 | 7 | 2 | 9 | 5 | 4 |
| 9 | 5 | 4 | 7 | 6 | 3 | 2 | 8 | 1 |
| 3 | 2 | 8 | 1 | 5 | 9 | 7 | 4 | 6 |
| 1 | 7 | 6 | 2 | 4 | 8 | 5 | 9 | 3 |

Bottom right

| | | | | | | | | |
|---|---|---|---|---|---|---|---|---|
| 9 | 3 | 2 | 5 | 6 | 4 | 1 | 7 | 8 |
| 6 | 7 | 1 | 9 | 2 | 8 | 5 | 4 | 3 |
| 5 | 4 | 8 | 3 | 1 | 7 | 2 | 6 | 9 |
| 1 | 9 | 7 | 4 | 3 | 5 | 8 | 2 | 6 |
| 2 | 5 | 4 | 8 | 7 | 6 | 3 | 9 | 1 |
| 3 | 8 | 6 | 1 | 9 | 2 | 7 | 5 | 4 |
| 7 | 1 | 9 | 6 | 5 | 3 | 4 | 8 | 2 |
| 8 | 2 | 3 | 7 | 4 | 9 | 6 | 1 | 5 |
| 4 | 6 | 5 | 2 | 8 | 1 | 9 | 3 | 7 |

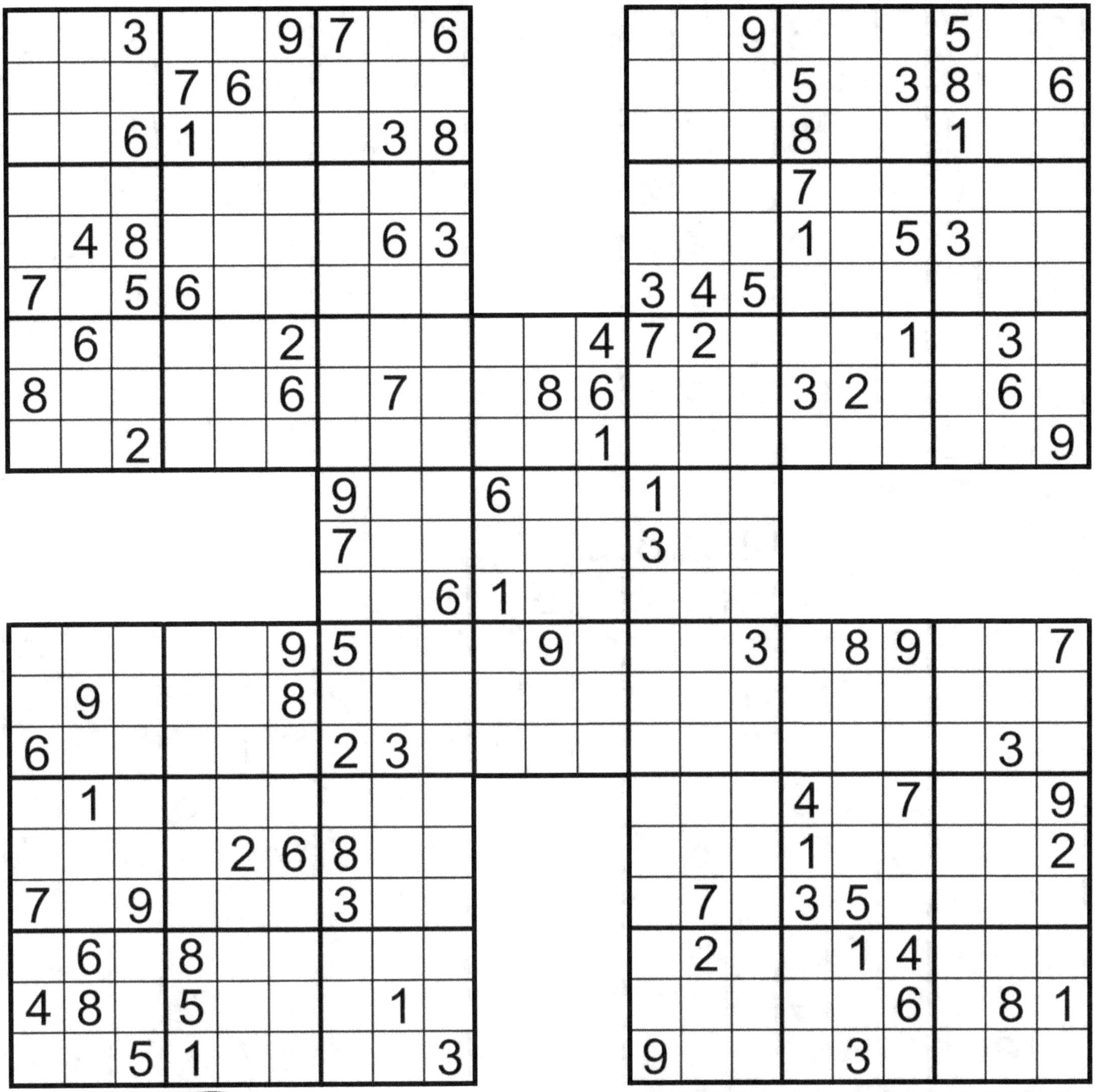

58

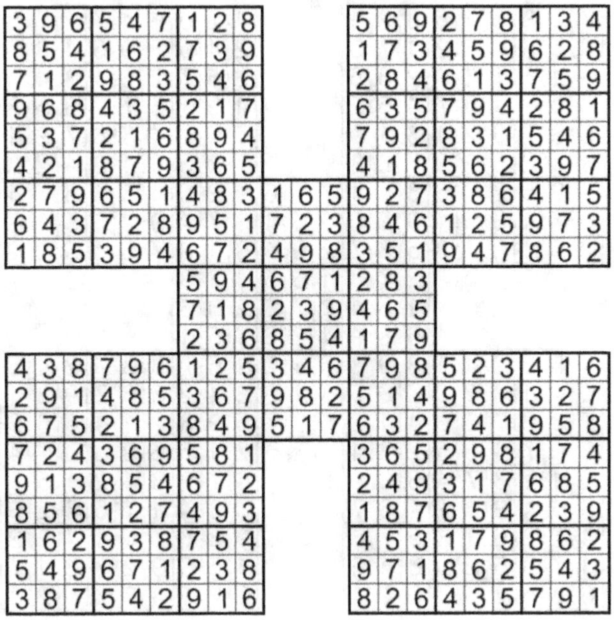

56

| | | | | | | | | | | | | | | | | | | | | |
|---|---|---|---|---|---|---|---|---|---|---|---|---|---|---|---|---|---|---|---|---|
| 5 | | 8 | | | 3 | 4 | | | | | | | | | 3 | | | 9 | | 5 |
| | | | | 6 | | | | | | | | | | | 8 | | | | | 7 |
| | | 1 | | | 8 | | 7 | | | | | 1 | | | | | 4 | | | |
| | | 6 | 4 | | 7 | | | 5 | | | | 7 | | | | 2 | | 6 | | |
| | 1 | 7 | | | 5 | | 2 | | | | | 6 | | | 4 | 5 | | | 2 | |
| 2 | | | | | | | 3 | 7 | | | | | | | | | | 4 | | 9 |
| | 4 | | | 1 | | | | | 4 | | 8 | | | | | | | | 9 | |
| | | | | | | | 4 | | 9 | | | | | | | | | | | |
| | | 2 | | | | | | | 5 | | | | 2 | | 5 | | | 7 | | |
| | | | | | | | | | | | | | | | | | | | | |
| | | | | | | 4 | 2 | 8 | 3 | | | | | | | | | | | |
| | | | | | | | | | | 6 | | | | | | | | | | |
| 6 | 5 | | 9 | | | | | | | | | | | | | | | | | 4 |
| | | | | 7 | | 1 | | 5 | | 9 | | | | 2 | 1 | | | | 6 | |
| | | | | | | 2 | 9 | 6 | | | | 5 | | 4 | 3 | 6 | | | | |
| | | | | | 5 | | | | | | | | | | | | 5 | | | |
| | | | 8 | | | | 6 | | | | | | | | 8 | | 4 | 9 | | 7 |
| | | 8 | | | 7 | 4 | 2 | | | | | | 9 | | | 2 | | 5 | | |
| | | 4 | | 1 | | | 5 | | | | | | | 6 | | | | | | |
| | 2 | 7 | 3 | | 9 | | | | | | | 4 | | | 7 | | 2 | | | |
| | 6 | | | 4 | | | | 1 | | | | | | | 5 | 8 | | | 3 | |

| | | | | | | | | | | | | | | | | | | | | |
|---|---|---|---|---|---|---|---|---|---|---|---|---|---|---|---|---|---|---|---|---|
| 7 | 2 | 3 | 8 | 1 | 5 | 6 | 9 | 4 | | | | 1 | 3 | 9 | 8 | 4 | 7 | 2 | 6 | 5 |
| 9 | 5 | 8 | 4 | 6 | 2 | 1 | 7 | 3 | | | | 2 | 4 | 6 | 3 | 9 | 5 | 1 | 8 | 7 |
| 4 | 1 | 6 | 7 | 3 | 9 | 2 | 8 | 5 | | | | 8 | 5 | 7 | 2 | 6 | 1 | 3 | 4 | 9 |
| 6 | 3 | 9 | 1 | 8 | 7 | 4 | 5 | 2 | | | | 4 | 9 | 1 | 6 | 7 | 2 | 8 | 5 | 3 |
| 5 | 8 | 7 | 6 | 2 | 4 | 3 | 1 | 9 | | | | 5 | 6 | 2 | 4 | 3 | 8 | 7 | 9 | 1 |
| 1 | 4 | 2 | 5 | 9 | 3 | 7 | 6 | 8 | | | | 7 | 8 | 3 | 5 | 1 | 9 | 4 | 2 | 6 |
| 3 | 9 | 5 | 2 | 7 | 6 | 8 | 4 | 1 | 7 | 3 | 6 | 9 | 2 | 5 | 1 | 8 | 3 | 6 | 7 | 4 |
| 8 | 7 | 4 | 3 | 5 | 1 | 9 | 2 | 6 | 8 | 5 | 1 | 3 | 7 | 4 | 9 | 2 | 6 | 5 | 1 | 8 |
| 2 | 6 | 1 | 9 | 4 | 8 | 5 | 3 | 7 | 2 | 9 | 4 | 6 | 1 | 8 | 7 | 5 | 4 | 9 | 3 | 2 |
| | | | | | | 2 | 7 | 3 | 1 | 6 | 5 | 4 | 8 | 9 | | | | | | |
| | | | | | | 1 | 5 | 4 | 9 | 7 | 8 | 2 | 3 | 6 | | | | | | |
| | | | | | | 6 | 8 | 9 | 4 | 2 | 3 | 7 | 5 | 1 | | | | | | |
| 7 | 5 | 6 | 2 | 4 | 1 | 3 | 9 | 8 | 5 | 4 | 2 | 1 | 6 | 7 | 8 | 3 | 9 | 2 | 4 | 5 |
| 2 | 4 | 1 | 8 | 9 | 3 | 7 | 6 | 5 | 3 | 1 | 9 | 8 | 4 | 2 | 5 | 6 | 7 | 9 | 3 | 1 |
| 9 | 3 | 8 | 7 | 5 | 6 | 4 | 1 | 2 | 6 | 8 | 7 | 5 | 9 | 3 | 2 | 1 | 4 | 7 | 8 | 6 |
| 8 | 9 | 7 | 1 | 6 | 5 | 2 | 3 | 4 | | | | 2 | 1 | 5 | 6 | 9 | 8 | 3 | 7 | 4 |
| 5 | 1 | 2 | 3 | 7 | 4 | 6 | 8 | 9 | | | | 6 | 7 | 9 | 3 | 4 | 2 | 1 | 5 | 8 |
| 3 | 6 | 4 | 9 | 8 | 2 | 1 | 5 | 7 | | | | 3 | 8 | 4 | 1 | 7 | 5 | 6 | 2 | 9 |
| 4 | 2 | 9 | 6 | 1 | 8 | 5 | 7 | 3 | | | | 9 | 3 | 8 | 7 | 5 | 1 | 4 | 6 | 2 |
| 1 | 7 | 3 | 5 | 2 | 9 | 8 | 4 | 6 | | | | 4 | 5 | 6 | 9 | 2 | 3 | 8 | 1 | 7 |
| 6 | 8 | 5 | 4 | 3 | 7 | 9 | 2 | 1 | | | | 7 | 2 | 1 | 4 | 8 | 6 | 5 | 9 | 3 |

57

59

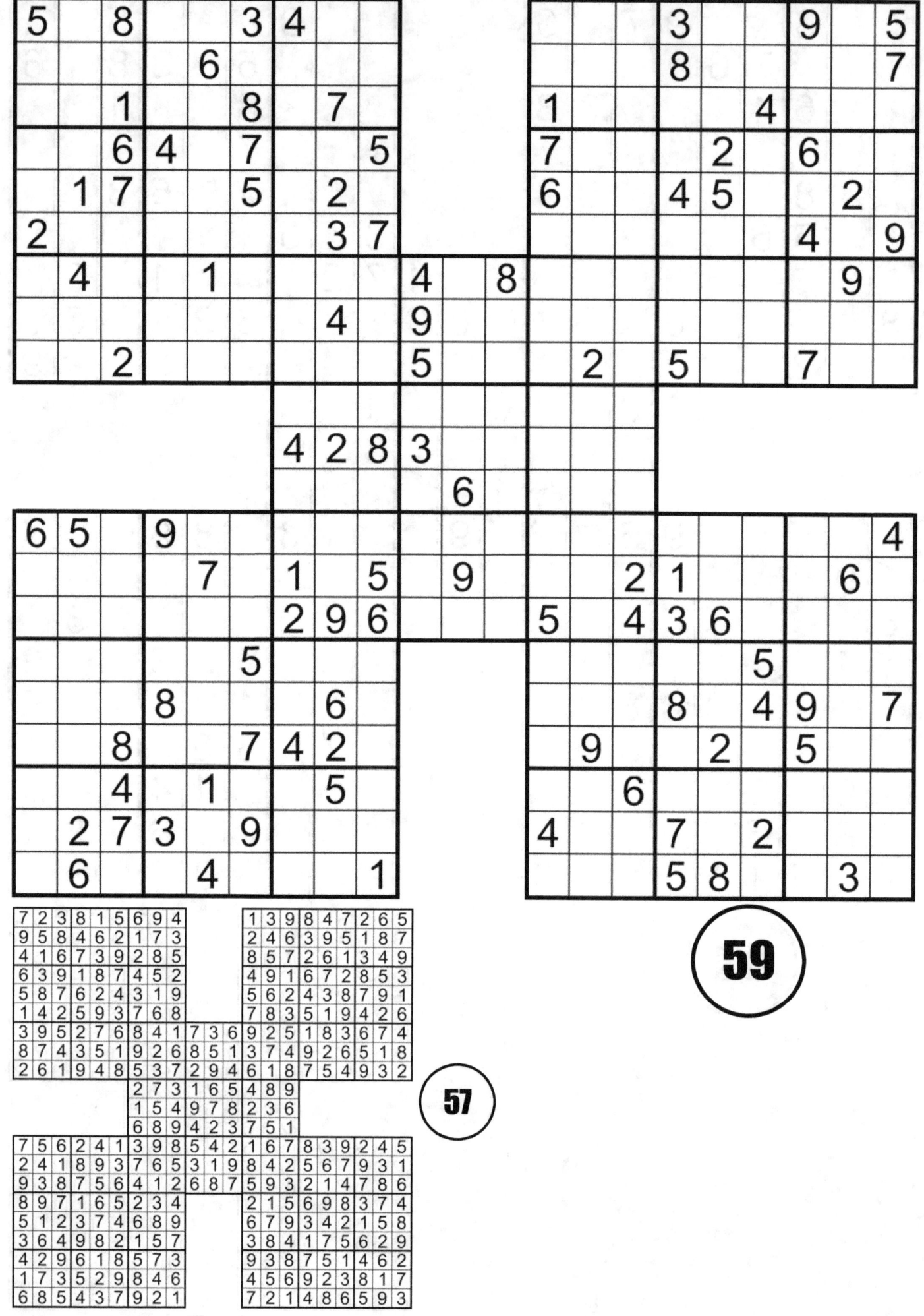

| | | | | | | | | | | | | | | | | | | | | |
|---|---|---|---|---|---|---|---|---|---|---|---|---|---|---|---|---|---|---|---|---|
| | | | 6 | 5 | | | | 8 | | | | | 3 | | | 2 | | | 7 | |
| | 5 | 3 | 7 | | | | | | | | | | | | 9 | | | 3 | 6 | 1 |
| | | 1 | | | | | | 4 | | | | 7 | | | | | 6 | | 8 | |
| | | | | 1 | | | 7 | | | | | | 7 | | | | 3 | | | |
| 5 | | | | 2 | 4 | | | | | | | | 9 | 3 | 5 | 8 | | | | |
| 2 | | | 3 | | 6 | | | | | | | 5 | | | | | | | | 7 |
| 1 | | | | | | | | 7 | 6 | | | | | | | 6 | | 1 | | |
| | 9 | | | | | | | | | | | 1 | 4 | | | | | | | |
| | | | | | 7 | | | | | 9 | 4 | | | | | | | 2 | 9 | |
| | | | | | | | | | 9 | | | 4 | | | | | | | | |
| | | | | | | | 1 | | | | 3 | 9 | | | | | | | | |
| | | | | | | 5 | 6 | | | | | | | | | | | | | |
| | | 4 | | | 9 | 7 | | | | 5 | | | | | | | | 1 | 7 | 4 |
| | 1 | | | | | 6 | | | | | | | 1 | | 6 | | | | | |
| 7 | | | 6 | 5 | | | | | | | 6 | 5 | | | | 9 | | | | |
| | | | 7 | | | | | | | | | 8 | | | | 6 | | | | 1 |
| | 3 | | | 2 | | | 5 | 6 | | | | | 4 | | | | | | 3 | 5 |
| 5 | | | | | | | | | | | | | | | 5 | | | 9 | | 8 |
| 4 | 2 | | 3 | | | | | 7 | | | | | 6 | 8 | | 1 | 3 | | | 7 |
| | | | | | | | | | | | | | 5 | | | 8 | | 4 | | 6 |
| 9 | 7 | 8 | | | | 1 | | | | | | | | | | | | | | |

**60**

| | | | | | | | | | | | | | | | | | | | | |
|---|---|---|---|---|---|---|---|---|---|---|---|---|---|---|---|---|---|---|---|---|
| 1 | 2 | 3 | 8 | 5 | 9 | 7 | 4 | 6 | | | | 1 | 8 | 9 | 4 | 7 | 6 | 5 | 2 | 3 |
| 5 | 8 | 4 | 7 | 6 | 3 | 2 | 1 | 9 | | | | 4 | 7 | 2 | 5 | 1 | 3 | 8 | 9 | 6 |
| 9 | 7 | 6 | 1 | 2 | 4 | 5 | 3 | 8 | | | | 5 | 6 | 3 | 8 | 9 | 2 | 1 | 4 | 7 |
| 6 | 3 | 1 | 2 | 4 | 8 | 9 | 5 | 7 | | | | 2 | 1 | 8 | 7 | 3 | 9 | 6 | 5 | 4 |
| 2 | 4 | 8 | 9 | 7 | 5 | 1 | 6 | 3 | | | | 6 | 9 | 7 | 1 | 4 | 5 | 3 | 8 | 2 |
| 7 | 9 | 5 | 6 | 3 | 1 | 8 | 2 | 4 | | | | 3 | 4 | 5 | 2 | 6 | 8 | 9 | 7 | 1 |
| 4 | 6 | 7 | 5 | 9 | 2 | 3 | 8 | 1 | 9 | 5 | 4 | 7 | 2 | 6 | 9 | 8 | 1 | 4 | 3 | 5 |
| 8 | 5 | 9 | 3 | 1 | 6 | 4 | 7 | 2 | 3 | 8 | 6 | 9 | 5 | 1 | 3 | 2 | 4 | 7 | 6 | 8 |
| 3 | 1 | 2 | 4 | 8 | 7 | 6 | 9 | 5 | 2 | 7 | 1 | 8 | 3 | 4 | 6 | 5 | 7 | 2 | 1 | 9 |
| | | | | | | 9 | 2 | 3 | 6 | 4 | 8 | 1 | 7 | 5 | | | | | | |
| | | | | | | 7 | 1 | 4 | 5 | 2 | 9 | 3 | 6 | 8 | | | | | | |
| | | | | | | 8 | 5 | 6 | 1 | 3 | 7 | 2 | 4 | 9 | | | | | | |
| 1 | 4 | 7 | 2 | 3 | 9 | 5 | 6 | 8 | 7 | 9 | 2 | 4 | 1 | 3 | 5 | 8 | 9 | 6 | 2 | 7 |
| 3 | 9 | 2 | 6 | 5 | 8 | 1 | 4 | 7 | 8 | 6 | 3 | 5 | 9 | 2 | 6 | 7 | 3 | 1 | 4 | 8 |
| 6 | 5 | 8 | 7 | 1 | 4 | 2 | 3 | 9 | 4 | 1 | 5 | 6 | 8 | 7 | 2 | 4 | 1 | 9 | 3 | 5 |
| 8 | 1 | 6 | 3 | 7 | 5 | 9 | 2 | 4 | | | | 2 | 5 | 8 | 4 | 6 | 7 | 3 | 1 | 9 |
| 5 | 3 | 4 | 9 | 2 | 6 | 8 | 7 | 1 | | | | 3 | 6 | 4 | 1 | 9 | 8 | 7 | 5 | 2 |
| 7 | 2 | 9 | 4 | 8 | 1 | 3 | 5 | 6 | | | | 1 | 7 | 9 | 3 | 5 | 2 | 8 | 6 | 4 |
| 2 | 6 | 1 | 8 | 4 | 3 | 7 | 9 | 5 | | | | 8 | 2 | 6 | 7 | 1 | 4 | 5 | 9 | 3 |
| 4 | 8 | 3 | 5 | 9 | 7 | 6 | 1 | 2 | | | | 7 | 3 | 5 | 9 | 2 | 6 | 4 | 8 | 1 |
| 9 | 7 | 5 | 1 | 6 | 2 | 4 | 8 | 3 | | | | 9 | 4 | 1 | 8 | 3 | 5 | 2 | 7 | 6 |

**58**

| | | | | | | | | | | | | | | | | | | | | |
|---|---|---|---|---|---|---|---|---|---|---|---|---|---|---|---|---|---|---|---|---|
| | | | | | | | | | | | | 1 | | | 5 | 8 | | | 2 | |
| 7 | | | | 9 | | 6 | | | | | | | | 2 | | | | | 4 | |
| | | 2 | 5 | | | 7 | | 4 | | | | | 9 | 8 | | | | | | |
| 5 | 6 | | | | 3 | | | | | | | | | | 3 | | 2 | 6 | 7 | |
| 9 | 3 | | 8 | 4 | 1 | | | 6 | | | | | | | | 9 | | | | |
| 1 | | 4 | | 5 | 6 | | | | | | | 7 | | | | 4 | | | 3 | 1 |
| 4 | 7 | | | | | | | | 6 | | 1 | | 5 | 7 | 8 | | | | | |
| | | | | 1 | | 5 | | | | | 9 | | | | | | | | | 4 |
| | | | | | | 3 | | | | | 2 | | | | 4 | | | 3 | | |
| | | | | | | | | | | 8 | | 5 | | | | | | | | |
| | | | | | | 7 | | | | | 6 | | | 4 | | | | | | |
| | | | | | | | | | | 9 | | | | | | | | | | |
| | | | 3 | | | | | | | | | | | | | 7 | | | | |
| | | | | 1 | | | | | | | | | 4 | | 8 | | 2 | | 5 | |
| | 2 | | 8 | | | 4 | | 3 | | | | 7 | | | 3 | | | 1 | | |
| 6 | | 4 | 1 | | | | 5 | | | | | | | 2 | | | 8 | | 6 | |
| | | | | | | | | 8 | | | | | 9 | 4 | | | | 3 | | |
| | | | 9 | 3 | | 7 | | | | | | 3 | | | | | | | 9 | |
| 7 | 4 | | | | | | 9 | | | | | | | | | | 9 | | 4 | |
| | 9 | 2 | | | | | | | | | | 9 | | | | 1 | 6 | | 7 | |
| | | 8 | | | 4 | | | | | | | 4 | | | | | | | | 5 |

61

| | | | | | | | | | | | | | | | | | | | | |
|---|---|---|---|---|---|---|---|---|---|---|---|---|---|---|---|---|---|---|---|---|
| 5 | 6 | 8 | 2 | 7 | 3 | 4 | 9 | 1 | | | | 2 | 8 | 4 | 3 | 7 | 6 | 9 | 1 | 5 |
| 7 | 9 | 3 | 1 | 6 | 4 | 2 | 5 | 8 | | | | 9 | 6 | 3 | 8 | 1 | 5 | 2 | 4 | 7 |
| 4 | 2 | 1 | 9 | 5 | 8 | 3 | 7 | 6 | | | | 1 | 5 | 7 | 2 | 9 | 4 | 3 | 8 | 6 |
| 9 | 3 | 6 | 4 | 2 | 7 | 1 | 8 | 5 | | | | 7 | 4 | 1 | 9 | 2 | 3 | 6 | 5 | 8 |
| 8 | 1 | 7 | 3 | 9 | 5 | 6 | 2 | 4 | | | | 6 | 9 | 8 | 4 | 5 | 7 | 1 | 2 | 3 |
| 2 | 5 | 4 | 6 | 8 | 1 | 9 | 3 | 7 | | | | 5 | 3 | 2 | 6 | 8 | 1 | 4 | 7 | 9 |
| 3 | 4 | 5 | 8 | 1 | 2 | 7 | 6 | 9 | 4 | 2 | 8 | 3 | 1 | 5 | 7 | 6 | 2 | 8 | 9 | 4 |
| 1 | 8 | 9 | 7 | 3 | 6 | 5 | 4 | 2 | 9 | 1 | 3 | 8 | 7 | 6 | 1 | 4 | 9 | 5 | 3 | 2 |
| 6 | 7 | 2 | 5 | 4 | 9 | 8 | 1 | 3 | 5 | 7 | 6 | 4 | 2 | 9 | 5 | 3 | 8 | 7 | 6 | 1 |
| | | | | | | 6 | 3 | 1 | 7 | 4 | 9 | 2 | 5 | 8 | | | | | | |
| | | | | | | 4 | 2 | 8 | 3 | 5 | 1 | 6 | 9 | 7 | | | | | | |
| | | | | | | 9 | 5 | 7 | 8 | 6 | 2 | 1 | 4 | 3 | | | | | | |
| 6 | 5 | 2 | 9 | 8 | 1 | 3 | 7 | 4 | 2 | 8 | 5 | 9 | 6 | 1 | 2 | 5 | 8 | 3 | 7 | 4 |
| 9 | 4 | 3 | 2 | 7 | 6 | 1 | 8 | 5 | 6 | 9 | 4 | 7 | 3 | 2 | 1 | 4 | 9 | 8 | 6 | 5 |
| 7 | 8 | 1 | 5 | 3 | 4 | 2 | 9 | 6 | 1 | 3 | 7 | 5 | 8 | 4 | 3 | 6 | 7 | 2 | 9 | 1 |
| 2 | 7 | 6 | 4 | 9 | 5 | 8 | 1 | 3 | | | | 2 | 4 | 8 | 9 | 7 | 5 | 6 | 1 | 3 |
| 4 | 1 | 9 | 8 | 2 | 3 | 5 | 6 | 7 | | | | 6 | 1 | 5 | 8 | 3 | 4 | 9 | 2 | 7 |
| 5 | 3 | 8 | 1 | 6 | 7 | 4 | 2 | 9 | | | | 3 | 9 | 7 | 6 | 2 | 1 | 5 | 4 | 8 |
| 3 | 9 | 4 | 6 | 1 | 8 | 7 | 5 | 2 | | | | 8 | 2 | 6 | 4 | 1 | 3 | 7 | 5 | 9 |
| 1 | 2 | 7 | 3 | 5 | 9 | 6 | 4 | 8 | | | | 4 | 5 | 3 | 7 | 9 | 2 | 1 | 8 | 6 |
| 8 | 6 | 5 | 7 | 4 | 2 | 9 | 3 | 1 | | | | 1 | 7 | 9 | 5 | 8 | 6 | 4 | 3 | 2 |

59

| | | | | | | | | | | | | | | | | | | | | |
|---|---|---|---|---|---|---|---|---|---|---|---|---|---|---|---|---|---|---|---|---|
| | 8 | 4 | 3 | | 7 | | 6 | 9 | | | | | | | | 9 | | | 6 | |
| | | | | 8 | | | | | | | | | 1 | | | 2 | | | | 9 |
| | | | | 1 | | 2 | 7 | | | | | 9 | | | | | | 7 | | 3 |
| | | 2 | | | 8 | 5 | | | | | | | | | | | | | | 6 |
| 1 | | | | | | | 9 | | | | | | | | | | 6 | 5 | 8 | 4 |
| 5 | 3 | | 9 | | | | 4 | | | | | | 9 | 8 | | | | | | |
| | | | | | | | | | | | | | | | | 1 | 3 | | | 5 |
| | 7 | 3 | | | | | 8 | | | | | | | | 2 | 5 | | 8 | | |
| | | 5 | | | | 3 | | | | | | | | 5 | 8 | | | | | |
| | | | | | | | | | | | 4 | | | 7 | | | | | | |
| | | | | | | | 4 | | | 9 | 3 | 5 | | | | | | | | |
| | | | | | | 8 | | | | | | 9 | | | | | | | | |
| | | | | | | 4 | | | 9 | | 1 | | | | | 6 | | | | 8 |
| 9 | | | | | | 2 | | | | | | 6 | 9 | | | | 7 | | | |
| | 6 | 1 | | 3 | | 5 | | | | 6 | | | 4 | | 5 | | | | | 7 |
| | 7 | | | 8 | | | 3 | | | | | 4 | 8 | | 1 | | | | | 2 |
| | 5 | | 3 | | | | 4 | 1 | | | | | | | | | | | 5 | 4 |
| 3 | 1 | | 9 | | | 8 | | | | | | | 1 | | 6 | | | | | |
| 5 | | | 2 | | | | | | | | | | | | 7 | 1 | | 4 | | |
| | | 7 | | | | 9 | | | | | | | 6 | | | | | 8 | | |
| | 3 | | | | | | | | | | | | | | | 2 | 6 | 7 | | |

62

| | | | | | | | | | | | | | | | | | | | | |
|---|---|---|---|---|---|---|---|---|---|---|---|---|---|---|---|---|---|---|---|---|
| 9 | 2 | 4 | 6 | 5 | 3 | 7 | 1 | 8 | | | | 9 | 3 | 6 | 8 | 2 | 1 | 4 | 7 | 5 |
| 8 | 5 | 3 | 7 | 4 | 1 | 2 | 6 | 9 | | | | 4 | 8 | 2 | 9 | 7 | 5 | 3 | 6 | 1 |
| 7 | 6 | 1 | 2 | 8 | 9 | 5 | 3 | 4 | | | | 7 | 5 | 1 | 3 | 4 | 6 | 9 | 8 | 2 |
| 3 | 4 | 9 | 5 | 1 | 8 | 6 | 7 | 2 | | | | 6 | 7 | 8 | 4 | 1 | 3 | 5 | 2 | 9 |
| 5 | 7 | 6 | 9 | 2 | 4 | 3 | 8 | 1 | | | | 2 | 9 | 3 | 5 | 8 | 7 | 6 | 1 | 4 |
| 2 | 1 | 8 | 3 | 7 | 6 | 9 | 4 | 5 | | | | 5 | 1 | 4 | 6 | 9 | 2 | 8 | 3 | 7 |
| 1 | 3 | 5 | 8 | 6 | 2 | 4 | 9 | 7 | 6 | 1 | 8 | 3 | 2 | 5 | 7 | 6 | 9 | 1 | 4 | 8 |
| 4 | 9 | 7 | 1 | 3 | 5 | 8 | 2 | 6 | 3 | 7 | 5 | 1 | 4 | 9 | 2 | 3 | 8 | 7 | 5 | 6 |
| 6 | 8 | 2 | 4 | 9 | 7 | 1 | 5 | 3 | 2 | 9 | 4 | 8 | 6 | 7 | 1 | 5 | 4 | 2 | 9 | 3 |
| | | | | | | 3 | 7 | 8 | 9 | 6 | 2 | 4 | 5 | 1 | | | | | | |
| | | | | | | 2 | 1 | 4 | 5 | 8 | 3 | 9 | 7 | 6 | | | | | | |
| | | | | | | 5 | 6 | 9 | 1 | 4 | 7 | 2 | 3 | 8 | | | | | | |
| 6 | 5 | 4 | 1 | 3 | 9 | 7 | 8 | 2 | 4 | 5 | 1 | 6 | 9 | 3 | 8 | 2 | 5 | 1 | 7 | 4 |
| 3 | 1 | 9 | 2 | 7 | 8 | 6 | 4 | 5 | 8 | 3 | 9 | 7 | 1 | 2 | 6 | 3 | 4 | 8 | 5 | 9 |
| 7 | 8 | 2 | 6 | 5 | 4 | 9 | 3 | 1 | 7 | 2 | 6 | 5 | 8 | 4 | 7 | 9 | 1 | 6 | 2 | 3 |
| 2 | 4 | 6 | 7 | 8 | 5 | 3 | 1 | 9 | | | | 8 | 2 | 5 | 3 | 6 | 9 | 7 | 4 | 1 |
| 8 | 3 | 7 | 9 | 2 | 1 | 4 | 5 | 6 | | | | 9 | 4 | 6 | 1 | 7 | 8 | 2 | 3 | 5 |
| 5 | 9 | 1 | 4 | 6 | 3 | 2 | 7 | 8 | | | | 1 | 3 | 7 | 5 | 4 | 2 | 9 | 6 | 8 |
| 4 | 2 | 5 | 3 | 1 | 6 | 8 | 9 | 7 | | | | 2 | 6 | 8 | 4 | 1 | 3 | 5 | 9 | 7 |
| 1 | 6 | 3 | 8 | 9 | 7 | 5 | 2 | 4 | | | | 3 | 5 | 9 | 2 | 8 | 7 | 4 | 1 | 6 |
| 9 | 7 | 8 | 5 | 4 | 2 | 1 | 6 | 3 | | | | 4 | 7 | 1 | 9 | 5 | 6 | 3 | 8 | 2 |

60

| | | | | | | | | | | | | | | | | | | | | |
|---|---|---|---|---|---|---|---|---|---|---|---|---|---|---|---|---|---|---|---|---|
| | | | 4 | | | 1 | | | | | | 8 | 2 | | 4 | 9 | 7 | | | 1 |
| | 4 | | 9 | | 8 | | | | | | | | | | 2 | | | | | |
| 5 | | 3 | | 2 | | | | | | | | 9 | 1 | 6 | | | | | | |
| 6 | 2 | 8 | 1 | | | | | | | | | | | 9 | | 7 | | | | |
| | | | | | | | | 2 | | | | 5 | | | | 8 | | | | 6 |
| | | 1 | | 6 | | | 8 | | | | | 6 | | | | | 5 | | | 4 |
| | 8 | | 5 | | | | | 9 | | 5 | | | | | | | | 1 | 5 | |
| 4 | | | | | | | | | | | 9 | | | 8 | | 6 | | | | |
| 7 | | | | | 9 | | | | | | | | | | | | | | | 7 |
| | | | | | | | | 3 | | 8 | | | | | | | | | | |
| | | | | | | | 8 | | 4 | 2 | | 5 | | 3 | | | | | | |
| | | | | | | | | | | | | | | | | | | | | |
| | | 1 | | | | | | | 1 | | | | | | | | | | 9 | |
| | | | | | | | | | | | | 3 | | 7 | | | | | 2 | |
| | | | 6 | | 8 | | | | | | | | | 1 | | | | 7 | | |
| | | | 5 | 4 | | | | | | | | | | 6 | | 8 | | | | |
| | | | 8 | | | | | 2 | | | | | | | | | | | 7 | 5 |
| 9 | 3 | | | 7 | | 6 | | | | | | | | | 1 | | | 2 | | 3 |
| | 6 | | | | | | 1 | 9 | | | | | | 3 | 4 | | 5 | 8 | | |
| | 4 | | | 6 | 1 | | | | | | | 4 | | | 6 | 9 | | | | |
| | | 5 | 9 | | | 8 | | 7 | | | | 5 | | | | | 1 | | | 2 |

63

| | | | | | | | | | | | | | | | | | | | | |
|---|---|---|---|---|---|---|---|---|---|---|---|---|---|---|---|---|---|---|---|---|
| 8 | 9 | 6 | 3 | 7 | 4 | 1 | 2 | 5 | | | | 1 | 6 | 4 | 5 | 8 | 3 | 9 | 2 | 7 |
| 7 | 4 | 5 | 1 | 9 | 2 | 6 | 3 | 8 | | | | 3 | 7 | 2 | 1 | 6 | 9 | 5 | 4 | 8 |
| 3 | 1 | 2 | 5 | 6 | 8 | 7 | 9 | 4 | | | | 5 | 9 | 8 | 2 | 7 | 4 | 1 | 6 | 3 |
| 5 | 6 | 8 | 7 | 2 | 3 | 4 | 1 | 9 | | | | 8 | 4 | 5 | 3 | 1 | 2 | 6 | 7 | 9 |
| 9 | 3 | 7 | 8 | 4 | 1 | 2 | 5 | 6 | | | | 6 | 1 | 3 | 7 | 9 | 8 | 4 | 5 | 2 |
| 1 | 2 | 4 | 9 | 5 | 6 | 8 | 7 | 3 | | | | 7 | 2 | 9 | 6 | 4 | 5 | 8 | 3 | 1 |
| 4 | 7 | 1 | 6 | 3 | 5 | 9 | 8 | 2 | 6 | 3 | 1 | 4 | 5 | 7 | 8 | 3 | 1 | 2 | 9 | 6 |
| 2 | 8 | 3 | 4 | 1 | 9 | 5 | 6 | 7 | 8 | 4 | 9 | 2 | 3 | 1 | 9 | 5 | 6 | 7 | 8 | 4 |
| 6 | 5 | 9 | 2 | 8 | 7 | 3 | 4 | 1 | 5 | 7 | 2 | 9 | 8 | 6 | 4 | 2 | 7 | 3 | 1 | 5 |
| | | | | | | 1 | 3 | 6 | 4 | 8 | 7 | 5 | 9 | 2 | | | | | | |
| | | | | | | 7 | 9 | 8 | 2 | 5 | 6 | 3 | 1 | 4 | | | | | | |
| | | | | | | 2 | 5 | 4 | 1 | 9 | 3 | 6 | 7 | 8 | | | | | | |
| 4 | 8 | 1 | 3 | 2 | 9 | 6 | 7 | 5 | 3 | 1 | 4 | 8 | 2 | 9 | 1 | 7 | 5 | 6 | 3 | 4 |
| 5 | 6 | 3 | 4 | 1 | 7 | 8 | 2 | 9 | 7 | 6 | 5 | 1 | 4 | 3 | 8 | 6 | 2 | 7 | 5 | 9 |
| 9 | 2 | 7 | 8 | 5 | 6 | 4 | 1 | 3 | 9 | 2 | 8 | 7 | 6 | 5 | 3 | 9 | 4 | 1 | 2 | 8 |
| 6 | 3 | 4 | 1 | 7 | 8 | 9 | 5 | 2 | | | | 5 | 1 | 2 | 9 | 3 | 8 | 4 | 6 | 7 |
| 2 | 7 | 9 | 6 | 4 | 5 | 1 | 3 | 8 | | | | 6 | 9 | 4 | 5 | 2 | 7 | 3 | 8 | 1 |
| 8 | 1 | 5 | 9 | 3 | 2 | 7 | 4 | 6 | | | | 3 | 8 | 7 | 6 | 4 | 1 | 5 | 9 | 2 |
| 7 | 4 | 6 | 5 | 8 | 3 | 2 | 9 | 1 | | | | 2 | 3 | 1 | 7 | 5 | 9 | 8 | 4 | 6 |
| 3 | 9 | 2 | 7 | 6 | 1 | 5 | 8 | 4 | | | | 9 | 5 | 8 | 4 | 1 | 6 | 2 | 7 | 3 |
| 1 | 5 | 8 | 2 | 9 | 4 | 3 | 6 | 7 | | | | 4 | 7 | 6 | 2 | 8 | 3 | 9 | 1 | 5 |

61

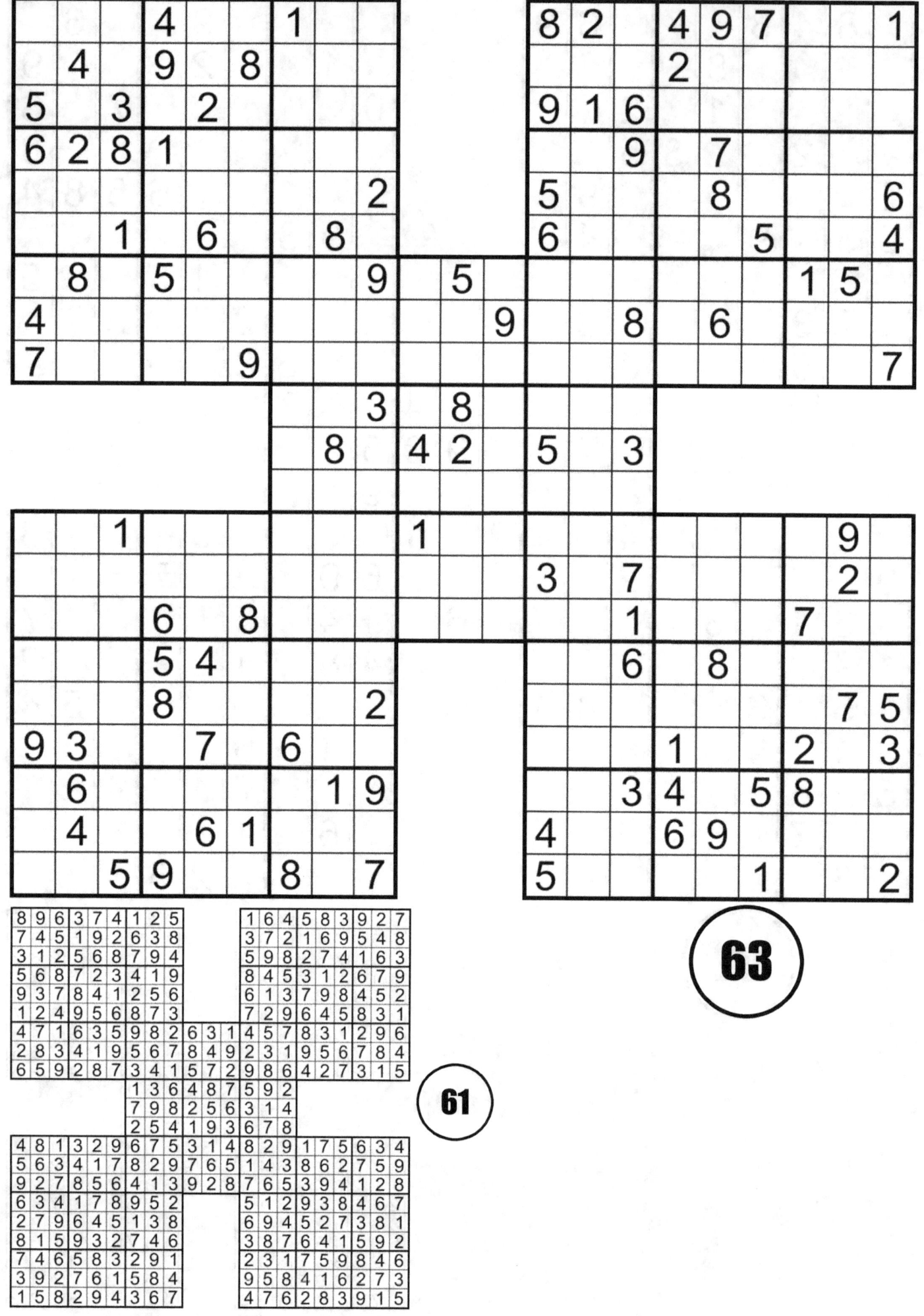

| | | | | | | | | | | | | | | | | | | | | |
|---|---|---|---|---|---|---|---|---|---|---|---|---|---|---|---|---|---|---|---|---|
| | | 8 | 9 | | 2 | | | | | | | | | 1 | | | | | 2 | 3 |
| | | 2 | | 8 | | 6 | | | | | | | | | | 8 | | | | |
| | 4 | | 3 | | 1 | 8 | | | | | | | | | | 2 | | 4 | 5 | |
| 3 | | | | | | | | 7 | | | | | | 6 | 5 | 4 | | | | 8 |
| 6 | | 4 | | | 9 | | | 1 | | | | | 8 | | | | | | 9 | |
| | 9 | 5 | | | | | | | | | | | 2 | | | | | 7 | | |
| | | | | | | | | | | | 9 | | | 5 | | | | | | 2 |
| | | | 1 | | | 2 | | 4 | | | | | 7 | | | 6 | 4 | | | |
| 4 | | | | | 6 | | 3 | | | | | | | 8 | | 3 | | | | |
| | | | | | | | | | | 4 | 8 | | | | | | | | | |
| | | | | | | | | | | | | 7 | | 1 | | | | | | |
| | | | | | | | 2 | | | | | 4 | | | | | | | | |
| | | | 7 | 9 | | | | | 9 | | 2 | | | | | | | | | |
| 7 | 4 | | 8 | | | | | | | | | | | | 9 | 7 | 1 | | | 8 |
| | | 9 | | | | | | | 1 | | | 6 | | | | 8 | | 1 | | |
| | | | 2 | | | 1 | | | | | | | | | | 6 | 4 | 7 | | |
| | | | | | | | 6 | 7 | | | | | | | | | | | 4 | |
| 5 | | | 9 | 1 | | | | | | | | | | 1 | | | 2 | | | 6 |
| | 8 | 4 | 1 | | 7 | 3 | | | | | | | | 3 | | 2 | | | 5 | |
| | 5 | 3 | | 8 | | | 9 | | | | | | 5 | | 8 | | | | | 7 |
| 1 | | 6 | | | | | | | | | | | | | 6 | | 7 | 9 | | |

64

| | | | | | | | | | | | | | | | | | | | | |
|---|---|---|---|---|---|---|---|---|---|---|---|---|---|---|---|---|---|---|---|---|
| 2 | 8 | 4 | 3 | 5 | 7 | 1 | 6 | 9 | | | | 5 | 4 | 2 | 3 | 9 | 7 | 1 | 6 | 8 |
| 7 | 9 | 1 | 2 | 8 | 6 | 4 | 3 | 5 | | | | 3 | 1 | 7 | 6 | 2 | 8 | 4 | 5 | 9 |
| 3 | 5 | 6 | 4 | 1 | 9 | 2 | 7 | 8 | | | | 9 | 8 | 6 | 5 | 4 | 1 | 7 | 2 | 3 |
| 9 | 4 | 2 | 6 | 3 | 8 | 5 | 1 | 7 | | | | 7 | 5 | 4 | 1 | 8 | 2 | 9 | 3 | 6 |
| 1 | 6 | 7 | 5 | 4 | 2 | 8 | 9 | 3 | | | | 2 | 3 | 1 | 9 | 7 | 6 | 5 | 8 | 4 |
| 5 | 3 | 8 | 9 | 7 | 1 | 6 | 4 | 2 | | | | 6 | 9 | 8 | 4 | 3 | 5 | 2 | 7 | 1 |
| 4 | 2 | 9 | 8 | 6 | 3 | 7 | 5 | 1 | 3 | 4 | 6 | 8 | 2 | 9 | 7 | 1 | 3 | 6 | 4 | 5 |
| 6 | 7 | 3 | 1 | 2 | 5 | 9 | 8 | 4 | 5 | 2 | 7 | 1 | 6 | 3 | 2 | 5 | 4 | 8 | 9 | 7 |
| 8 | 1 | 5 | 7 | 9 | 4 | 3 | 2 | 6 | 1 | 8 | 9 | 4 | 7 | 5 | 8 | 6 | 9 | 3 | 1 | 2 |
| | | | | | | 6 | 3 | 9 | 8 | 5 | 4 | 2 | 1 | 7 | | | | | | |
| | | | | | | 1 | 4 | 2 | 7 | 9 | 3 | 5 | 8 | 6 | | | | | | |
| | | | | | | 8 | 7 | 5 | 6 | 1 | 2 | 9 | 3 | 4 | | | | | | |
| 7 | 2 | 3 | 5 | 1 | 9 | 4 | 6 | 8 | 9 | 3 | 1 | 7 | 5 | 2 | 4 | 6 | 1 | 3 | 9 | 8 |
| 9 | 8 | 5 | 4 | 6 | 7 | 2 | 1 | 3 | 4 | 7 | 5 | 6 | 9 | 8 | 2 | 3 | 7 | 5 | 4 | 1 |
| 4 | 6 | 1 | 8 | 3 | 2 | 5 | 9 | 7 | 2 | 6 | 8 | 3 | 4 | 1 | 5 | 9 | 8 | 2 | 6 | 7 |
| 2 | 7 | 4 | 1 | 8 | 5 | 6 | 3 | 9 | | | | 4 | 8 | 3 | 1 | 5 | 9 | 6 | 7 | 2 |
| 8 | 5 | 9 | 3 | 2 | 6 | 7 | 4 | 1 | | | | 9 | 7 | 6 | 3 | 8 | 2 | 1 | 5 | 4 |
| 3 | 1 | 6 | 9 | 7 | 4 | 8 | 2 | 5 | | | | 2 | 1 | 5 | 6 | 7 | 4 | 9 | 8 | 3 |
| 5 | 9 | 8 | 2 | 4 | 1 | 3 | 7 | 6 | | | | 8 | 2 | 9 | 7 | 1 | 5 | 4 | 3 | 6 |
| 1 | 4 | 7 | 6 | 5 | 3 | 9 | 8 | 2 | | | | 1 | 6 | 7 | 9 | 4 | 3 | 8 | 2 | 5 |
| 6 | 3 | 2 | 7 | 9 | 8 | 1 | 5 | 4 | | | | 5 | 3 | 4 | 8 | 2 | 6 | 7 | 1 | 9 |

62

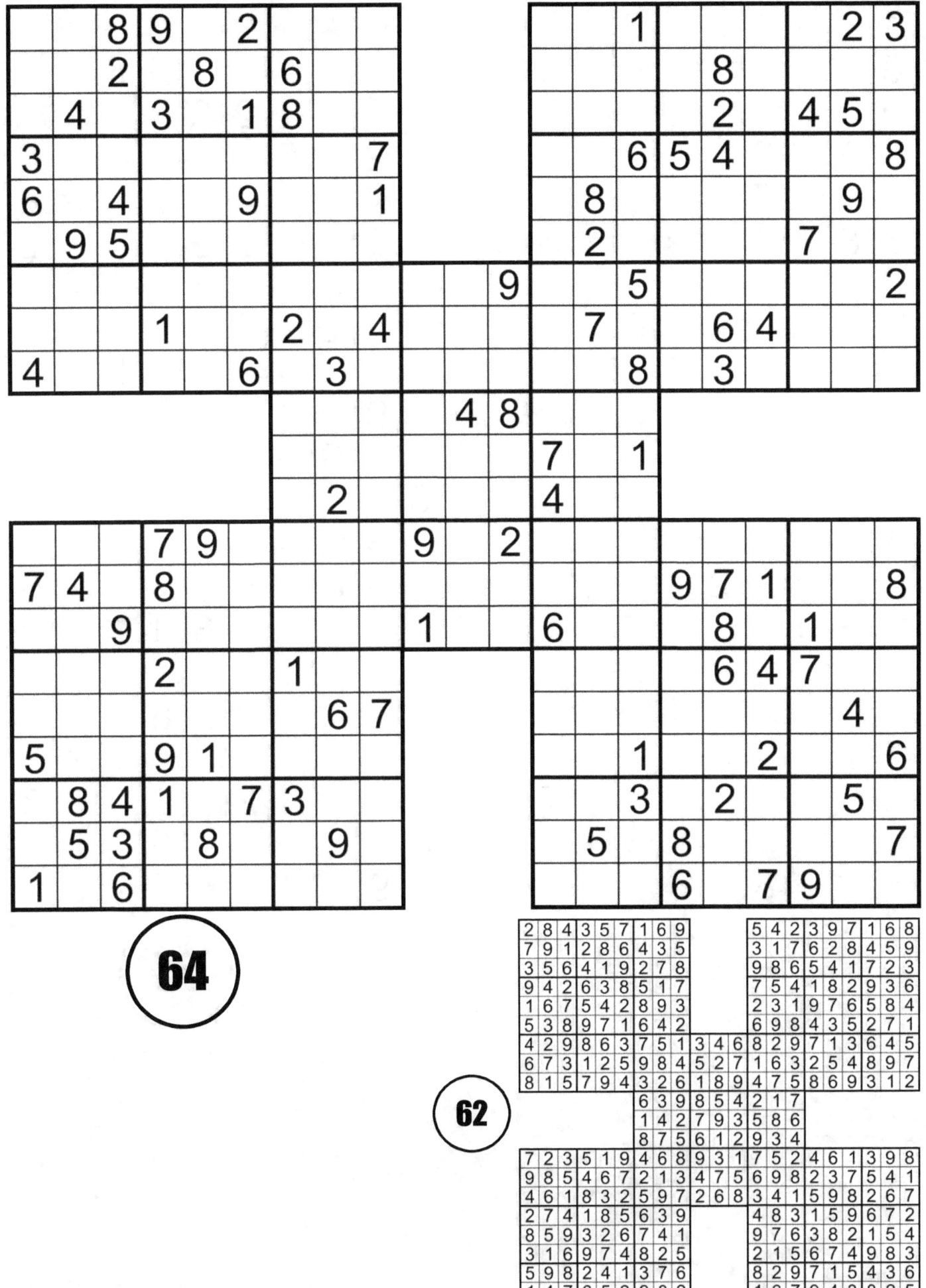

| | | | | | | | | | | | | | | | | | | | | |
|---|---|---|---|---|---|---|---|---|---|---|---|---|---|---|---|---|---|---|---|---|
| 1 | | | | | | 8 | | | | | | | | | 9 | | 6 | | | |
| 8 | | | | 2 | | | | 9 | | | | | | | | | 4 | 8 | | |
| 9 | 3 | | | | 1 | | | | | | | | | | 2 | 3 | | | | |
| | 5 | | 8 | | | | | 4 | | | | 2 | | 5 | | | | | | 8 |
| | 9 | | 7 | | | | | | | | | | | | 4 | | 7 | | 9 | 6 |
| 7 | 8 | | | | 9 | | | 5 | | | | 7 | | | | 9 | | | | 2 |
| 2 | | | | | | | | | 2 | 1 | | | 3 | | | 1 | | 7 | 4 | |
| | | | | 3 | | 6 | | | | | 3 | | 2 | | | | | | | |
| | | | | | 6 | | | | | | | | | 9 | | | | 3 | | |
| | | | | | | 8 | | 2 | | 5 | | 9 | | 4 | | | | | | |
| | | | | | | | | | 3 | | 6 | | 5 | | | | | | | |
| | | | | | | | | | | | 9 | | | | | | | | | |
| 1 | | | | | | | 8 | | | | | 4 | | | | 7 | | 8 | | |
| | | | | 2 | | | 6 | | | | | 3 | 8 | | 5 | | | | | 6 |
| | 5 | 9 | 4 | | 7 | | | | | 8 | | | | | | 8 | 1 | | | |
| | | | 9 | | | 3 | | | | | | | | 1 | | | | 2 | | |
| 2 | | | | 4 | 1 | | 7 | | | | | | 4 | 7 | | | 8 | | | |
| 5 | 7 | | | 6 | | | | | | | | | | | | | | | 7 | |
| | | 2 | | | | | | 7 | | | | | | 8 | 2 | | 7 | | 6 | 3 |
| | | | | | | 5 | | | | | | | | | | | 5 | | | |
| | | | 8 | | 6 | | | | | | | 9 | | 3 | | | | | 5 | |

**65**

| | | | | | | | | | | | | | | | | | | | | |
|---|---|---|---|---|---|---|---|---|---|---|---|---|---|---|---|---|---|---|---|---|
| 8 | 6 | 2 | 4 | 7 | 3 | 1 | 9 | 5 | | | | 8 | 2 | 3 | 4 | 9 | 7 | 5 | 6 | 1 |
| 1 | 4 | 7 | 9 | 5 | 8 | 2 | 3 | 6 | | | | 4 | 5 | 7 | 2 | 1 | 6 | 8 | 9 | 3 |
| 5 | 9 | 3 | 6 | 2 | 1 | 7 | 4 | 8 | | | | 9 | 1 | 6 | 3 | 5 | 8 | 7 | 4 | 2 |
| 6 | 2 | 8 | 1 | 4 | 7 | 9 | 5 | 3 | | | | 3 | 8 | 9 | 6 | 7 | 4 | 2 | 1 | 5 |
| 3 | 7 | 4 | 8 | 9 | 5 | 6 | 1 | 2 | | | | 5 | 4 | 2 | 1 | 8 | 3 | 9 | 7 | 6 |
| 9 | 5 | 1 | 3 | 6 | 2 | 4 | 8 | 7 | | | | 6 | 7 | 1 | 9 | 2 | 5 | 3 | 8 | 4 |
| 2 | 8 | 6 | 5 | 1 | 4 | 3 | 7 | 9 | 8 | 5 | 1 | 2 | 6 | 4 | 7 | 3 | 9 | 1 | 5 | 8 |
| 4 | 3 | 9 | 7 | 8 | 6 | 5 | 2 | 1 | 6 | 4 | 9 | 7 | 3 | 8 | 5 | 6 | 1 | 4 | 2 | 9 |
| 7 | 1 | 5 | 2 | 3 | 9 | 8 | 6 | 4 | 3 | 7 | 2 | 1 | 9 | 5 | 8 | 4 | 2 | 6 | 3 | 7 |
| | | | | | | 6 | 1 | 3 | 5 | 8 | 7 | 4 | 2 | 9 | | | | | | |
| | | | | | | 9 | 8 | 7 | 4 | 2 | 6 | 5 | 1 | 3 | | | | | | |
| | | | | | | 4 | 5 | 2 | 9 | 1 | 3 | 8 | 7 | 6 | | | | | | |
| 6 | 2 | 1 | 4 | 5 | 3 | 7 | 9 | 8 | 1 | 3 | 4 | 6 | 5 | 2 | 7 | 1 | 8 | 3 | 9 | 4 |
| 5 | 8 | 3 | 2 | 9 | 7 | 1 | 4 | 6 | 2 | 9 | 5 | 3 | 8 | 7 | 9 | 5 | 4 | 1 | 2 | 6 |
| 4 | 9 | 7 | 6 | 1 | 8 | 2 | 3 | 5 | 7 | 6 | 8 | 9 | 4 | 1 | 3 | 6 | 2 | 7 | 5 | 8 |
| 2 | 7 | 6 | 5 | 4 | 9 | 3 | 8 | 1 | | | | 2 | 3 | 6 | 5 | 8 | 7 | 9 | 4 | 1 |
| 1 | 5 | 4 | 8 | 3 | 6 | 9 | 7 | 2 | | | | 8 | 1 | 4 | 2 | 3 | 9 | 6 | 7 | 5 |
| 9 | 3 | 8 | 1 | 7 | 2 | 6 | 5 | 4 | | | | 7 | 9 | 5 | 1 | 4 | 6 | 2 | 8 | 3 |
| 7 | 6 | 2 | 3 | 8 | 5 | 4 | 1 | 9 | | | | 1 | 7 | 3 | 4 | 2 | 5 | 8 | 6 | 9 |
| 8 | 4 | 9 | 7 | 6 | 1 | 5 | 2 | 3 | | | | 4 | 2 | 8 | 6 | 9 | 3 | 5 | 1 | 7 |
| 3 | 1 | 5 | 9 | 2 | 4 | 8 | 6 | 7 | | | | 5 | 6 | 9 | 8 | 7 | 1 | 4 | 3 | 2 |

**63**

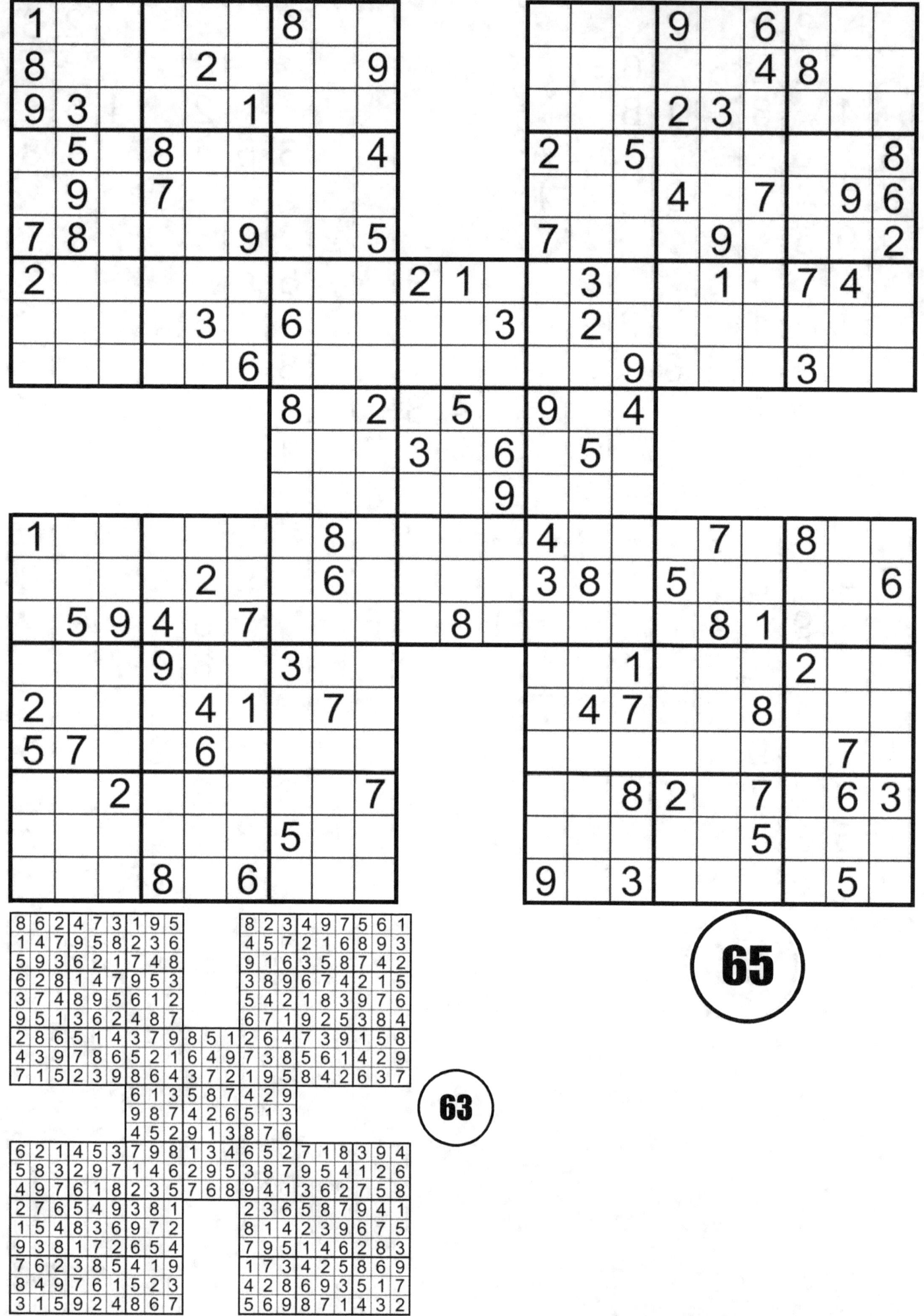

| | | | | | | | | | | | | | | | | | | | | |
|---|---|---|---|---|---|---|---|---|---|---|---|---|---|---|---|---|---|---|---|---|
| 4 | | | 8 | | | | | 1 | | | | 6 | | | | 4 | | | | |
| 5 | | 3 | | 2 | | | 7 | | | | | 5 | 2 | | | | | | | 8 |
| | | 7 | 5 | | | 6 | | | | | | | 3 | 7 | | | | 1 | | |
| 7 | | 6 | | 5 | | 3 | | | | | | | | | 2 | 8 | 3 | | | 4 |
| | | | | | | | | | | | | 8 | 7 | | | | | | | |
| 2 | 8 | | | | 3 | | | | | | | | 4 | | | | | | | |
| 3 | 7 | 1 | | | | | | | 5 | | | | | 3 | | 5 | 8 | | | 2 |
| | | | | | 8 | | | | | | 2 | 7 | | 6 | | 1 | | | | |
| | | 8 | | | | | | | | | | | | | 4 | 9 | | | | |
| | | | | | | 1 | | | | | 7 | | | | | | | | | |
| | | | | | | | | 5 | | | | 1 | | 4 | | | | | | |
| | | | | | | 2 | | | | 9 | | | | | | | | | | |
| 3 | | 5 | | 9 | 6 | | | 4 | | | | 6 | | | | | | | | 5 |
| | | | | | | | | | | 3 | | | | 7 | | | 2 | | | |
| | 8 | | | | | | | | | | | | | 9 | 7 | 1 | | | | |
| | 5 | | | 8 | 3 | 4 | 6 | | | | | | | 2 | | | | 6 | | |
| 4 | | 3 | | 6 | | | | | | | | | | | 3 | | 8 | | 5 | |
| | | 9 | | 1 | 4 | 5 | 7 | | | | | | | | | | | | 8 | 3 |
| | 1 | | | 2 | | | | | | | | | | | | 5 | | | 7 | |
| 7 | | | | | 1 | | | | | | | | 1 | 6 | | 8 | | | | |
| | | 2 | | 5 | | | | | | | | | 5 | | 1 | | 9 | | 3 | |

66

| | | | | | | | | | | | | | | | | | | | | |
|---|---|---|---|---|---|---|---|---|---|---|---|---|---|---|---|---|---|---|---|---|
| 1 | 3 | 8 | 9 | 6 | 2 | 4 | 7 | 5 | | | | 6 | 9 | 1 | 4 | 5 | 7 | 8 | 2 | 3 |
| 9 | 7 | 2 | 4 | 8 | 5 | 6 | 1 | 3 | | | | 4 | 5 | 2 | 9 | 8 | 3 | 6 | 1 | 7 |
| 5 | 4 | 6 | 3 | 7 | 1 | 8 | 9 | 2 | | | | 8 | 3 | 7 | 6 | 2 | 1 | 4 | 5 | 9 |
| 3 | 2 | 1 | 6 | 5 | 8 | 9 | 4 | 7 | | | | 7 | 1 | 6 | 5 | 4 | 9 | 2 | 3 | 8 |
| 6 | 8 | 4 | 7 | 3 | 9 | 5 | 2 | 1 | | | | 5 | 8 | 4 | 3 | 7 | 2 | 1 | 9 | 6 |
| 7 | 9 | 5 | 2 | 1 | 4 | 3 | 6 | 8 | | | | 3 | 2 | 9 | 8 | 1 | 6 | 7 | 4 | 5 |
| 2 | 1 | 9 | 5 | 4 | 3 | 7 | 8 | 6 | 3 | 2 | 9 | 1 | 4 | 5 | 7 | 9 | 8 | 3 | 6 | 2 |
| 8 | 6 | 3 | 1 | 9 | 7 | 2 | 5 | 4 | 8 | 1 | 6 | 9 | 7 | 3 | 2 | 6 | 4 | 5 | 8 | 1 |
| 4 | 5 | 7 | 8 | 2 | 6 | 1 | 3 | 9 | 4 | 7 | 5 | 2 | 6 | 8 | 1 | 3 | 5 | 9 | 7 | 4 |
| | | | | | | 5 | 6 | 1 | 7 | 4 | 8 | 3 | 9 | 2 | | | | | | |
| | | | | | | 4 | 9 | 8 | 2 | 6 | 3 | 7 | 5 | 1 | | | | | | |
| | | | | | | 3 | 2 | 7 | 5 | 9 | 1 | 4 | 8 | 6 | | | | | | |
| 8 | 3 | 2 | 7 | 9 | 1 | 6 | 4 | 5 | 9 | 3 | 2 | 8 | 1 | 7 | 2 | 3 | 6 | 4 | 9 | 5 |
| 7 | 4 | 5 | 8 | 6 | 2 | 9 | 1 | 3 | 6 | 8 | 7 | 5 | 2 | 4 | 9 | 7 | 1 | 3 | 6 | 8 |
| 6 | 1 | 9 | 4 | 3 | 5 | 8 | 7 | 2 | 1 | 5 | 4 | 6 | 3 | 9 | 4 | 8 | 5 | 1 | 7 | 2 |
| 4 | 6 | 8 | 2 | 7 | 3 | 1 | 5 | 9 | | | | 2 | 9 | 5 | 3 | 6 | 4 | 7 | 8 | 1 |
| 3 | 9 | 1 | 5 | 4 | 8 | 2 | 6 | 7 | | | | 3 | 7 | 6 | 5 | 1 | 8 | 2 | 4 | 9 |
| 5 | 2 | 7 | 9 | 1 | 6 | 4 | 3 | 8 | | | | 4 | 8 | 1 | 7 | 9 | 2 | 5 | 3 | 6 |
| 9 | 8 | 4 | 1 | 5 | 7 | 3 | 2 | 6 | | | | 7 | 6 | 3 | 1 | 2 | 9 | 8 | 5 | 4 |
| 2 | 5 | 3 | 6 | 8 | 4 | 7 | 9 | 1 | | | | 9 | 5 | 2 | 8 | 4 | 3 | 6 | 1 | 7 |
| 1 | 7 | 6 | 3 | 2 | 9 | 5 | 8 | 4 | | | | 1 | 4 | 8 | 6 | 5 | 7 | 9 | 2 | 3 |

64

| | | | | | | | | | | | | | | | | | | | | |
|---|---|---|---|---|---|---|---|---|---|---|---|---|---|---|---|---|---|---|---|---|
| | | 1 | | 6 | | | | | | | | | 8 | | 7 | | 5 | 3 | 2 | |
| | | 4 | | | 7 | 3 | | | | | | 3 | | | | | | | | |
| | 2 | | | | | 8 | 4 | | | | | 1 | | | | | | 4 | 9 | 6 |
| 5 | | | | | 6 | 2 | | 8 | | | | | | | | | | 1 | | |
| | | | | | | | 1 | | | | | | | | | | | | | 9 |
| | 4 | 8 | 1 | 9 | | 6 | | | | | | | 1 | | 3 | 7 | | | | 4 |
| | 8 | | | | | | | 9 | | 6 | | | | | 6 | | | | | |
| | 9 | | | 5 | 2 | 1 | | | | | | | 2 | | | 1 | | | | 3 |
| 1 | | | 9 | | | | | | 9 | | | | 6 | | 2 | 9 | | 5 | | |
| | | | | | | | | | | | | | 9 | | | | | | | |
| | | | | | | | | | | 2 | 4 | | 5 | 7 | | | | | | |
| | | | | | | 6 | | 8 | | | 5 | 4 | | | | | | | | |
| | 5 | | | | 9 | | | | | 5 | | | | | | | 8 | | | |
| | 1 | | 6 | 7 | | | | | | | 9 | | | | | | | | | 5 |
| | 6 | | 5 | | 4 | | | 7 | | 1 | | | | | | | | 4 | | 6 |
| 7 | | | | 9 | | 1 | | | | | | | 1 | | | | | 7 | | |
| | | | | | 5 | | 4 | | | | | | | | 7 | | 6 | | | |
| | | | | | | | | | | | | | | 8 | | 3 | | | 4 | 9 |
| | | | | 3 | | 5 | | | | | | 3 | | | 6 | | | | | |
| 8 | | | | | | | | | | | | | | | | | 4 | | | 2 |
| | | 2 | | | | 9 | 8 | 6 | | | | | 2 | 1 | | 8 | | 5 | | |

67

| | | | | | | | | | | | | | | | | | | | | |
|---|---|---|---|---|---|---|---|---|---|---|---|---|---|---|---|---|---|---|---|---|
| 1 | 2 | 5 | 9 | 7 | 4 | 8 | 6 | 3 | | | | 4 | 5 | 3 | 9 | 8 | 6 | 2 | 1 | 7 |
| 8 | 4 | 6 | 3 | 2 | 5 | 7 | 1 | 9 | | | | 9 | 1 | 2 | 7 | 5 | 4 | 8 | 6 | 3 |
| 9 | 3 | 7 | 6 | 8 | 1 | 4 | 5 | 2 | | | | 8 | 7 | 6 | 2 | 3 | 1 | 9 | 5 | 4 |
| 6 | 5 | 2 | 8 | 1 | 3 | 9 | 7 | 4 | | | | 2 | 9 | 5 | 1 | 6 | 3 | 4 | 7 | 8 |
| 3 | 9 | 4 | 7 | 5 | 2 | 1 | 8 | 6 | | | | 3 | 8 | 1 | 4 | 2 | 7 | 5 | 9 | 6 |
| 7 | 8 | 1 | 4 | 6 | 9 | 2 | 3 | 5 | | | | 7 | 6 | 4 | 8 | 9 | 5 | 1 | 3 | 2 |
| 2 | 6 | 3 | 1 | 4 | 8 | 5 | 9 | 7 | 2 | 1 | 4 | 6 | 3 | 8 | 5 | 1 | 2 | 7 | 4 | 9 |
| 5 | 1 | 9 | 2 | 3 | 7 | 6 | 4 | 8 | 5 | 9 | 3 | 1 | 2 | 7 | 3 | 4 | 9 | 6 | 8 | 5 |
| 4 | 7 | 8 | 5 | 9 | 6 | 3 | 2 | 1 | 7 | 6 | 8 | 5 | 4 | 9 | 6 | 7 | 8 | 3 | 2 | 1 |
| | | | | | | 8 | 3 | 2 | 1 | 5 | 7 | 9 | 6 | 4 | | | | | | |
| | | | | | | 9 | 7 | 4 | 3 | 2 | 6 | 8 | 5 | 1 | | | | | | |
| | | | | | | 1 | 5 | 6 | 8 | 4 | 9 | 2 | 7 | 3 | | | | | | |
| 1 | 2 | 4 | 6 | 3 | 5 | 7 | 8 | 9 | 6 | 3 | 2 | 4 | 1 | 5 | 6 | 7 | 2 | 8 | 3 | 9 |
| 3 | 8 | 7 | 1 | 2 | 9 | 4 | 6 | 5 | 9 | 7 | 1 | 3 | 8 | 2 | 5 | 9 | 4 | 7 | 1 | 6 |
| 6 | 5 | 9 | 4 | 8 | 7 | 2 | 1 | 3 | 4 | 8 | 5 | 7 | 9 | 6 | 3 | 8 | 1 | 5 | 2 | 4 |
| 4 | 6 | 1 | 9 | 7 | 8 | 3 | 5 | 2 | | | | 5 | 3 | 1 | 7 | 6 | 9 | 2 | 4 | 8 |
| 2 | 9 | 3 | 5 | 4 | 1 | 8 | 7 | 6 | | | | 6 | 4 | 7 | 1 | 2 | 8 | 3 | 9 | 5 |
| 5 | 7 | 8 | 2 | 6 | 3 | 9 | 4 | 1 | | | | 8 | 2 | 9 | 4 | 5 | 3 | 6 | 7 | 1 |
| 8 | 1 | 2 | 3 | 5 | 4 | 6 | 9 | 7 | | | | 1 | 5 | 8 | 2 | 4 | 7 | 9 | 6 | 3 |
| 9 | 4 | 6 | 7 | 1 | 2 | 5 | 3 | 8 | | | | 2 | 6 | 4 | 9 | 3 | 5 | 1 | 8 | 7 |
| 7 | 3 | 5 | 8 | 9 | 6 | 1 | 2 | 4 | | | | 9 | 7 | 3 | 8 | 1 | 6 | 4 | 5 | 2 |

65

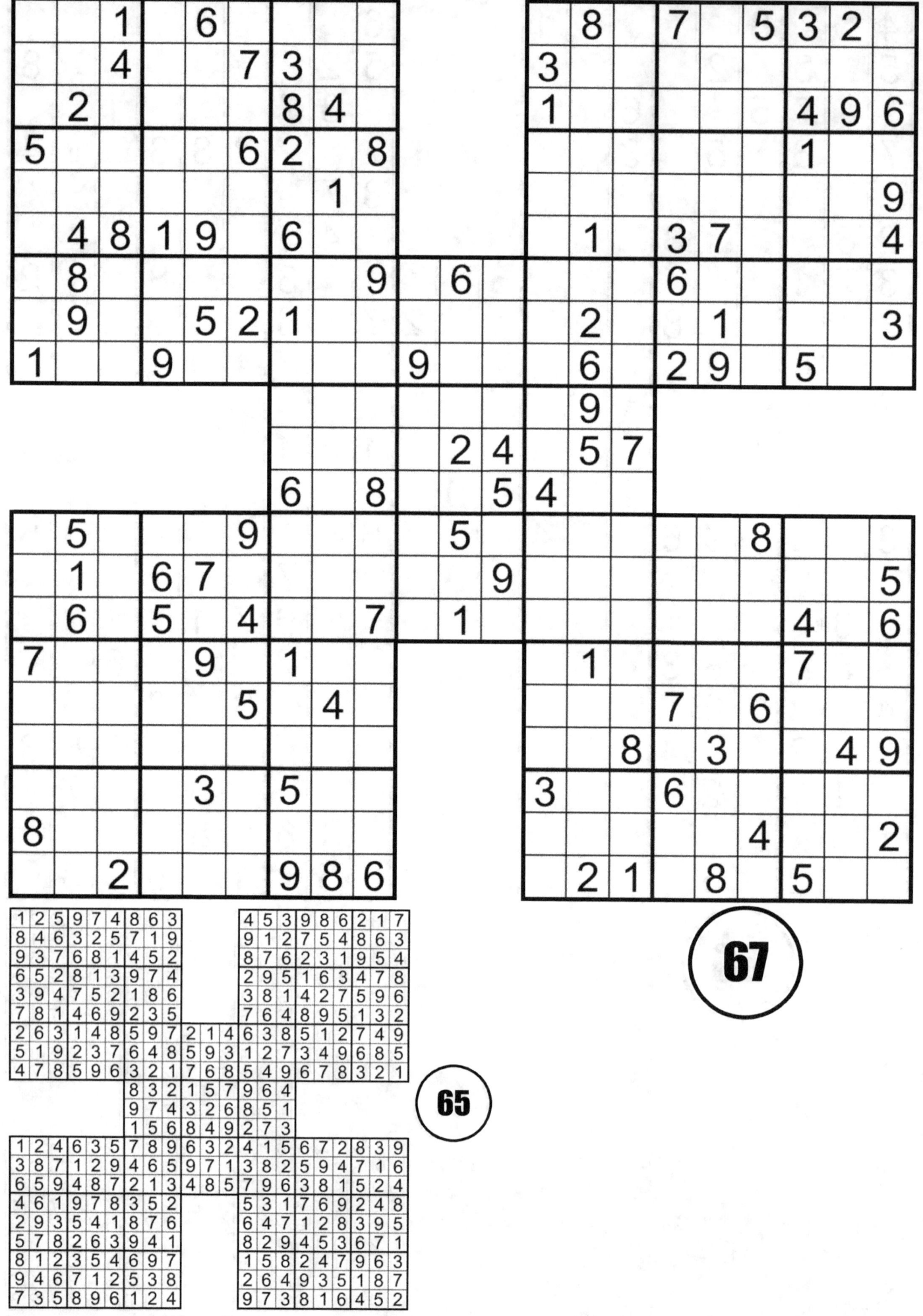

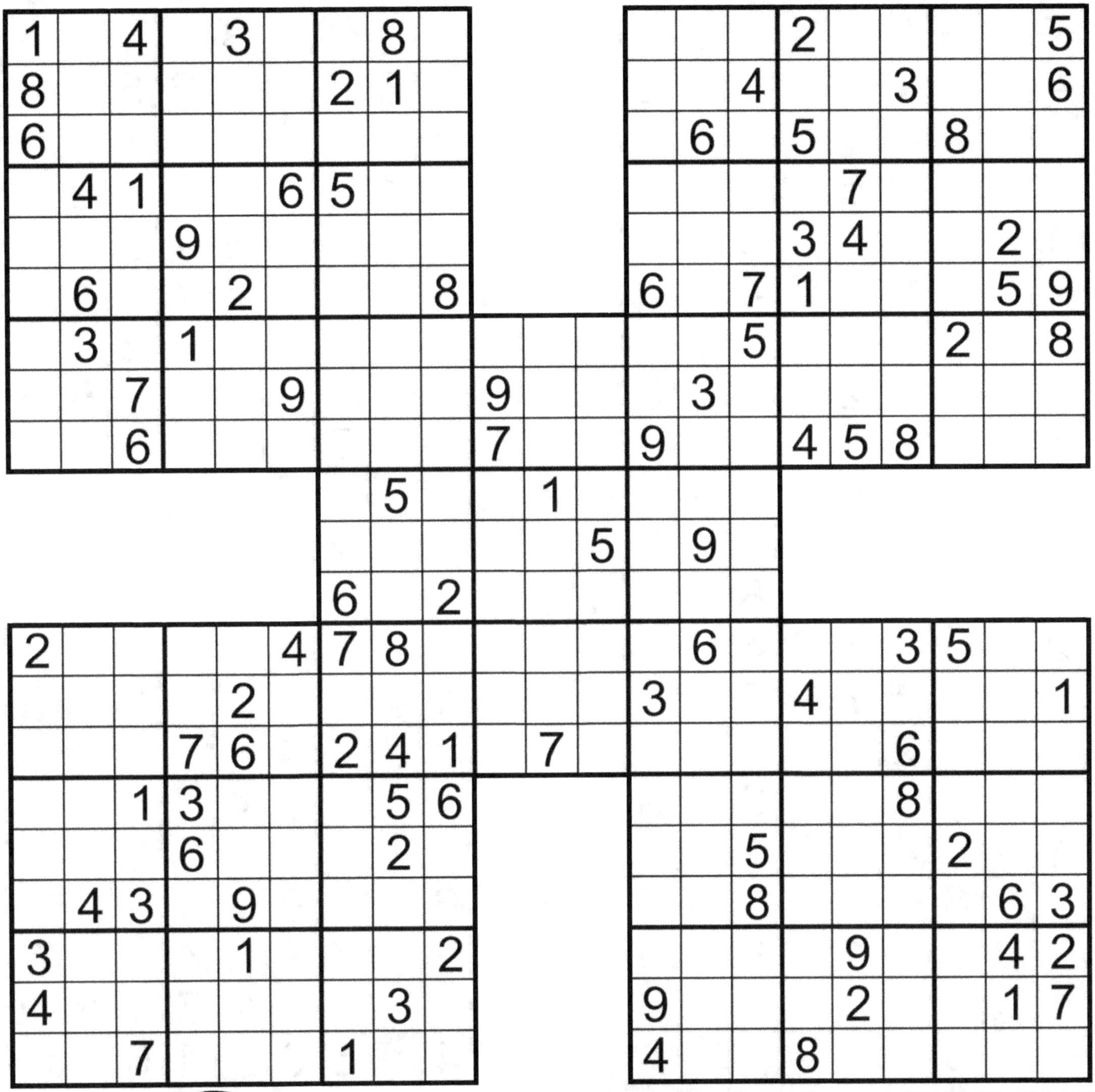

68

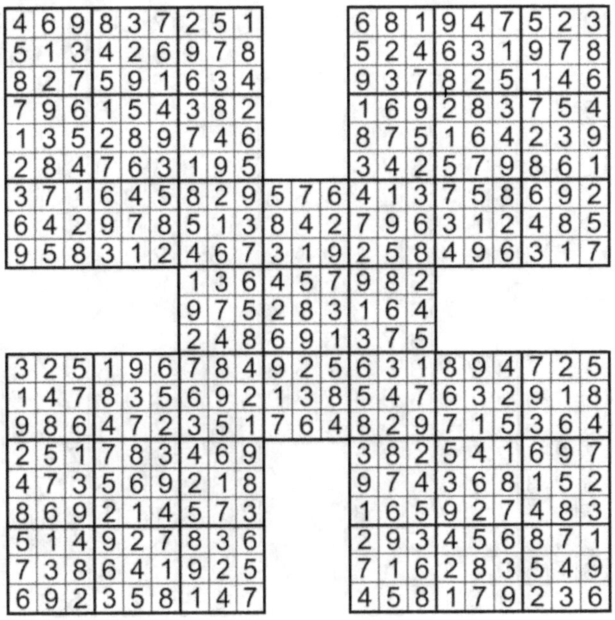

66

| | | | | | | | | | | | | | | | | | | | | |
|---|---|---|---|---|---|---|---|---|---|---|---|---|---|---|---|---|---|---|---|---|
| 7 | | 9 | 5 | | | | 3 | | | | | | | | | 3 | | 1 | | |
| 4 | 5 | | | | | | | 6 | | | | | 3 | | | | 6 | 5 | | |
| | | | | | | 5 | | 7 | | | | 4 | | | 9 | | | 7 | | |
| | | | | 5 | | | | | | | | 8 | 4 | | 1 | | 3 | | 2 | |
| 1 | | | | | | 6 | | | | | | 1 | | | | 8 | | 3 | | |
| 2 | 8 | | 6 | | 3 | 4 | | | | | | | | | | 4 | 7 | | 1 | |
| | 4 | | | 8 | | | 5 | | | | | | 6 | 4 | | | | 2 | | |
| | | 1 | | 2 | | | | 8 | | | | | | | | | | | 6 | 9 |
| 5 | | | 9 | | | | | | | | 5 | | | 7 | | | | | | |
| | | | | | | | 4 | | | | | | | | | | | | | |
| | | | | | | | 1 | 5 | 4 | | | | | 2 | | | | | | |
| | | | | | | 8 | | | 1 | 9 | | | | | | | | | | |
| 2 | | | | 5 | 3 | 4 | | | | | | | | | | | | 2 | | |
| | 9 | | 1 | 7 | | 5 | | | | | | 1 | 4 | | | | | 5 | 7 | 3 |
| | | | 2 | | 4 | | | | | | 4 | | 2 | | 4 | | | | | 9 |
| | | | | | | 8 | | 9 | | | | | | | 7 | 4 | | | 3 | |
| 1 | | | 4 | | | | | | | | | | | | | | | 9 | | |
| | | 6 | | 2 | | | | 7 | | | | 6 | | | 9 | | | | | |
| | 2 | 7 | | 1 | | 9 | | 5 | | | | | | 7 | | | 4 | | | 5 |
| | | | | | | | | | | | | | | 1 | | 9 | 7 | | 8 | |
| | | 5 | | | | | | | | | | 4 | | 5 | 3 | | 1 | 6 | | |

69

| | | | | | | | | | | | | | | | | | | | | |
|---|---|---|---|---|---|---|---|---|---|---|---|---|---|---|---|---|---|---|---|---|
| 8 | 7 | 1 | 4 | 6 | 3 | 9 | 5 | 2 | | | | 6 | 8 | 9 | 7 | 4 | 5 | 3 | 2 | 1 |
| 9 | 5 | 4 | 8 | 2 | 7 | 3 | 6 | 1 | | | | 3 | 4 | 2 | 9 | 6 | 1 | 7 | 8 | 5 |
| 3 | 2 | 6 | 5 | 1 | 9 | 8 | 4 | 7 | | | | 1 | 5 | 7 | 8 | 3 | 2 | 4 | 9 | 6 |
| 5 | 1 | 7 | 3 | 4 | 6 | 2 | 9 | 8 | | | | 5 | 9 | 3 | 4 | 2 | 6 | 1 | 7 | 8 |
| 6 | 3 | 9 | 2 | 7 | 8 | 5 | 1 | 4 | | | | 4 | 7 | 6 | 1 | 5 | 8 | 2 | 3 | 9 |
| 2 | 4 | 8 | 1 | 9 | 5 | 6 | 7 | 3 | | | | 2 | 1 | 8 | 3 | 7 | 9 | 6 | 5 | 4 |
| 7 | 8 | 5 | 6 | 3 | 1 | 4 | 2 | 9 | 1 | 6 | 8 | 7 | 3 | 5 | 6 | 8 | 4 | 9 | 1 | 2 |
| 4 | 9 | 3 | 7 | 5 | 2 | 1 | 8 | 6 | 5 | 3 | 7 | 9 | 2 | 4 | 5 | 1 | 7 | 8 | 6 | 3 |
| 1 | 6 | 2 | 9 | 8 | 4 | 7 | 3 | 5 | 9 | 4 | 2 | 8 | 6 | 1 | 2 | 9 | 3 | 5 | 4 | 7 |
| | | | | | | 5 | 4 | 2 | 6 | 7 | 1 | 3 | 9 | 8 | | | | | | |
| | | | | | | 9 | 1 | 3 | 8 | 2 | 4 | 6 | 5 | 7 | | | | | | |
| | | | | | | 6 | 7 | 8 | 3 | 9 | 5 | 4 | 1 | 2 | | | | | | |
| 4 | 5 | 7 | 3 | 2 | 9 | 8 | 6 | 1 | 7 | 5 | 3 | 2 | 4 | 9 | 5 | 6 | 8 | 3 | 7 | 1 |
| 2 | 1 | 9 | 6 | 7 | 8 | 3 | 5 | 4 | 2 | 8 | 9 | 1 | 7 | 6 | 4 | 9 | 3 | 8 | 2 | 5 |
| 3 | 6 | 8 | 5 | 1 | 4 | 2 | 9 | 7 | 4 | 1 | 6 | 5 | 8 | 3 | 2 | 7 | 1 | 4 | 9 | 6 |
| 7 | 8 | 4 | 2 | 9 | 6 | 1 | 3 | 5 | | | | 4 | 1 | 5 | 8 | 2 | 9 | 7 | 6 | 3 |
| 6 | 2 | 3 | 1 | 8 | 5 | 7 | 4 | 9 | | | | 9 | 3 | 2 | 7 | 4 | 6 | 1 | 5 | 8 |
| 5 | 9 | 1 | 7 | 4 | 3 | 6 | 2 | 8 | | | | 7 | 6 | 8 | 1 | 3 | 5 | 2 | 4 | 9 |
| 9 | 4 | 6 | 8 | 3 | 1 | 5 | 7 | 2 | | | | 3 | 5 | 4 | 6 | 1 | 2 | 9 | 8 | 7 |
| 8 | 7 | 5 | 9 | 6 | 2 | 4 | 1 | 3 | | | | 8 | 9 | 7 | 3 | 5 | 4 | 6 | 1 | 2 |
| 1 | 3 | 2 | 4 | 5 | 7 | 9 | 8 | 6 | | | | 6 | 2 | 1 | 9 | 8 | 7 | 5 | 3 | 4 |

67

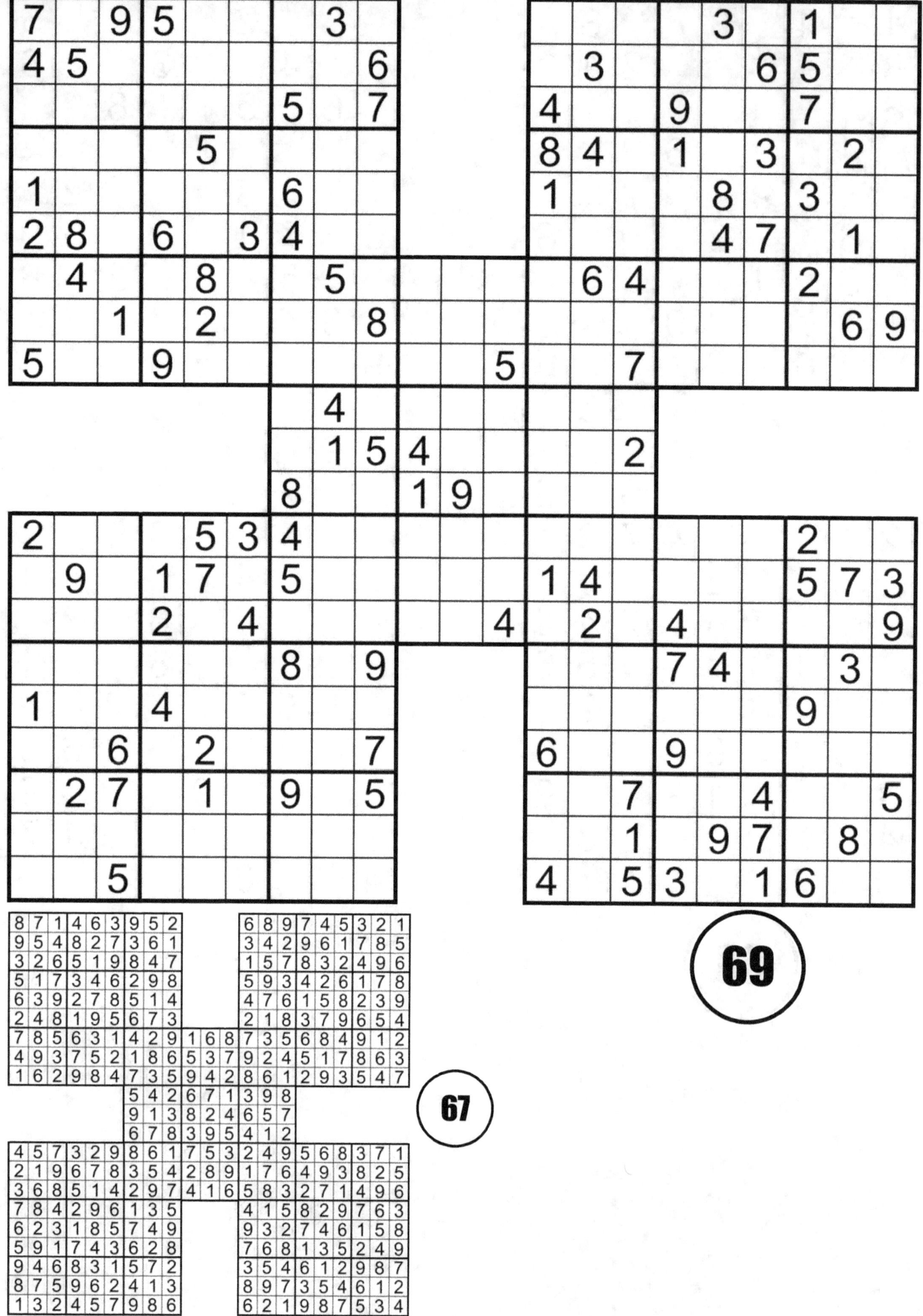

| | | | | | | | | | | | | | | | | | | | | |
|---|---|---|---|---|---|---|---|---|---|---|---|---|---|---|---|---|---|---|---|---|
| | 5 | | | | 2 | | | | | | | | | 4 | 2 | | | 3 | | |
| | | 3 | 8 | 9 | | | | | | | | | 1 | | | | | | | 4 |
| | | | | | 3 | 2 | | | | | | | | | | | | | 8 | |
| 2 | 9 | | | | | 7 | | | | | | | 9 | 2 | | 5 | | | | |
| 6 | | | | | | | 5 | | | | | 7 | 3 | | 6 | 8 | | 4 | | |
| 4 | | | 2 | | | | | 6 | | | | | | | | | 4 | | | 5 |
| 9 | 7 | | | 3 | 6 | | | | | 8 | | | | | | | | | | |
| | | | 9 | | | | | 7 | | | | | | | | 1 | 3 | | 6 | |
| | | | | 7 | 8 | | | | | | 7 | | | | | | 5 | | 9 | |
| | | | | | | 8 | | | | | | 6 | | 4 | | | | | | |
| | | | | | | | | | 5 | | | | 1 | | | | | | | |
| | | | | | | | | 9 | | 3 | | | | | | | | | | |
| | | | | | 9 | | | | 2 | | | | | | 8 | 3 | | | | |
| 2 | | | | | 7 | | 1 | | | | | | | | | | | | | |
| | 5 | | | | | 2 | | | | | | | | 1 | | | | | | |
| 6 | 8 | | | 7 | | 4 | | 1 | | | | | | | | | 2 | 4 | | 7 |
| | | 1 | | | | | | | | | | | | 2 | | 1 | | | | 9 |
| 3 | | | 6 | | 5 | | | | | | | 5 | | | 3 | | 9 | | | 2 |
| | 4 | | | | 2 | | | | | | | 9 | 8 | | | | | | | |
| | | | 1 | | | 8 | | 5 | | | | | 2 | | 4 | | | | | 5 |
| | 6 | | 7 | 4 | | 1 | 2 | | | | | 1 | | | 5 | | | | 3 | |

70

| | | | | | | | | | | | | | | | | | | | | |
|---|---|---|---|---|---|---|---|---|---|---|---|---|---|---|---|---|---|---|---|---|
| 1 | 9 | 4 | 2 | 3 | 5 | 6 | 8 | 7 | | | | 8 | 7 | 9 | 2 | 6 | 4 | 1 | 3 | 5 |
| 8 | 7 | 5 | 6 | 9 | 4 | 2 | 1 | 3 | | | | 2 | 5 | 4 | 8 | 1 | 3 | 9 | 7 | 6 |
| 6 | 2 | 3 | 8 | 1 | 7 | 4 | 5 | 9 | | | | 1 | 6 | 3 | 5 | 9 | 7 | 8 | 4 | 2 |
| 3 | 4 | 1 | 7 | 8 | 6 | 5 | 9 | 2 | | | | 3 | 9 | 2 | 6 | 7 | 5 | 4 | 8 | 1 |
| 2 | 5 | 8 | 9 | 4 | 3 | 7 | 6 | 1 | | | | 5 | 8 | 1 | 3 | 4 | 9 | 6 | 2 | 7 |
| 7 | 6 | 9 | 5 | 2 | 1 | 3 | 4 | 8 | | | | 6 | 4 | 7 | 1 | 8 | 2 | 3 | 5 | 9 |
| 4 | 3 | 2 | 1 | 5 | 8 | 9 | 7 | 6 | 3 | 2 | 8 | 4 | 1 | 5 | 7 | 3 | 6 | 2 | 9 | 8 |
| 5 | 8 | 7 | 3 | 6 | 9 | 1 | 2 | 4 | 9 | 5 | 6 | 7 | 3 | 8 | 9 | 2 | 1 | 5 | 6 | 4 |
| 9 | 1 | 6 | 4 | 7 | 2 | 8 | 3 | 5 | 7 | 4 | 1 | 9 | 2 | 6 | 4 | 5 | 8 | 7 | 1 | 3 |
| | | | | | | 3 | 5 | 8 | 2 | 1 | 9 | 6 | 4 | 7 | | | | | | |
| | | | | | | 4 | 1 | 7 | 8 | 6 | 5 | 2 | 9 | 3 | | | | | | |
| | | | | | | 6 | 9 | 2 | 4 | 3 | 7 | 8 | 5 | 1 | | | | | | |
| 2 | 9 | 6 | 1 | 5 | 4 | 7 | 8 | 3 | 5 | 9 | 2 | 1 | 6 | 4 | 7 | 8 | 3 | 5 | 2 | 9 |
| 1 | 7 | 4 | 8 | 2 | 3 | 5 | 6 | 9 | 1 | 8 | 4 | 3 | 7 | 2 | 4 | 5 | 9 | 6 | 8 | 1 |
| 8 | 3 | 5 | 7 | 6 | 9 | 2 | 4 | 1 | 6 | 7 | 3 | 5 | 8 | 9 | 2 | 1 | 6 | 7 | 3 | 4 |
| 7 | 2 | 1 | 3 | 4 | 8 | 9 | 5 | 6 | | | | 2 | 3 | 1 | 9 | 6 | 8 | 4 | 7 | 5 |
| 9 | 5 | 8 | 6 | 7 | 1 | 3 | 2 | 4 | | | | 6 | 4 | 5 | 1 | 3 | 7 | 2 | 9 | 8 |
| 6 | 4 | 3 | 2 | 9 | 5 | 8 | 1 | 7 | | | | 7 | 9 | 8 | 5 | 4 | 2 | 1 | 6 | 3 |
| 3 | 8 | 9 | 5 | 1 | 6 | 4 | 7 | 2 | | | | 8 | 1 | 7 | 6 | 9 | 5 | 3 | 4 | 2 |
| 4 | 1 | 2 | 9 | 8 | 7 | 6 | 3 | 5 | | | | 9 | 5 | 6 | 3 | 2 | 4 | 8 | 1 | 7 |
| 5 | 6 | 7 | 4 | 3 | 2 | 1 | 9 | 8 | | | | 4 | 2 | 3 | 8 | 7 | 1 | 9 | 5 | 6 |

68

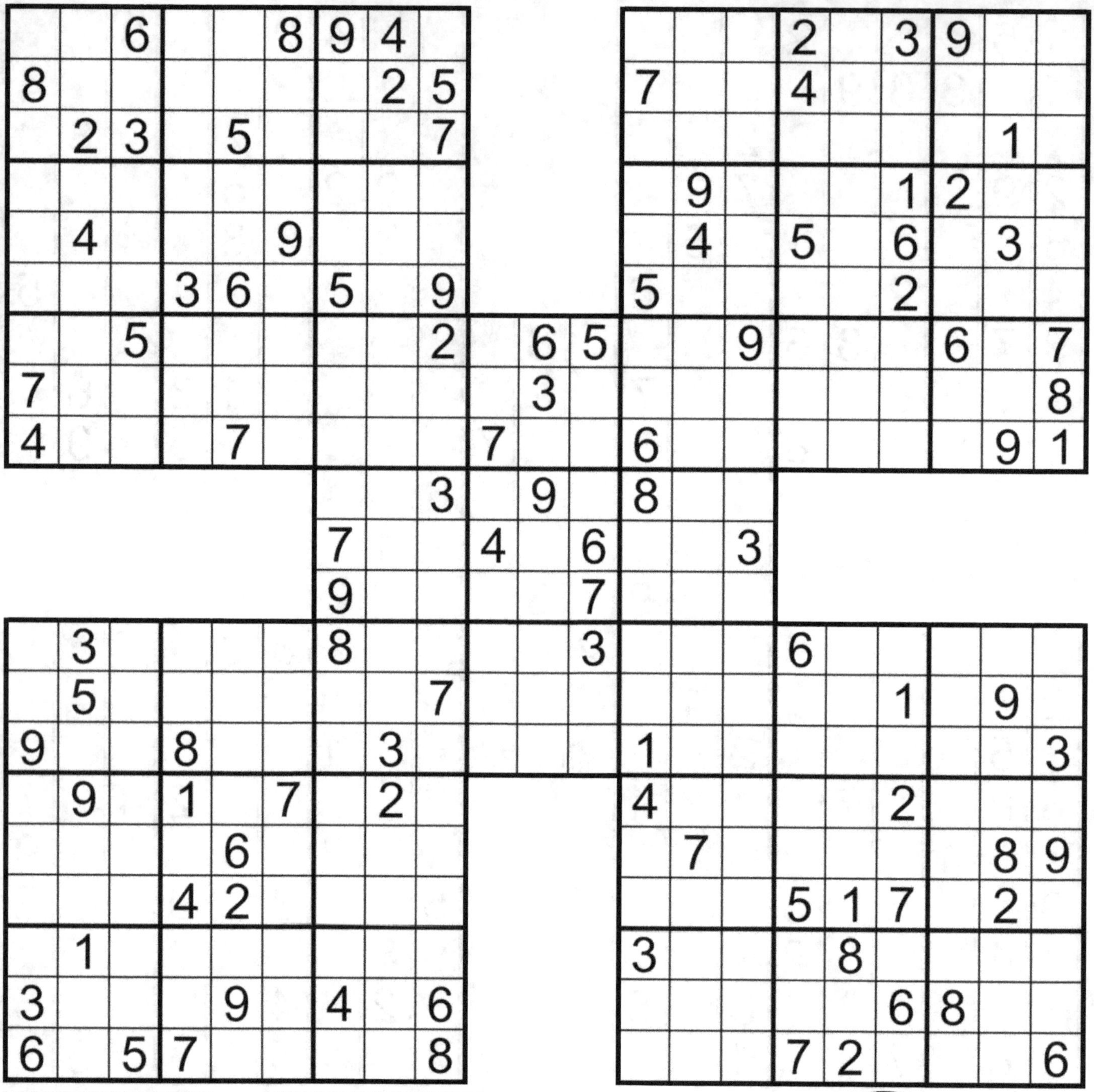

71

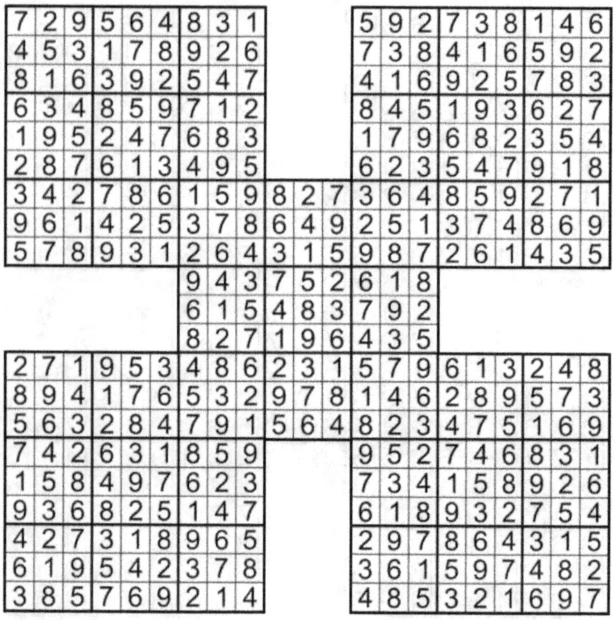

69

| | | | | | | | | | | | | | | | | | | | | |
|---|---|---|---|---|---|---|---|---|---|---|---|---|---|---|---|---|---|---|---|---|
| 9 | | | 8 | | 2 | | 1 | | | | | 5 | | | | | | | 2 | |
| | | | | | | | | | | | | | 3 | | | | 2 | | | |
| 2 | | 1 | 3 | 7 | | | | | | | | 1 | | | | | | | 3 | |
| 4 | | | | | | | 7 | 6 | | | | | | 9 | | | 6 | | | 8 |
| 3 | | | | | | | | 2 | | | | 2 | | 6 | 3 | 8 | | 9 | 7 | |
| | 6 | | | 4 | 9 | | | | | | | 8 | 5 | | | | 9 | | | |
| | | 4 | | | 3 | | | | | | 6 | | 2 | | 9 | | 8 | | | 7 |
| 5 | | | | 9 | | | | | 2 | 9 | | | | | | 4 | | | | |
| | | | | | 6 | | | | | | 1 | | 9 | | 2 | | | | 5 | |
| | | | | | | | | 9 | 7 | | | | | | | | | | | |
| | | | | | | 7 | | | 3 | | 5 | | | 1 | | | | | | |
| | | | | | | 5 | | 6 | | | | | | | | | | | | |
| | | | | | 2 | 4 | | | | | | | | 2 | 8 | | | | | |
| 4 | | | 8 | 1 | | | | 5 | | | | 1 | | | | | | | | |
| 8 | | | | 9 | | 1 | | 3 | | 5 | | | | | | | | 3 | | |
| | 4 | | | | | 5 | 6 | | | | | | | | | 4 | 3 | | | |
| | 5 | 9 | | | | | | | | | | | 2 | | | 5 | 6 | | | 4 |
| 3 | | | 4 | | | | | 1 | | | | | | | 7 | | | | | |
| | | | 2 | | | | 5 | | | | | 2 | | 4 | 6 | | | | | 3 |
| 9 | | 1 | | | 7 | | | 2 | | | | | 5 | | | | | | 2 | 9 |
| | | | | | | 3 | | | | | | 7 | | | 1 | | | 6 | 5 | |

**72**

| | | | | | | | | | | | | | | | | | | | | |
|---|---|---|---|---|---|---|---|---|---|---|---|---|---|---|---|---|---|---|---|---|
| 1 | 5 | 9 | 6 | 4 | 2 | 8 | 7 | 3 | | | | 9 | 5 | 4 | 2 | 7 | 8 | 3 | 1 | 6 |
| 7 | 2 | 3 | 8 | 9 | 1 | 5 | 6 | 4 | | | | 2 | 1 | 8 | 9 | 3 | 6 | 7 | 5 | 4 |
| 8 | 6 | 4 | 7 | 5 | 3 | 2 | 1 | 9 | | | | 3 | 7 | 6 | 5 | 4 | 1 | 2 | 8 | 9 |
| 2 | 9 | 1 | 3 | 6 | 5 | 7 | 4 | 8 | | | | 4 | 9 | 2 | 1 | 5 | 7 | 6 | 3 | 8 |
| 6 | 3 | 7 | 4 | 8 | 9 | 1 | 5 | 2 | | | | 7 | 3 | 5 | 6 | 8 | 9 | 4 | 2 | 1 |
| 4 | 8 | 5 | 2 | 1 | 7 | 9 | 3 | 6 | | | | 6 | 8 | 1 | 3 | 2 | 4 | 9 | 7 | 5 |
| 9 | 7 | 8 | 1 | 3 | 6 | 4 | 2 | 5 | 9 | 8 | 3 | 1 | 6 | 7 | 8 | 9 | 2 | 5 | 4 | 3 |
| 5 | 1 | 6 | 9 | 2 | 4 | 3 | 8 | 7 | 1 | 2 | 6 | 5 | 4 | 9 | 7 | 1 | 3 | 8 | 6 | 2 |
| 3 | 4 | 2 | 5 | 7 | 8 | 6 | 9 | 1 | 4 | 5 | 7 | 8 | 2 | 3 | 4 | 6 | 5 | 1 | 9 | 7 |
| | | | | | | 8 | 5 | 2 | 7 | 1 | 9 | 6 | 3 | 4 | | | | | | |
| | | | | | | 7 | 6 | 3 | 5 | 4 | 8 | 9 | 1 | 2 | | | | | | |
| | | | | | | 1 | 4 | 9 | 6 | 3 | 2 | 7 | 8 | 5 | | | | | | |
| 4 | 1 | 7 | 2 | 6 | 9 | 5 | 3 | 8 | 2 | 7 | 1 | 4 | 9 | 6 | 8 | 3 | 5 | 7 | 2 | 1 |
| 2 | 3 | 6 | 5 | 8 | 7 | 9 | 1 | 4 | 3 | 6 | 5 | 2 | 7 | 8 | 9 | 6 | 1 | 5 | 4 | 3 |
| 8 | 5 | 9 | 4 | 3 | 1 | 2 | 7 | 6 | 8 | 9 | 4 | 3 | 5 | 1 | 2 | 7 | 4 | 9 | 8 | 6 |
| 6 | 8 | 2 | 9 | 7 | 3 | 4 | 5 | 1 | | | | 8 | 3 | 9 | 6 | 5 | 2 | 4 | 1 | 7 |
| 5 | 7 | 1 | 8 | 2 | 4 | 3 | 6 | 9 | | | | 6 | 4 | 2 | 7 | 1 | 8 | 3 | 5 | 9 |
| 3 | 9 | 4 | 6 | 1 | 5 | 7 | 8 | 2 | | | | 5 | 1 | 7 | 3 | 4 | 9 | 8 | 6 | 2 |
| 1 | 4 | 8 | 3 | 5 | 2 | 6 | 9 | 7 | | | | 9 | 8 | 5 | 1 | 2 | 3 | 6 | 7 | 4 |
| 7 | 2 | 3 | 1 | 9 | 6 | 8 | 4 | 5 | | | | 7 | 2 | 3 | 4 | 8 | 6 | 1 | 9 | 5 |
| 9 | 6 | 5 | 7 | 4 | 8 | 1 | 2 | 3 | | | | 1 | 6 | 4 | 5 | 9 | 7 | 2 | 3 | 8 |

**70**

| | | | | | | | | | | | | | | | | | | | | |
|---|---|---|---|---|---|---|---|---|---|---|---|---|---|---|---|---|---|---|---|---|
| | 2 | | | 5 | 4 | 6 | | | | | | | | | | 4 | | | | |
| | | | | 6 | 9 | | 7 | 2 | | | | 5 | | | | 3 | | | 7 | |
| | | | 7 | | | | 4 | | | | | | 2 | 3 | | | | | 5 | |
| | | | | | 8 | 7 | | | | | | 4 | | 7 | | 2 | | 6 | | |
| | | 6 | | | | | 3 | 8 | | | | | | 8 | | | | | | 7 |
| 3 | | 4 | 5 | | | 9 | 2 | | | | | | | | | 1 | | | 4 | |
| 2 | | | | 4 | 7 | | 9 | | | | | | | | 5 | 9 | | | 8 | |
| | 7 | | | | 5 | | | 6 | | | | 8 | | | | | | | | 1 |
| | | | | | | | | | 3 | | | | 6 | | | | 4 | | 2 | |
| | | | | | | | | | | 1 | | | 9 | 8 | | | | | | |
| | | | | | | | | | 8 | 9 | | | | | | | | | | |
| | | | | | | 9 | | | | | | | | 6 | | | | | | |
| 2 | | | | 1 | 7 | | | 9 | | | | | | | 6 | | | | | |
| | | 6 | | 5 | | | | | 5 | | 6 | | | | | 4 | | 6 | 3 | 1 |
| | | | 9 | | | | | 2 | | | 9 | | 1 | | 9 | | | | | |
| 9 | 6 | | 1 | | | | | 4 | | | | | 5 | 8 | | | | | | 3 |
| | 4 | | | | | | | | | | | | | | | 1 | | 4 | | |
| | 1 | | | | | | 2 | | | | | | | | | | | 5 | 6 | |
| | | 9 | | | 3 | | | 5 | | | | | | | 2 | | | 9 | | 5 |
| 4 | | 7 | | | | | | | | | | | | | | | 4 | | | 6 |
| 1 | | | 4 | | | | 3 | 6 | | | | | 2 | | | | 7 | | | |

**73**

| | | | | | | | | | | | | | | | | | | | | |
|---|---|---|---|---|---|---|---|---|---|---|---|---|---|---|---|---|---|---|---|---|
| 1 | 5 | 6 | 7 | 2 | 8 | 9 | 4 | 3 | | | | 4 | 6 | 8 | 2 | 1 | 3 | 9 | 7 | 5 |
| 8 | 7 | 4 | 9 | 3 | 6 | 1 | 2 | 5 | | | | 7 | 2 | 1 | 4 | 9 | 5 | 8 | 6 | 3 |
| 9 | 2 | 3 | 4 | 5 | 1 | 8 | 6 | 7 | | | | 9 | 5 | 3 | 6 | 7 | 8 | 4 | 1 | 2 |
| 3 | 6 | 9 | 5 | 1 | 7 | 2 | 8 | 4 | | | | 8 | 9 | 6 | 7 | 3 | 1 | 2 | 5 | 4 |
| 5 | 4 | 1 | 2 | 8 | 9 | 7 | 3 | 6 | | | | 1 | 4 | 2 | 5 | 8 | 6 | 7 | 3 | 9 |
| 2 | 8 | 7 | 3 | 6 | 4 | 5 | 1 | 9 | | | | 5 | 3 | 7 | 9 | 4 | 2 | 1 | 8 | 6 |
| 6 | 1 | 5 | 8 | 9 | 3 | 4 | 7 | 2 | 8 | 6 | 5 | 3 | 1 | 9 | 8 | 5 | 4 | 6 | 2 | 7 |
| 7 | 3 | 2 | 1 | 4 | 5 | 6 | 9 | 8 | 1 | 3 | 4 | 2 | 7 | 5 | 1 | 6 | 9 | 3 | 4 | 8 |
| 4 | 9 | 8 | 6 | 7 | 2 | 3 | 5 | 1 | 7 | 2 | 9 | 6 | 8 | 4 | 3 | 2 | 7 | 5 | 9 | 1 |
| | | | | | | 1 | 4 | 3 | 5 | 9 | 2 | 8 | 6 | 7 | | | | | | |
| | | | | | | 7 | 8 | 5 | 4 | 1 | 6 | 9 | 2 | 3 | | | | | | |
| | | | | | | 9 | 2 | 6 | 3 | 8 | 7 | 4 | 5 | 1 | | | | | | |
| 4 | 3 | 6 | 2 | 7 | 5 | 8 | 1 | 9 | 6 | 5 | 3 | 7 | 4 | 2 | 6 | 3 | 9 | 1 | 5 | 8 |
| 1 | 5 | 8 | 9 | 4 | 3 | 2 | 6 | 7 | 9 | 4 | 1 | 5 | 3 | 8 | 4 | 7 | 1 | 6 | 9 | 2 |
| 9 | 2 | 7 | 8 | 1 | 6 | 5 | 3 | 4 | 2 | 7 | 8 | 1 | 9 | 6 | 2 | 5 | 8 | 4 | 7 | 3 |
| 8 | 9 | 4 | 1 | 5 | 7 | 6 | 2 | 3 | | | | 4 | 5 | 3 | 8 | 9 | 2 | 7 | 6 | 1 |
| 2 | 7 | 1 | 3 | 6 | 8 | 9 | 4 | 5 | | | | 2 | 7 | 1 | 3 | 6 | 4 | 5 | 8 | 9 |
| 5 | 6 | 3 | 4 | 2 | 9 | 7 | 8 | 1 | | | | 6 | 8 | 9 | 5 | 1 | 7 | 3 | 2 | 4 |
| 7 | 1 | 9 | 6 | 8 | 4 | 3 | 5 | 2 | | | | 3 | 6 | 4 | 9 | 8 | 5 | 2 | 1 | 7 |
| 3 | 8 | 2 | 5 | 9 | 1 | 4 | 7 | 6 | | | | 9 | 2 | 7 | 1 | 4 | 6 | 8 | 3 | 5 |
| 6 | 4 | 5 | 7 | 3 | 2 | 1 | 9 | 8 | | | | 8 | 1 | 5 | 7 | 2 | 3 | 9 | 4 | 6 |

**71**

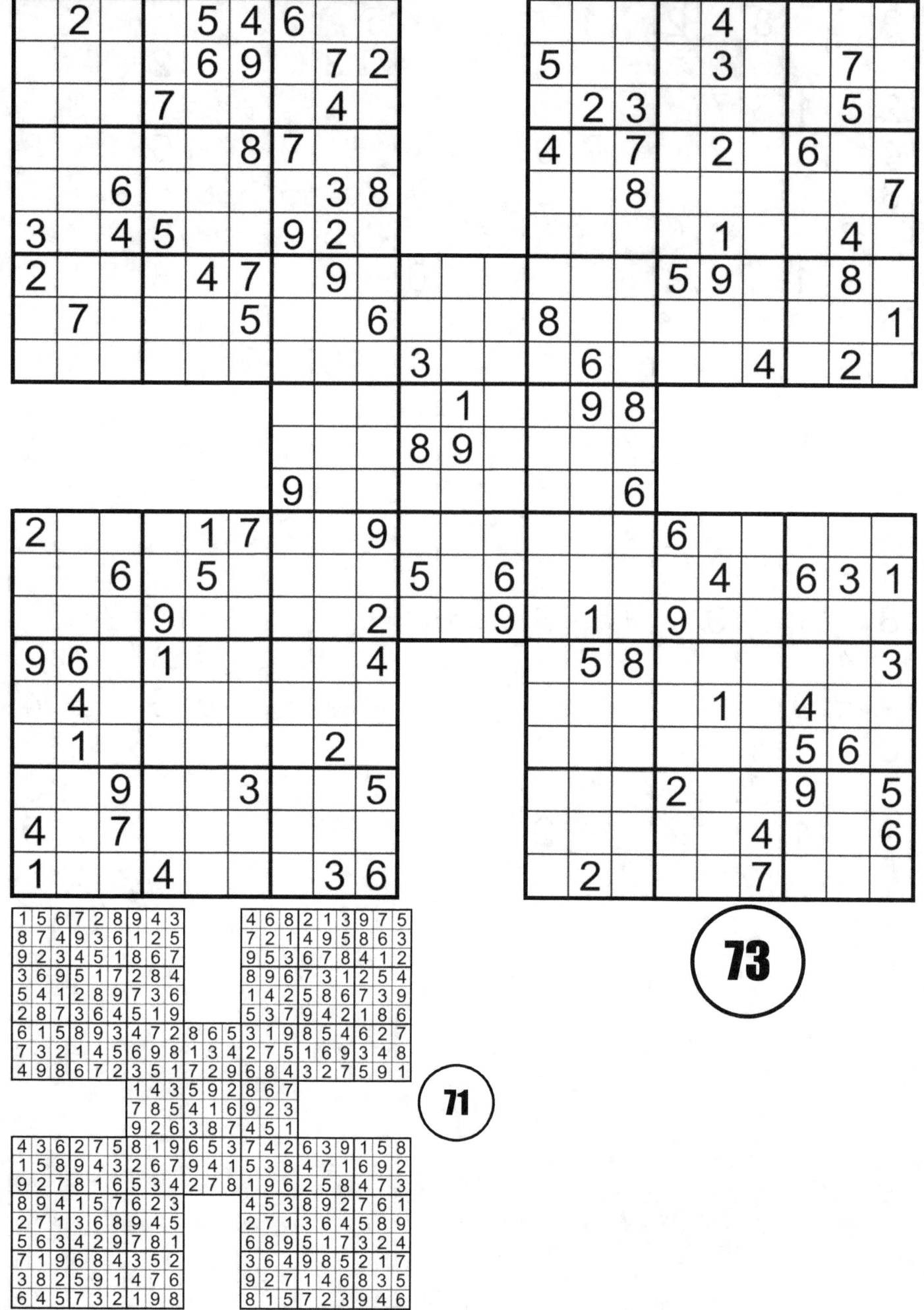

| | | | | | | | | | | | | | | | | | | | | |
|---|---|---|---|---|---|---|---|---|---|---|---|---|---|---|---|---|---|---|---|---|
| 9 | | | 3 | 4 | | | | 1 | | | | | 3 | | 2 | 6 | 7 | | | |
| | | 4 | | | | | | | | | | | 5 | | 3 | | | | | |
| 6 | | | | | | | | | | | | 2 | | 1 | 5 | | | | | 7 |
| 3 | 5 | | | | | | | 8 | | | | | | | | | | 1 | | |
| | 4 | | | | 7 | | | | | | | 6 | | | 9 | | 3 | 2 | 5 | |
| 8 | | 6 | | | | 7 | 5 | 9 | | | | | | | | | 2 | | | |
| 5 | | | | | 8 | | | | | | | 5 | | 8 | | 9 | | | | 2 |
| | | | 6 | | | | | 4 | | | 2 | | | | | 2 | 5 | 8 | | |
| | | 8 | | | 2 | | 3 | | | | | | | 2 | | | | | 9 | |
| | | | | | | 8 | | | | | | | | | | | | | | |
| | | | | | | 9 | | | | | 8 | 2 | | 5 | | | | | | |
| | | | | | | | 4 | | | 7 | 5 | | | | | | | | | |
| | 6 | | | | | | | | 7 | 3 | | | | | 4 | 3 | | 6 | | 7 |
| | | 2 | 5 | | | | 6 | | 5 | | | | | 4 | 6 | | | | | |
| | | | 1 | | | 3 | 2 | | | | | 6 | | | 2 | | | | 9 | |
| 8 | | 3 | | 1 | | 6 | | | | | | 1 | 8 | | | | | | | |
| | 4 | 1 | | | | | | | | | | | | | | | 9 | | 2 | |
| | | | 9 | 8 | | | | 5 | | | | | | | | | 6 | 8 | | 5 |
| 6 | | | | 7 | | | 3 | | | | | | | | | | | | | |
| | | | | | | 5 | 7 | | | | | | | | 7 | | 4 | | | 6 |
| | 2 | 8 | | 3 | | | 1 | | | | | | 9 | | | 2 | | | 4 | |

74

| | | | | | | | | | | | | | | | | | | | | |
|---|---|---|---|---|---|---|---|---|---|---|---|---|---|---|---|---|---|---|---|---|
| 9 | 4 | 5 | 8 | 6 | 2 | 7 | 1 | 3 | | | | 5 | 6 | 7 | 8 | 3 | 1 | 4 | 2 | 9 |
| 7 | 3 | 6 | 9 | 1 | 4 | 5 | 2 | 8 | | | | 9 | 3 | 4 | 7 | 6 | 2 | 1 | 8 | 5 |
| 2 | 8 | 1 | 3 | 7 | 5 | 6 | 4 | 9 | | | | 1 | 8 | 2 | 5 | 9 | 4 | 7 | 3 | 6 |
| 4 | 5 | 9 | 2 | 3 | 1 | 8 | 7 | 6 | | | | 3 | 7 | 9 | 1 | 2 | 6 | 5 | 4 | 8 |
| 3 | 1 | 7 | 6 | 5 | 8 | 4 | 9 | 2 | | | | 2 | 4 | 6 | 3 | 8 | 5 | 9 | 7 | 1 |
| 8 | 6 | 2 | 7 | 4 | 9 | 1 | 3 | 5 | | | | 8 | 5 | 1 | 4 | 7 | 9 | 2 | 6 | 3 |
| 6 | 7 | 4 | 5 | 2 | 3 | 9 | 8 | 1 | 5 | 7 | 6 | 4 | 2 | 3 | 9 | 5 | 8 | 6 | 1 | 7 |
| 5 | 2 | 8 | 1 | 9 | 7 | 3 | 6 | 4 | 2 | 9 | 8 | 7 | 1 | 5 | 6 | 4 | 3 | 8 | 9 | 2 |
| 1 | 9 | 3 | 4 | 8 | 6 | 2 | 5 | 7 | 4 | 3 | 1 | 6 | 9 | 8 | 2 | 1 | 7 | 3 | 5 | 4 |
| | | | | | | 8 | 1 | 9 | 7 | 6 | 2 | 3 | 5 | 4 | | | | | | |
| | | | | | | 7 | 4 | 2 | 3 | 8 | 5 | 9 | 6 | 1 | | | | | | |
| | | | | | | 5 | 3 | 6 | 1 | 4 | 9 | 2 | 8 | 7 | | | | | | |
| 5 | 1 | 3 | 7 | 6 | 2 | 4 | 9 | 8 | 6 | 1 | 7 | 5 | 3 | 2 | 8 | 6 | 9 | 7 | 4 | 1 |
| 4 | 9 | 2 | 8 | 1 | 3 | 6 | 7 | 5 | 8 | 2 | 3 | 1 | 4 | 9 | 5 | 3 | 7 | 2 | 8 | 6 |
| 8 | 6 | 7 | 5 | 9 | 4 | 1 | 2 | 3 | 9 | 5 | 4 | 8 | 7 | 6 | 4 | 1 | 2 | 3 | 9 | 5 |
| 1 | 4 | 8 | 3 | 2 | 9 | 5 | 6 | 7 | | | | 9 | 1 | 8 | 2 | 4 | 3 | 5 | 6 | 7 |
| 7 | 5 | 9 | 1 | 8 | 6 | 2 | 3 | 4 | | | | 3 | 2 | 7 | 9 | 5 | 6 | 8 | 1 | 4 |
| 3 | 2 | 6 | 4 | 7 | 5 | 9 | 8 | 1 | | | | 4 | 6 | 5 | 7 | 8 | 1 | 9 | 3 | 2 |
| 6 | 8 | 4 | 2 | 3 | 1 | 7 | 5 | 9 | | | | 2 | 8 | 4 | 6 | 9 | 5 | 1 | 7 | 3 |
| 9 | 3 | 1 | 6 | 5 | 7 | 8 | 4 | 2 | | | | 6 | 5 | 1 | 3 | 7 | 8 | 4 | 2 | 9 |
| 2 | 7 | 5 | 9 | 4 | 8 | 3 | 1 | 6 | | | | 7 | 9 | 3 | 1 | 2 | 4 | 6 | 5 | 8 |

72

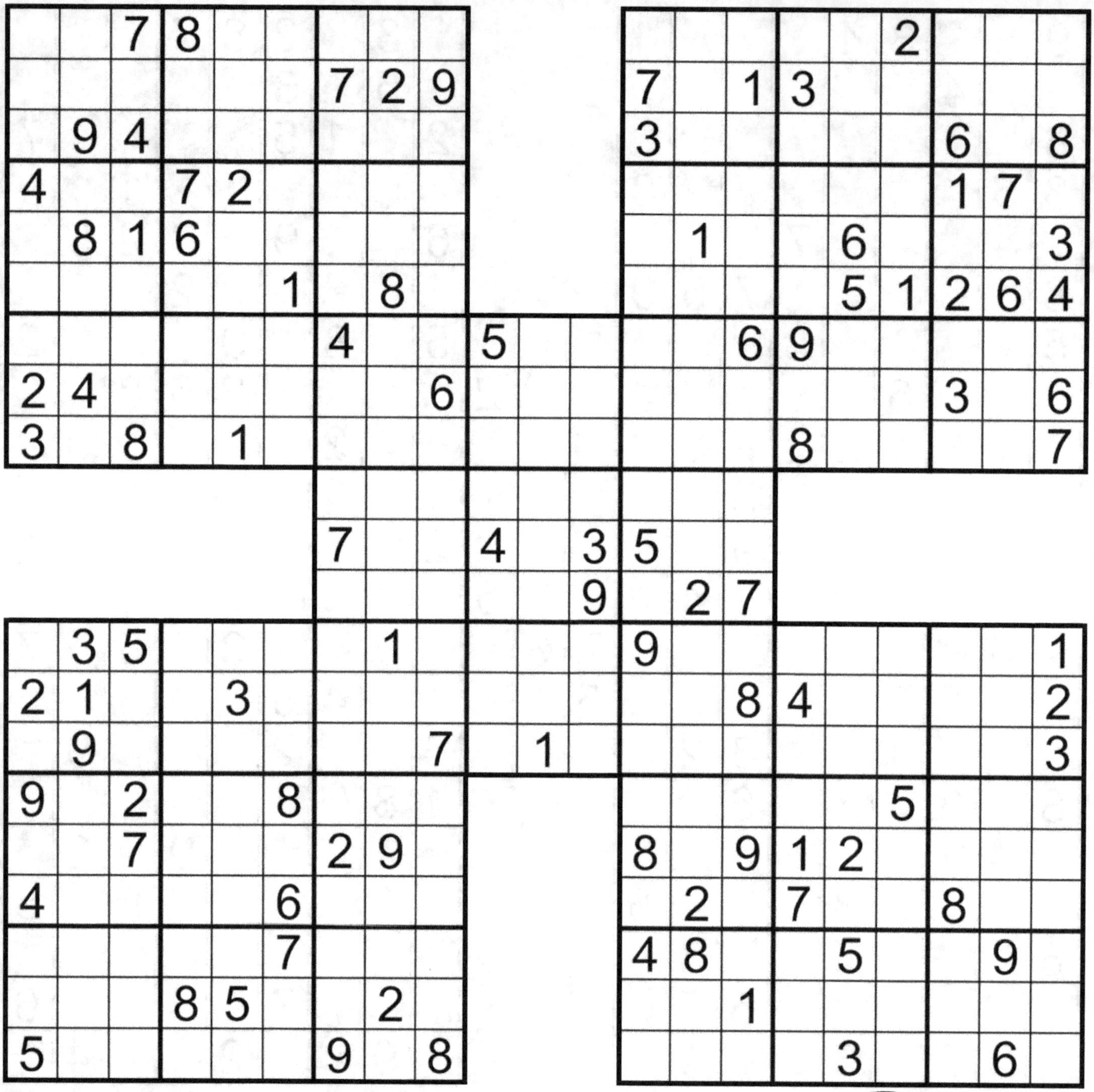

75

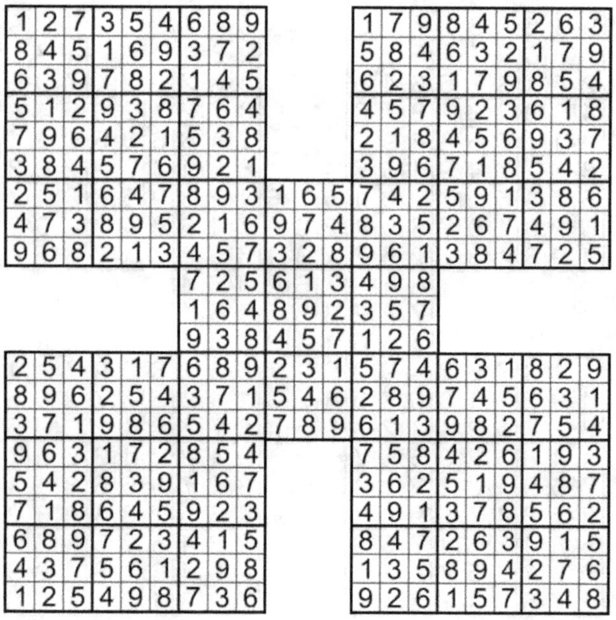

73

| | | | | | | | | | | | | | | | | | | | | |
|---|---|---|---|---|---|---|---|---|---|---|---|---|---|---|---|---|---|---|---|---|
| 4 | 6 | | | | | | | | | | | | | 3 | 5 | | 2 | | | 4 |
| | 8 | 2 | | 6 | | 9 | | | | | | | 7 | | | | | | | 9 |
| | | 9 | | | 8 | | 7 | | | | | | | | 1 | | | | 3 | |
| | | | | | | | | | | | | 8 | | | 3 | | 7 | | | |
| | 3 | 6 | 8 | 1 | | | | | | | | | | | | | | | 5 | |
| 5 | | 1 | | | | 2 | 8 | | | | | 4 | | | | | | | | |
| | 2 | | 5 | 9 | | | | | | 3 | | | | 4 | | | 3 | | | 1 |
| | | | | | | 4 | | | | 8 | 7 | | | | | | | 4 | | 8 |
| 6 | | | 1 | 4 | | | | 9 | | | | | | 2 | | | 6 | 3 | | |
| | | | | | | | | | | | | | | | | | | | | |
| | | | | | | | | | | 6 | 2 | 1 | | 8 | | | | | | |
| | | | | | | | | | | 7 | | | 6 | | | | | | | |
| | | | | 9 | 5 | | 7 | | 3 | | | | | | 8 | 2 | | | | |
| | | | | | | 5 | | | | 9 | | 4 | | 3 | | | 7 | | | 1 |
| | | | 1 | 6 | | 9 | | | 5 | 2 | | | | | | | | 2 | | 5 |
| 6 | | | 4 | | | | | | | | | | | | | 3 | 6 | | 7 | |
| 1 | | 3 | | | 6 | | | | | | | | | | | 4 | | | | |
| 7 | | | 9 | | | | 2 | | | | | | | 8 | | 7 | | 6 | | |
| | | | 2 | 7 | 3 | | | 5 | | | | 2 | 6 | | | | | | | 3 |
| | | | | | | | | 2 | | | | 3 | | 4 | | | 5 | | | |
| | | 8 | | 4 | | 3 | | | | | | | | | | | 1 | 9 | | 2 |

**76**

| | | | | | | | | | | | | | | | | | | | | |
|---|---|---|---|---|---|---|---|---|---|---|---|---|---|---|---|---|---|---|---|---|
| 9 | 7 | 5 | 3 | 4 | 6 | 8 | 2 | 1 | | | | 9 | 3 | 4 | 2 | 6 | 7 | 5 | 8 | 1 |
| 2 | 3 | 4 | 8 | 9 | 1 | 6 | 7 | 5 | | | | 7 | 5 | 6 | 3 | 8 | 1 | 9 | 2 | 4 |
| 6 | 8 | 1 | 7 | 2 | 5 | 9 | 4 | 3 | | | | 2 | 8 | 1 | 5 | 4 | 9 | 6 | 3 | 7 |
| 3 | 5 | 7 | 2 | 6 | 9 | 4 | 1 | 8 | | | | 8 | 2 | 3 | 4 | 5 | 6 | 1 | 7 | 9 |
| 1 | 4 | 9 | 5 | 8 | 7 | 3 | 6 | 2 | | | | 6 | 4 | 7 | 9 | 1 | 3 | 2 | 5 | 8 |
| 8 | 2 | 6 | 1 | 3 | 4 | 7 | 5 | 9 | | | | 1 | 9 | 5 | 8 | 7 | 2 | 4 | 6 | 3 |
| 5 | 6 | 3 | 4 | 1 | 8 | 2 | 9 | 7 | 3 | 1 | 4 | 5 | 6 | 8 | 7 | 9 | 4 | 3 | 1 | 2 |
| 7 | 9 | 2 | 6 | 5 | 3 | 1 | 8 | 4 | 6 | 5 | 2 | 3 | 7 | 9 | 1 | 2 | 5 | 8 | 4 | 6 |
| 4 | 1 | 8 | 9 | 7 | 2 | 5 | 3 | 6 | 8 | 9 | 7 | 4 | 1 | 2 | 6 | 3 | 8 | 7 | 9 | 5 |
| | | | | | | 8 | 1 | 5 | 2 | 4 | 3 | 7 | 9 | 6 | | | | | | |
| | | | | | | 9 | 7 | 3 | 1 | 6 | 8 | 2 | 4 | 5 | | | | | | |
| | | | | | | 6 | 4 | 2 | 9 | 7 | 5 | 1 | 8 | 3 | | | | | | |
| 1 | 6 | 7 | 3 | 9 | 2 | 4 | 5 | 8 | 7 | 3 | 6 | 9 | 2 | 1 | 4 | 3 | 5 | 6 | 8 | 7 |
| 3 | 9 | 2 | 5 | 4 | 8 | 7 | 6 | 1 | 5 | 2 | 9 | 8 | 3 | 4 | 6 | 9 | 7 | 5 | 1 | 2 |
| 5 | 8 | 4 | 1 | 6 | 7 | 3 | 2 | 9 | 4 | 8 | 1 | 6 | 5 | 7 | 2 | 1 | 8 | 3 | 9 | 4 |
| 8 | 5 | 3 | 2 | 1 | 4 | 6 | 9 | 7 | | | | 1 | 8 | 5 | 3 | 7 | 2 | 4 | 6 | 9 |
| 9 | 4 | 1 | 7 | 5 | 6 | 2 | 8 | 3 | | | | 4 | 6 | 3 | 8 | 5 | 9 | 7 | 2 | 1 |
| 2 | 7 | 6 | 9 | 8 | 3 | 1 | 4 | 5 | | | | 2 | 7 | 9 | 1 | 4 | 6 | 8 | 3 | 5 |
| 6 | 1 | 5 | 4 | 7 | 9 | 8 | 3 | 2 | | | | 5 | 4 | 8 | 9 | 6 | 1 | 2 | 7 | 3 |
| 4 | 3 | 9 | 8 | 2 | 1 | 5 | 7 | 6 | | | | 3 | 1 | 2 | 7 | 8 | 4 | 9 | 5 | 6 |
| 7 | 2 | 8 | 6 | 3 | 5 | 9 | 1 | 4 | | | | 7 | 9 | 6 | 5 | 2 | 3 | 1 | 4 | 8 |

**74**

| | | | | | | | | | | | | | | | | | | | | |
|---|---|---|---|---|---|---|---|---|---|---|---|---|---|---|---|---|---|---|---|---|
| | 2 | | | 7 | | | | | | | | | | | 3 | | | | | |
| | 5 | | | | 2 | | | 1 | | | | | 1 | 5 | | | 2 | | | |
| | 7 | 4 | | | 8 | | | | | | | 7 | | | | | 1 | | 6 | |
| 2 | | | 9 | | | | | | | | | | 3 | | | 4 | 7 | | | 1 |
| | | 9 | 5 | | 4 | | | | | | | | 6 | | 5 | | | 7 | | |
| 5 | 8 | | | | | | | 4 | | | | 2 | | 7 | | | 8 | 4 | | |
| | 3 | | | | | | | | | 2 | | | | | | | | | | 6 |
| 6 | | | | 9 | | | | | | 7 | | | | | 1 | 3 | | | | |
| | | | 3 | | | | | | 3 | | | 6 | | | | | 5 | | | |
| | | | | | | | | 9 | | | | 7 | | 2 | | | | | | |
| | | | | | | | 6 | 2 | | | | | | | | | | | | |
| | | | | | | 8 | | | | | 5 | | | | | | | | | |
| 8 | 2 | | | | | | | | | | 7 | | 5 | | | | 9 | | | 4 |
| | | 7 | | | | | | | | 3 | | | | 7 | | 3 | | | | 1 |
| | | | | | 3 | 1 | | | | 4 | | | | | | | | | | |
| 3 | 6 | 8 | | | 2 | 4 | | | | | | | | 4 | | | | | | 8 |
| | | 4 | | | | 8 | 1 | | | | | | | | | | | 7 | 1 | |
| | | | | | | | | | | | | | 6 | | | | 5 | 4 | | 2 |
| 6 | | | 1 | 3 | | | | | | | | 1 | | 5 | 9 | 2 | | | | |
| | 5 | | 9 | | | | | | | | | | | | 6 | | 4 | | 5 | 3 |
| | 4 | 9 | 5 | | 6 | | | | | | | | 2 | | | | | | | |

77

| | | | | | | | | | | | | | | | | | | | | |
|---|---|---|---|---|---|---|---|---|---|---|---|---|---|---|---|---|---|---|---|---|
| 6 | 2 | 7 | 8 | 9 | 3 | 5 | 1 | 4 | | | | 5 | 8 | 4 | 6 | 9 | 2 | 7 | 3 | 1 |
| 8 | 1 | 3 | 5 | 4 | 6 | 7 | 2 | 9 | | | | 7 | 6 | 1 | 3 | 4 | 8 | 9 | 2 | 5 |
| 5 | 9 | 4 | 1 | 7 | 2 | 8 | 6 | 3 | | | | 3 | 2 | 9 | 5 | 1 | 7 | 6 | 4 | 8 |
| 4 | 3 | 6 | 7 | 2 | 8 | 9 | 5 | 1 | | | | 6 | 4 | 5 | 2 | 8 | 3 | 1 | 7 | 9 |
| 7 | 8 | 1 | 6 | 5 | 9 | 3 | 4 | 2 | | | | 2 | 1 | 7 | 4 | 6 | 9 | 8 | 5 | 3 |
| 9 | 5 | 2 | 4 | 3 | 1 | 6 | 8 | 7 | | | | 9 | 3 | 8 | 7 | 5 | 1 | 2 | 6 | 4 |
| 1 | 7 | 9 | 2 | 6 | 5 | 4 | 3 | 8 | 5 | 9 | 2 | 1 | 7 | 6 | 9 | 3 | 5 | 4 | 8 | 2 |
| 2 | 4 | 5 | 3 | 8 | 7 | 1 | 9 | 6 | 3 | 7 | 4 | 8 | 5 | 2 | 1 | 7 | 4 | 3 | 9 | 6 |
| 3 | 6 | 8 | 9 | 1 | 4 | 2 | 7 | 5 | 6 | 8 | 1 | 4 | 9 | 3 | 8 | 2 | 6 | 5 | 1 | 7 |
| | | | | | | 9 | 2 | 3 | 8 | 5 | 7 | 6 | 4 | 1 | | | | | | |
| | | | | | | 7 | 6 | 1 | 4 | 2 | 3 | 5 | 8 | 9 | | | | | | |
| | | | | | | 5 | 8 | 4 | 1 | 6 | 9 | 3 | 2 | 7 | | | | | | |
| 7 | 3 | 5 | 6 | 9 | 4 | 8 | 1 | 2 | 7 | 4 | 6 | 9 | 3 | 5 | 6 | 7 | 2 | 4 | 8 | 1 |
| 2 | 1 | 8 | 7 | 3 | 5 | 6 | 4 | 9 | 2 | 3 | 5 | 7 | 1 | 8 | 4 | 9 | 3 | 6 | 5 | 2 |
| 6 | 9 | 4 | 2 | 8 | 1 | 3 | 5 | 7 | 9 | 1 | 8 | 2 | 6 | 4 | 5 | 1 | 8 | 9 | 7 | 3 |
| 9 | 6 | 2 | 1 | 7 | 8 | 4 | 3 | 5 | | | | 6 | 4 | 7 | 3 | 8 | 5 | 2 | 1 | 9 |
| 1 | 8 | 7 | 5 | 4 | 3 | 2 | 9 | 6 | | | | 8 | 5 | 9 | 1 | 2 | 4 | 7 | 3 | 6 |
| 4 | 5 | 3 | 9 | 2 | 6 | 7 | 8 | 1 | | | | 1 | 2 | 3 | 7 | 6 | 9 | 8 | 4 | 5 |
| 8 | 2 | 9 | 4 | 1 | 7 | 5 | 6 | 3 | | | | 4 | 8 | 6 | 2 | 5 | 1 | 3 | 9 | 7 |
| 3 | 7 | 6 | 8 | 5 | 9 | 1 | 2 | 4 | | | | 3 | 7 | 1 | 9 | 4 | 6 | 5 | 2 | 8 |
| 5 | 4 | 1 | 3 | 6 | 2 | 9 | 7 | 8 | | | | 5 | 9 | 2 | 8 | 3 | 7 | 1 | 6 | 4 |

75

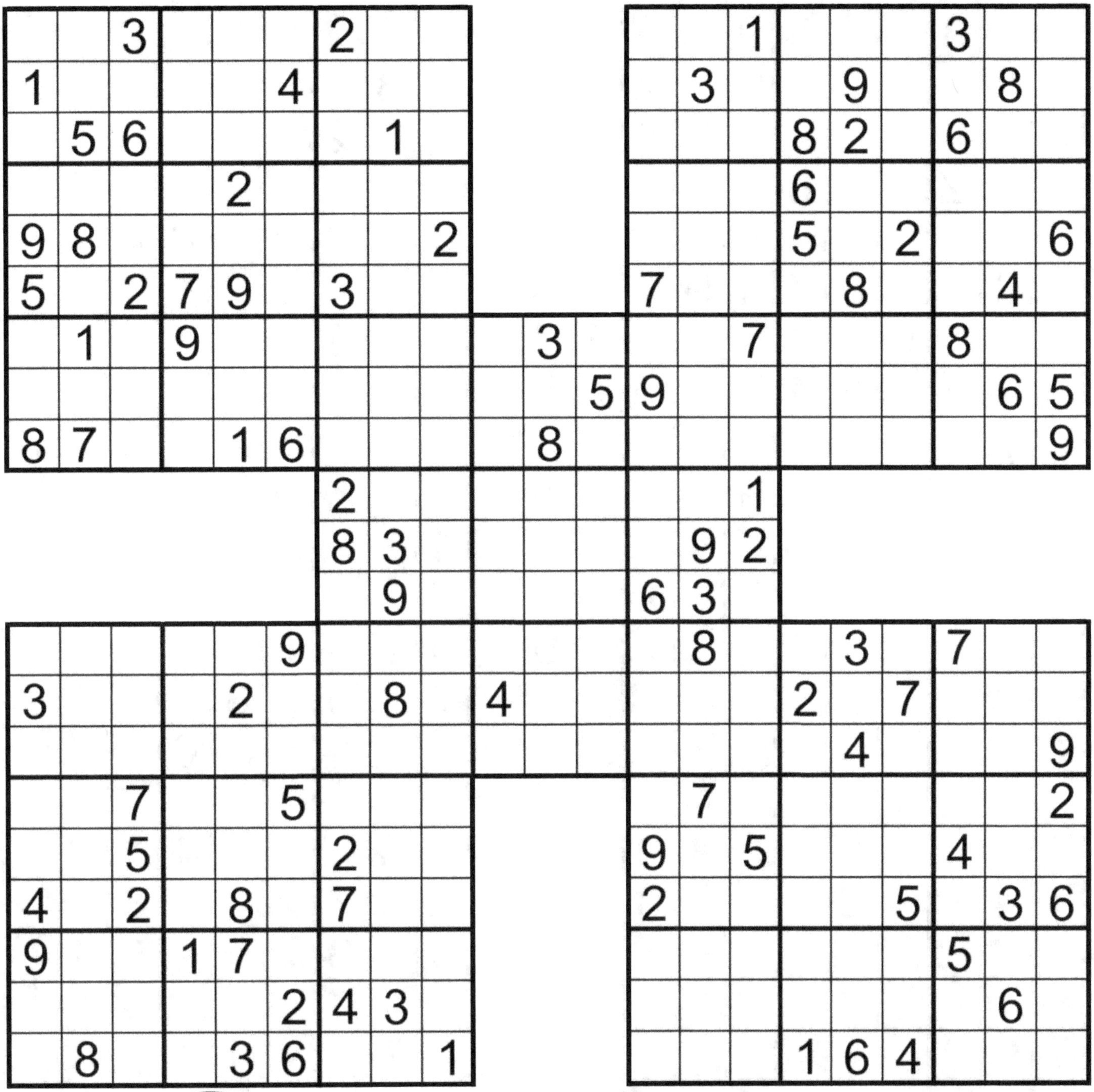

78

76

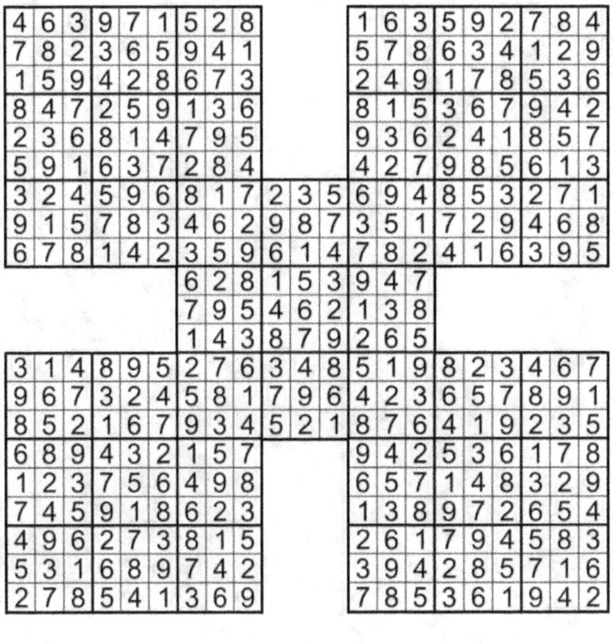

**79**

| | | | | | | | | | | | | | | | | | | | | |
|---|---|---|---|---|---|---|---|---|---|---|---|---|---|---|---|---|---|---|---|---|
| | | 3 | | | | 9 | | 5 | | | | | 8 | | 5 | | | 6 | | |
| | | | 1 | 9 | | | | 2 | | | | 1 | 3 | | | | | | 8 | |
| 5 | | | | | | | | 7 | | | | | | 2 | | | | | | |
| 4 | | 2 | | | 8 | | | | | | | 8 | 4 | | | | | | 7 | |
| | | | | | | | | | | | | | | 7 | 9 | | 8 | 4 | | 5 |
| | 3 | | | | 7 | 4 | 9 | | | | | | | | | 7 | 1 | | | |
| | | | 6 | | 1 | | 7 | | 1 | | | | | 3 | | | 7 | | | |
| | | 1 | 7 | 2 | 4 | | | | 7 | 5 | | | | | | | 5 | 3 | | 7 |
| | 7 | | 8 | | | | | | | | | | | | | | | 1 | | 8 |
| | | | | | | 9 | | | | | | | | | | | | | | |
| | | | | | | | 4 | | | | | 1 | | | | | | | | |
| | | | | | | | | | | | | 9 | 3 | 2 | | | | | | |
| | | | | | 1 | | | | | 9 | | 5 | 2 | 4 | | | | | | |
| | 2 | | | | | | | | | | | 7 | | 6 | | 3 | | | | |
| 4 | | | | 3 | | | | | | | 6 | | | | | | 6 | | 7 | |
| | | | 1 | | | | 4 | | | | | | | | | | | | | 6 |
| | | 1 | | 5 | 3 | 6 | | 9 | | | | | 5 | | | | 4 | | 2 | |
| | 4 | | | 2 | | | | 3 | | | | | | 7 | 2 | | 9 | 8 | | |
| | | | 7 | | | | 8 | | | | | 9 | | 3 | 7 | | | 6 | 1 | |
| | | | | | | | | | | | | | 1 | | | | | | | |
| 7 | | 9 | | | | | | | | | | | 7 | | | 1 | | 5 | 8 | |

**77**

| | | | | | | | | | | | | | | | | | | | | |
|---|---|---|---|---|---|---|---|---|---|---|---|---|---|---|---|---|---|---|---|---|
| 3 | 2 | 8 | 1 | 7 | 9 | 5 | 4 | 6 | | | | 9 | 8 | 6 | 3 | 5 | 4 | 1 | 7 | 2 |
| 9 | 5 | 6 | 4 | 3 | 2 | 8 | 7 | 1 | | | | 3 | 1 | 5 | 7 | 6 | 2 | 8 | 9 | 4 |
| 1 | 7 | 4 | 6 | 5 | 8 | 2 | 3 | 9 | | | | 7 | 4 | 2 | 9 | 8 | 1 | 3 | 6 | 5 |
| 2 | 4 | 3 | 9 | 8 | 6 | 1 | 5 | 7 | | | | 8 | 3 | 9 | 2 | 4 | 7 | 6 | 5 | 1 |
| 7 | 6 | 9 | 5 | 1 | 4 | 3 | 8 | 2 | | | | 4 | 6 | 1 | 5 | 9 | 3 | 7 | 2 | 8 |
| 5 | 8 | 1 | 7 | 2 | 3 | 9 | 6 | 4 | | | | 2 | 5 | 7 | 6 | 1 | 8 | 4 | 3 | 9 |
| 8 | 3 | 7 | 2 | 4 | 1 | 6 | 9 | 5 | 4 | 2 | 8 | 1 | 7 | 3 | 4 | 2 | 9 | 5 | 8 | 6 |
| 6 | 1 | 5 | 8 | 9 | 7 | 4 | 2 | 3 | 1 | 7 | 6 | 5 | 9 | 8 | 1 | 3 | 6 | 2 | 4 | 7 |
| 4 | 9 | 2 | 3 | 6 | 5 | 7 | 1 | 8 | 3 | 5 | 9 | 6 | 2 | 4 | 8 | 7 | 5 | 9 | 1 | 3 |
| | | | | | | 5 | 4 | 9 | 8 | 1 | 3 | 7 | 6 | 2 | | | | | | |
| | | | | | | 3 | 6 | 2 | 7 | 9 | 4 | 8 | 1 | 5 | | | | | | |
| | | | | | | 8 | 7 | 1 | 2 | 6 | 5 | 3 | 4 | 9 | | | | | | |
| 8 | 2 | 1 | 6 | 5 | 7 | 9 | 3 | 4 | 6 | 8 | 7 | 2 | 5 | 1 | 7 | 8 | 9 | 3 | 6 | 4 |
| 4 | 3 | 7 | 8 | 9 | 1 | 2 | 5 | 6 | 9 | 3 | 1 | 4 | 8 | 7 | 5 | 3 | 6 | 9 | 2 | 1 |
| 5 | 9 | 6 | 2 | 4 | 3 | 1 | 8 | 7 | 5 | 4 | 2 | 9 | 3 | 6 | 2 | 4 | 1 | 5 | 8 | 7 |
| 3 | 6 | 8 | 7 | 1 | 2 | 4 | 9 | 5 | | | | 5 | 1 | 4 | 3 | 7 | 2 | 6 | 9 | 8 |
| 9 | 7 | 4 | 3 | 6 | 5 | 8 | 1 | 2 | | | | 3 | 9 | 2 | 4 | 6 | 8 | 7 | 1 | 5 |
| 2 | 1 | 5 | 4 | 8 | 9 | 7 | 6 | 3 | | | | 7 | 6 | 8 | 1 | 9 | 5 | 4 | 3 | 2 |
| 6 | 8 | 2 | 1 | 3 | 4 | 5 | 7 | 9 | | | | 1 | 4 | 5 | 9 | 2 | 3 | 8 | 7 | 6 |
| 7 | 5 | 3 | 9 | 2 | 8 | 6 | 4 | 1 | | | | 8 | 7 | 9 | 6 | 1 | 4 | 2 | 5 | 3 |
| 1 | 4 | 9 | 5 | 7 | 6 | 3 | 2 | 8 | | | | 6 | 2 | 3 | 8 | 5 | 7 | 1 | 4 | 9 |

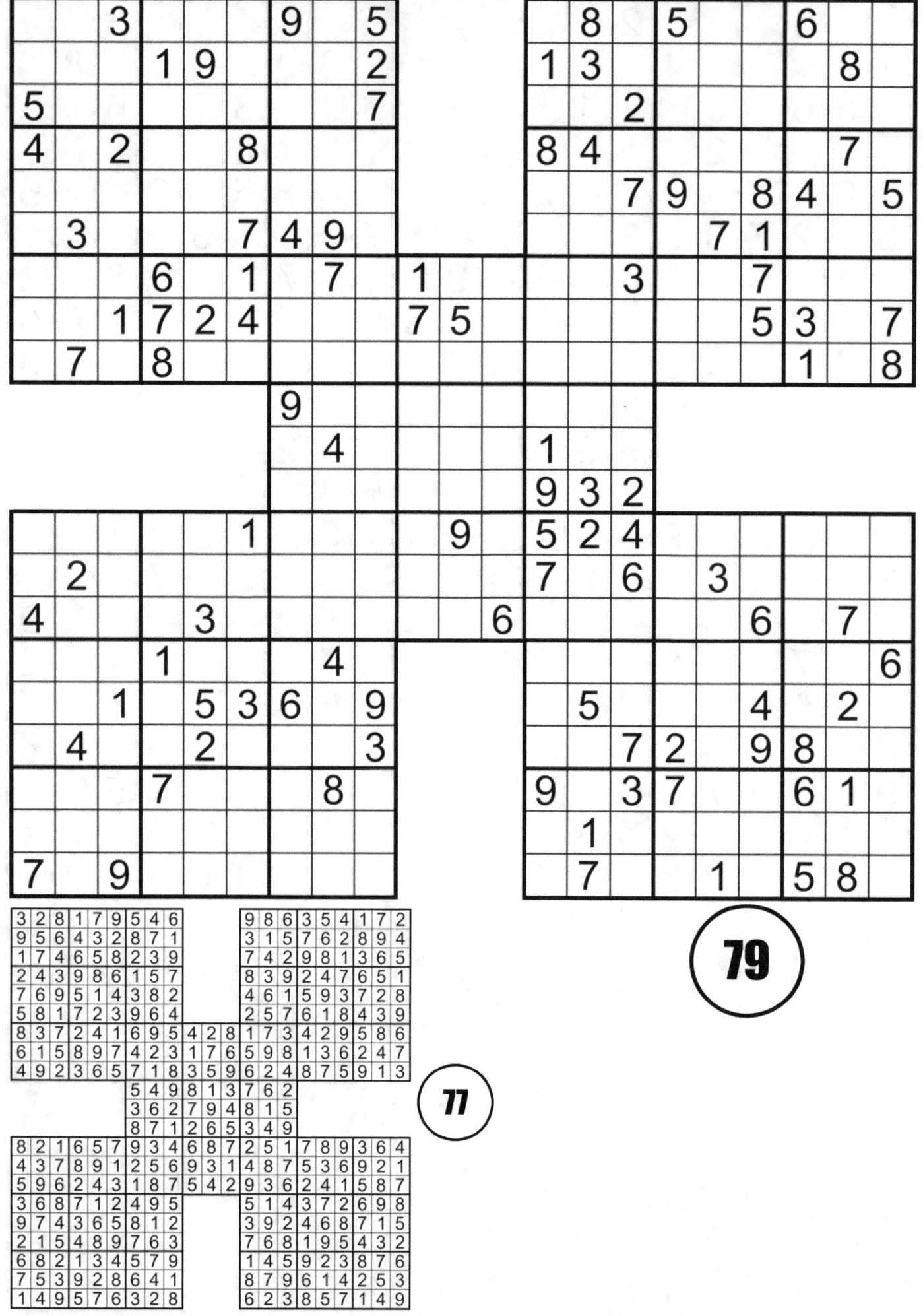

| | | | | | | | | | | | | | | | | | | | | |
|---|---|---|---|---|---|---|---|---|---|---|---|---|---|---|---|---|---|---|---|---|
| | | | | | | | 1 | 9 | | | | | | | | | | | 7 | 9 |
| 5 | 9 | | | | 6 | 8 | | | | | | | | 5 | 8 | 6 | 7 | | 3 | |
| | | | | 3 | | 4 | | | | | | | | | | | | 8 | | |
| | 3 | | | 8 | | | | | | | | 9 | 1 | | | | 2 | | 5 | |
| 1 | | | | 5 | 7 | | 6 | | | | | | | 3 | 5 | | | | | |
| | | | | | 3 | | | | | | | | | | 3 | 4 | 6 | | | |
| | | 7 | 4 | | | | | | | | | | | | | 1 | | 2 | 9 | |
| 9 | | | | | 1 | | | 5 | 2 | | 7 | | | | | | | | | |
| | 5 | | | | | | | 3 | | | 5 | | | | | | | 5 | | |
| | | | | | | | 1 | | | | | | | | | | | | | |
| | | | | | | | | | | | 8 | 3 | | 7 | | | | | | |
| | | | | | | | | 9 | | | 6 | | 5 | | | | | | | |
| | 7 | | | | 6 | | 5 | | 7 | | | 6 | | | | | | | | |
| | 4 | | | 9 | | 1 | 3 | | | | 2 | 7 | | | | | | | | |
| 3 | | | | | | | | 2 | | | | | | | 6 | | | 1 | | 7 |
| | | 1 | | | 9 | | | | | | | | | | | | 9 | | | |
| 2 | | | | | | | | 7 | | | | | | 6 | 7 | | | | | 4 |
| | 6 | | 2 | 1 | | | | | | | | | | | 8 | | 3 | 9 | | 6 |
| 7 | | | | | 2 | | | | | | | | | 4 | | | | 5 | | 9 |
| | | 4 | 6 | 5 | 3 | | | | | | | | | | | | | 2 | 7 | |
| | 2 | | | | 4 | 9 | | | | | | | 6 | 1 | | 7 | | | 3 | |

**80**

**78**

| | | | | | | | | | | | | | | | | | | | | |
|---|---|---|---|---|---|---|---|---|---|---|---|---|---|---|---|---|---|---|---|---|
| 7 | 4 | 3 | 1 | 6 | 9 | 2 | 8 | 5 | | | | 8 | 2 | 1 | 4 | 6 | 5 | 3 | 9 | 7 |
| 1 | 9 | 8 | 2 | 5 | 4 | 6 | 3 | 7 | | | | 6 | 3 | 5 | 1 | 9 | 7 | 2 | 8 | 4 |
| 2 | 5 | 6 | 8 | 3 | 7 | 9 | 1 | 4 | | | | 4 | 7 | 9 | 8 | 2 | 3 | 6 | 5 | 1 |
| 4 | 3 | 7 | 5 | 2 | 1 | 8 | 9 | 6 | | | | 5 | 9 | 2 | 6 | 7 | 4 | 1 | 3 | 8 |
| 9 | 8 | 1 | 6 | 4 | 3 | 7 | 5 | 2 | | | | 3 | 8 | 4 | 5 | 1 | 2 | 9 | 7 | 6 |
| 5 | 6 | 2 | 7 | 9 | 8 | 3 | 4 | 1 | | | | 7 | 1 | 6 | 3 | 8 | 9 | 5 | 4 | 2 |
| 3 | 1 | 5 | 9 | 7 | 2 | 4 | 6 | 8 | 1 | 3 | 9 | 2 | 5 | 7 | 9 | 4 | 6 | 8 | 1 | 3 |
| 6 | 2 | 9 | 4 | 8 | 5 | 1 | 7 | 3 | 6 | 2 | 5 | 9 | 4 | 8 | 2 | 3 | 1 | 7 | 6 | 5 |
| 8 | 7 | 4 | 3 | 1 | 6 | 5 | 2 | 9 | 7 | 8 | 4 | 1 | 6 | 3 | 7 | 5 | 8 | 4 | 2 | 9 |
| | | | | | | 2 | 4 | 5 | 3 | 9 | 6 | 8 | 7 | 1 | | | | | | |
| | | | | | | 8 | 3 | 6 | 5 | 7 | 1 | 4 | 9 | 2 | | | | | | |
| | | | | | | 7 | 9 | 1 | 2 | 4 | 8 | 6 | 3 | 5 | | | | | | |
| 5 | 6 | 8 | 7 | 4 | 9 | 3 | 1 | 2 | 9 | 6 | 7 | 5 | 8 | 4 | 6 | 3 | 9 | 7 | 2 | 1 |
| 3 | 4 | 9 | 5 | 2 | 1 | 6 | 8 | 7 | 4 | 5 | 2 | 3 | 1 | 9 | 2 | 8 | 7 | 6 | 4 | 5 |
| 7 | 2 | 1 | 3 | 6 | 8 | 9 | 5 | 4 | 8 | 1 | 3 | 7 | 2 | 6 | 5 | 4 | 1 | 3 | 8 | 9 |
| 6 | 3 | 7 | 2 | 9 | 5 | 1 | 4 | 8 | | | | 6 | 7 | 8 | 4 | 1 | 3 | 9 | 5 | 2 |
| 8 | 9 | 5 | 4 | 1 | 7 | 2 | 6 | 3 | | | | 9 | 3 | 5 | 8 | 2 | 6 | 4 | 1 | 7 |
| 4 | 1 | 2 | 6 | 8 | 3 | 7 | 9 | 5 | | | | 2 | 4 | 1 | 9 | 7 | 5 | 8 | 3 | 6 |
| 9 | 5 | 3 | 1 | 7 | 4 | 8 | 2 | 6 | | | | 1 | 6 | 2 | 3 | 9 | 8 | 5 | 7 | 4 |
| 1 | 7 | 6 | 8 | 5 | 2 | 4 | 3 | 9 | | | | 4 | 9 | 3 | 7 | 5 | 2 | 1 | 6 | 8 |
| 2 | 8 | 4 | 9 | 3 | 6 | 5 | 7 | 1 | | | | 8 | 5 | 7 | 1 | 6 | 4 | 2 | 9 | 3 |

| | | | | | | | | | | | | | | | | | | | | |
|---|---|---|---|---|---|---|---|---|---|---|---|---|---|---|---|---|---|---|---|---|
| 8 | | | 7 | | | | 1 | | | | | | | | 3 | | | 6 | 4 | |
| 2 | 1 | 5 | | 4 | | | 3 | | | | | | | 3 | | | | | | 8 |
| | 4 | | | | 8 | | | | | | | | | | 4 | 5 | | 9 | 1 | |
| | | | | | | | | 5 | | | | | 4 | 6 | | | | | | |
| 7 | 2 | | | | | | | | | | | | | | 9 | 1 | | | | 7 |
| | | 1 | | 7 | 6 | 9 | | | | | | | | | | | 2 | | | |
| 3 | | | | 1 | | | | 2 | | | | | 9 | | 2 | | | 7 | | |
| | | | | | 5 | 3 | | | 5 | | 4 | | 6 | | | 7 | 4 | | | |
| | | | | | 7 | | 4 | | | 9 | | | | | | | | | | |
| | | | | | | 9 | | | | | 2 | | | | | | | | | |
| | | | | | | 1 | | | 4 | | 9 | | | | | | | | | |
| | | | | | | | 2 | | 6 | | | | 7 | 8 | | | | | | |
| | | | 3 | 9 | | | | | 3 | | | 2 | 1 | | 4 | | | | | |
| 9 | | 6 | | | | | | | | | | | | 6 | | | | | | 1 |
| 8 | | | | | | | 6 | | | | | | | | 6 | | | 4 | | |
| 3 | | | | | 2 | | | | | | | | | | | | | | | |
| | | 1 | 9 | | | | 2 | | | | | | 9 | 1 | | | | | | |
| | 5 | 9 | | | 1 | | | | | | | | | | | | 3 | 2 | 1 | 8 |
| | | | | 1 | | 9 | | | | | | | | | 7 | | | | | 3 |
| 7 | | | | | | | | 8 | | | | | 2 | 8 | 1 | 6 | | 7 | 9 | |
| | | 4 | 8 | | 7 | 6 | | | | | | | 5 | 7 | 3 | | 9 | | 8 | |

**81**

| | | | | | | | | | | | | | | | | | | | | |
|---|---|---|---|---|---|---|---|---|---|---|---|---|---|---|---|---|---|---|---|---|
| 2 | 1 | 3 | 4 | 7 | 6 | 9 | 8 | 5 | | | | 7 | 8 | 4 | 5 | 1 | 2 | 6 | 9 | 3 |
| 7 | 4 | 8 | 1 | 9 | 5 | 3 | 6 | 2 | | | | 1 | 3 | 6 | 7 | 4 | 9 | 5 | 8 | 2 |
| 5 | 9 | 6 | 3 | 8 | 2 | 1 | 4 | 7 | | | | 5 | 9 | 2 | 8 | 6 | 3 | 7 | 4 | 1 |
| 4 | 6 | 2 | 9 | 1 | 8 | 7 | 5 | 3 | | | | 8 | 4 | 1 | 3 | 5 | 6 | 2 | 7 | 9 |
| 9 | 8 | 7 | 5 | 4 | 3 | 2 | 1 | 6 | | | | 3 | 6 | 7 | 9 | 2 | 8 | 4 | 1 | 5 |
| 1 | 3 | 5 | 2 | 6 | 7 | 4 | 9 | 8 | | | | 9 | 2 | 5 | 4 | 7 | 1 | 8 | 3 | 6 |
| 3 | 2 | 9 | 6 | 5 | 1 | 8 | 7 | 4 | 1 | 6 | 9 | 2 | 5 | 3 | 1 | 8 | 7 | 9 | 6 | 4 |
| 8 | 5 | 1 | 7 | 2 | 4 | 6 | 3 | 9 | 7 | 5 | 2 | 4 | 1 | 8 | 6 | 9 | 5 | 3 | 2 | 7 |
| 6 | 7 | 4 | 8 | 3 | 9 | 5 | 2 | 1 | 3 | 8 | 4 | 6 | 7 | 9 | 2 | 3 | 4 | 1 | 5 | 8 |
| | | | | | | 9 | 5 | 2 | 6 | 1 | 3 | 8 | 4 | 7 | | | | | | |
| | | | | | | 7 | 4 | 3 | 9 | 2 | 8 | 1 | 6 | 5 | | | | | | |
| | | | | | | 1 | 8 | 6 | 5 | 4 | 7 | 9 | 3 | 2 | | | | | | |
| 5 | 9 | 8 | 2 | 4 | 1 | 3 | 6 | 7 | 8 | 9 | 1 | 5 | 2 | 4 | 8 | 9 | 7 | 1 | 6 | 3 |
| 6 | 2 | 3 | 5 | 7 | 9 | 4 | 1 | 8 | 2 | 3 | 5 | 7 | 9 | 6 | 5 | 3 | 1 | 2 | 4 | 8 |
| 4 | 1 | 7 | 6 | 3 | 8 | 2 | 9 | 5 | 4 | 7 | 6 | 3 | 8 | 1 | 4 | 2 | 6 | 9 | 7 | 5 |
| 3 | 7 | 5 | 1 | 9 | 6 | 8 | 4 | 2 | | | | 2 | 3 | 9 | 1 | 7 | 8 | 4 | 5 | 6 |
| 2 | 8 | 1 | 4 | 5 | 3 | 6 | 7 | 9 | | | | 1 | 5 | 8 | 3 | 6 | 4 | 7 | 2 | 9 |
| 9 | 4 | 6 | 8 | 2 | 7 | 1 | 5 | 3 | | | | 4 | 6 | 7 | 2 | 5 | 9 | 8 | 3 | 1 |
| 1 | 3 | 2 | 7 | 6 | 5 | 9 | 8 | 4 | | | | 9 | 4 | 3 | 7 | 8 | 5 | 6 | 1 | 2 |
| 8 | 5 | 4 | 9 | 1 | 2 | 7 | 3 | 6 | | | | 8 | 1 | 5 | 6 | 4 | 2 | 3 | 9 | 7 |
| 7 | 6 | 9 | 3 | 8 | 4 | 5 | 2 | 1 | | | | 6 | 7 | 2 | 9 | 1 | 3 | 5 | 8 | 4 |

**79**

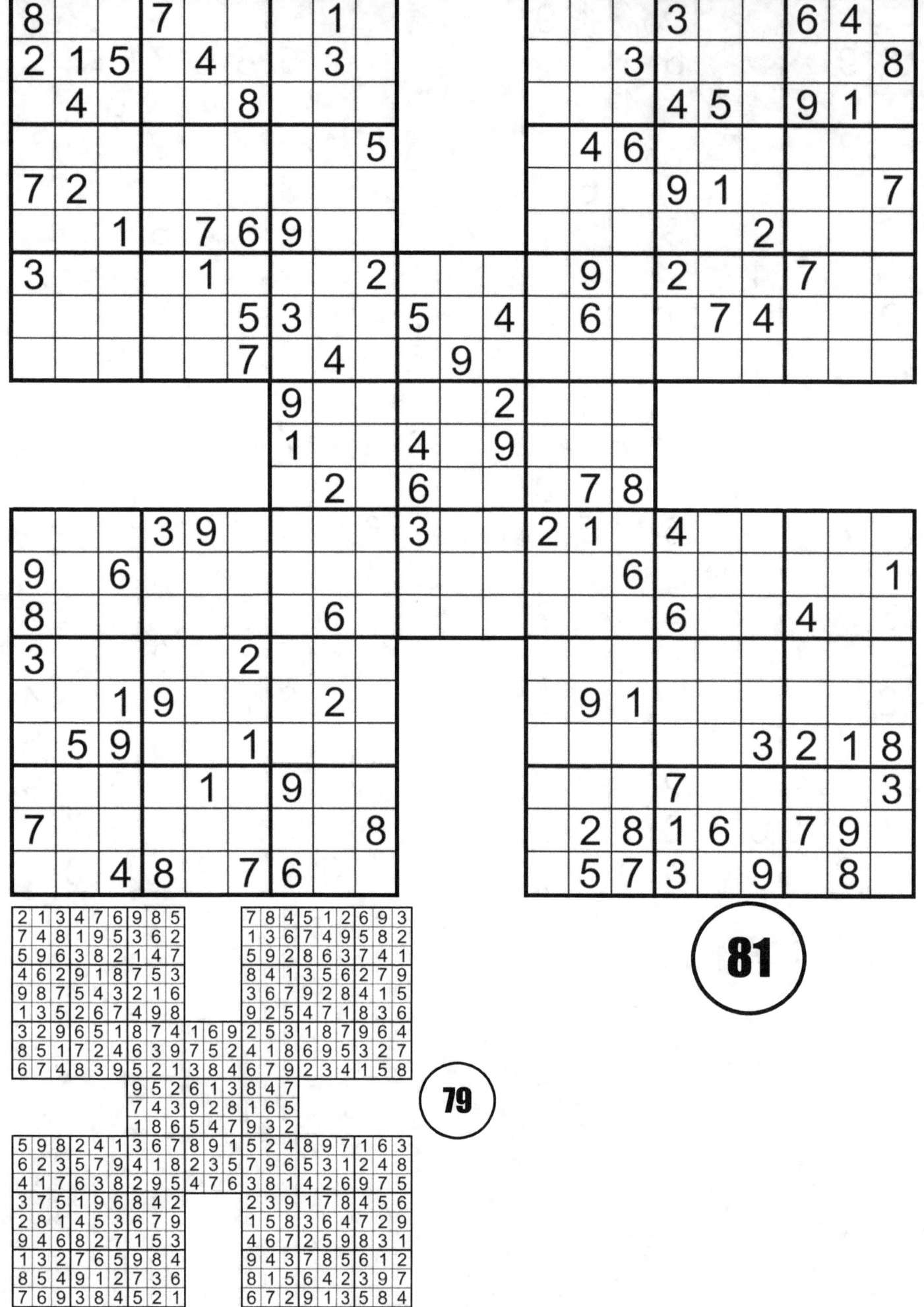

| | | | | | | | | | | | | | | | | | | | | |
|---|---|---|---|---|---|---|---|---|---|---|---|---|---|---|---|---|---|---|---|---|
| | | 8 | 7 | | | | 3 | | | | | | 4 | | | | 9 | | | 5 |
| 1 | | | 6 | 4 | | | | 9 | | | | | | | | 1 | | | | |
| 7 | 6 | | | 3 | | | | | | | | | 5 | 9 | | | 7 | | | |
| | | | | 2 | | | | | | | | | | | | | | | 6 | |
| | | 7 | | 5 | 8 | | 4 | | | | | | 3 | 1 | | 9 | 6 | | | 8 |
| | | | 4 | | 7 | 2 | | | | | | 6 | | | | | 3 | | | 9 |
| 8 | | | | | | | | | 3 | | 6 | | | | | 2 | | | 7 | |
| 5 | | | | | 9 | | | | | | | | | 6 | | | | 4 | | |
| | | | | | | | | | 7 | 4 | | | | 2 | | | | | | 3 |
| | | | | | | | 7 | | | | | 5 | | | | | | | | |
| | | | | | | | | 6 | | | | | 8 | | | | | | | |
| | | | | | | | | | | | | | 2 | 1 | | | | | | |
| | 8 | 4 | | | | | | 9 | | | | 2 | 3 | | | | 1 | 9 | | |
| 1 | | | | 6 | | | | | 2 | 7 | | | | | 9 | | 5 | | | |
| | 5 | | | 1 | 4 | | | | | | 3 | | | 9 | | | | | | |
| | | | 8 | | | | 3 | | | | | | 7 | 5 | | | 4 | | | |
| | | | | | | 5 | | 6 | | | | | | | 3 | | | | | |
| 3 | 7 | | | | | 9 | 8 | | | | | | 1 | 6 | 5 | | | 7 | | |
| | | | | | 5 | 4 | 9 | | | | | | 4 | | 1 | 2 | | | | |
| | 3 | | | 2 | | | 7 | | | | | | | 1 | | | | | 6 | |
| | | | | 9 | | | | 3 | | | | | | | | | 7 | | | 5 |

82

80

| | | | | | | | | | | | | | | | | | | | | |
|---|---|---|---|---|---|---|---|---|---|---|---|---|---|---|---|---|---|---|---|---|
| 6 | 8 | 3 | 5 | 4 | 2 | 7 | 1 | 9 | | | | 3 | 8 | 1 | 4 | 2 | 5 | 6 | 7 | 9 |
| 5 | 9 | 4 | 7 | 1 | 6 | 8 | 3 | 2 | | | | 4 | 9 | 5 | 8 | 6 | 7 | 1 | 3 | 2 |
| 7 | 1 | 2 | 8 | 3 | 9 | 4 | 5 | 6 | | | | 6 | 2 | 7 | 1 | 3 | 9 | 8 | 4 | 5 |
| 2 | 3 | 6 | 1 | 8 | 4 | 5 | 9 | 7 | | | | 9 | 1 | 6 | 7 | 8 | 2 | 3 | 5 | 4 |
| 1 | 4 | 9 | 2 | 5 | 7 | 3 | 6 | 8 | | | | 8 | 4 | 3 | 5 | 9 | 1 | 7 | 2 | 6 |
| 8 | 7 | 5 | 9 | 6 | 3 | 1 | 2 | 4 | | | | 7 | 5 | 2 | 3 | 4 | 6 | 9 | 8 | 1 |
| 3 | 6 | 7 | 4 | 9 | 5 | 2 | 8 | 1 | 9 | 6 | 3 | 5 | 7 | 4 | 6 | 1 | 3 | 2 | 9 | 8 |
| 9 | 2 | 8 | 3 | 7 | 1 | 6 | 4 | 5 | 2 | 8 | 7 | 1 | 3 | 9 | 2 | 5 | 8 | 4 | 6 | 7 |
| 4 | 5 | 1 | 6 | 2 | 8 | 9 | 7 | 3 | 4 | 1 | 5 | 2 | 6 | 8 | 9 | 7 | 4 | 5 | 1 | 3 |
| | | | | | | 3 | 1 | 7 | 5 | 2 | 4 | 9 | 8 | 6 | | | | | | |
| | | | | | | 5 | 6 | 4 | 1 | 9 | 8 | 3 | 2 | 7 | | | | | | |
| | | | | | | 8 | 2 | 9 | 3 | 7 | 6 | 4 | 5 | 1 | | | | | | |
| 1 | 7 | 9 | 3 | 2 | 6 | 4 | 5 | 8 | 7 | 3 | 9 | 6 | 1 | 2 | 3 | 9 | 7 | 8 | 4 | 5 |
| 8 | 4 | 2 | 5 | 9 | 7 | 1 | 3 | 6 | 8 | 4 | 2 | 7 | 9 | 5 | 1 | 8 | 4 | 6 | 2 | 3 |
| 3 | 5 | 6 | 8 | 4 | 1 | 7 | 9 | 2 | 6 | 5 | 1 | 8 | 4 | 3 | 6 | 5 | 2 | 1 | 9 | 7 |
| 4 | 3 | 1 | 7 | 6 | 9 | 8 | 2 | 5 | | | | 4 | 3 | 8 | 5 | 6 | 9 | 7 | 1 | 2 |
| 2 | 9 | 8 | 4 | 3 | 5 | 6 | 1 | 7 | | | | 9 | 5 | 6 | 7 | 2 | 1 | 3 | 8 | 4 |
| 5 | 6 | 7 | 2 | 1 | 8 | 3 | 4 | 9 | | | | 1 | 2 | 7 | 8 | 4 | 3 | 9 | 5 | 6 |
| 7 | 1 | 3 | 9 | 8 | 2 | 5 | 6 | 4 | | | | 3 | 7 | 4 | 2 | 1 | 8 | 5 | 6 | 9 |
| 9 | 8 | 4 | 6 | 5 | 3 | 2 | 7 | 1 | | | | 5 | 8 | 9 | 4 | 3 | 6 | 2 | 7 | 1 |
| 6 | 2 | 5 | 1 | 7 | 4 | 9 | 8 | 3 | | | | 2 | 6 | 1 | 9 | 7 | 5 | 4 | 3 | 8 |

| | | | | | | | | | | | | | | | | | | | | |
|---|---|---|---|---|---|---|---|---|---|---|---|---|---|---|---|---|---|---|---|---|
| | 7 | | 8 | | | | | | | | | | | 2 | | | | 7 | | 1 |
| | | | 1 | 7 | | | 5 | 6 | | | | 8 | | | 2 | | | 5 | | |
| | | | | | 3 | | 4 | | | | | 7 | | | 8 | | 4 | | | |
| | | | | | | | 9 | | | | | | | | | | 5 | 6 | 9 | |
| | | | | | 7 | | | 2 | | | | 5 | | | | 2 | | | | |
| 1 | 8 | | | | | 5 | | 7 | | | | | 6 | | | 3 | | | | 7 |
| 7 | | | 4 | 6 | 9 | | 1 | | | 5 | | 2 | | | 9 | | | | | |
| 6 | | | | | | 9 | | | | | | 6 | | | | | | | | |
| 3 | | 1 | | 5 | | | 7 | | 1 | | | | | | | | 7 | | | 4 |
| | | | | | | | | | | | | | | | | | | | | |
| | | | | | | 8 | | | | | | | 1 | 6 | | | | | | |
| | | | | | | | 6 | 3 | | | | 9 | 5 | | | | | | | |
| 2 | | 3 | | | | | | | 3 | | | | | | | | | | | |
| 4 | | | | 8 | | | | | 5 | | 4 | | 2 | | | | | 4 | 6 | |
| | | 9 | | | | 4 | | | | | 9 | | | | | | 4 | | | 2 |
| 8 | | | | | 6 | | 4 | | | | | | | | 6 | 2 | | | | |
| 1 | 6 | | | 3 | | | | 8 | | | | | | 2 | | | | | 3 | 7 |
| | | | | | 1 | | | | | | | | | 7 | | | | | | 5 |
| | | | 3 | | 4 | | | 5 | | | | | | | 4 | | | | 8 | |
| | | 5 | | | | | | | | | | 4 | | | | 7 | 8 | | | 9 |
| | | | 9 | 7 | | 8 | 2 | | | | | | 8 | 1 | | 3 | | 2 | | |

**83**

| | | | | | | | | | | | | | | | | | | | | |
|---|---|---|---|---|---|---|---|---|---|---|---|---|---|---|---|---|---|---|---|---|
| 8 | 3 | 6 | 7 | 5 | 2 | 4 | 1 | 9 | | | | 5 | 7 | 9 | 3 | 8 | 1 | 6 | 4 | 2 |
| 2 | 1 | 5 | 6 | 4 | 9 | 7 | 3 | 8 | | | | 4 | 1 | 3 | 6 | 2 | 9 | 5 | 7 | 8 |
| 9 | 4 | 7 | 1 | 3 | 8 | 5 | 2 | 6 | | | | 6 | 2 | 8 | 4 | 5 | 7 | 9 | 1 | 3 |
| 6 | 8 | 3 | 4 | 9 | 1 | 2 | 7 | 5 | | | | 7 | 4 | 6 | 8 | 3 | 5 | 1 | 2 | 9 |
| 7 | 2 | 9 | 5 | 8 | 3 | 1 | 6 | 4 | | | | 2 | 8 | 5 | 9 | 1 | 6 | 4 | 3 | 7 |
| 4 | 5 | 1 | 2 | 7 | 6 | 9 | 8 | 3 | | | | 9 | 3 | 1 | 7 | 4 | 2 | 8 | 5 | 6 |
| 3 | 7 | 8 | 9 | 1 | 4 | 6 | 5 | 2 | 7 | 8 | 3 | 1 | 9 | 4 | 2 | 6 | 3 | 7 | 8 | 5 |
| 1 | 6 | 4 | 8 | 2 | 5 | 3 | 9 | 7 | 5 | 1 | 4 | 8 | 6 | 2 | 5 | 7 | 4 | 3 | 9 | 1 |
| 5 | 9 | 2 | 3 | 6 | 7 | 8 | 4 | 1 | 2 | 9 | 6 | 3 | 5 | 7 | 1 | 9 | 8 | 2 | 6 | 4 |
| | | | | | | 9 | 7 | 6 | 8 | 5 | 2 | 4 | 3 | 1 | | | | | | |
| | | | | | | 1 | 3 | 8 | 4 | 7 | 9 | 6 | 2 | 5 | | | | | | |
| | | | | | | 4 | 2 | 5 | 6 | 3 | 1 | 9 | 7 | 8 | | | | | | |
| 1 | 2 | 7 | 3 | 9 | 6 | 5 | 8 | 4 | 3 | 6 | 7 | 2 | 1 | 9 | 4 | 3 | 5 | 8 | 6 | 7 |
| 9 | 4 | 6 | 2 | 5 | 8 | 7 | 1 | 3 | 9 | 2 | 8 | 5 | 4 | 6 | 2 | 8 | 7 | 9 | 3 | 1 |
| 8 | 3 | 5 | 1 | 7 | 4 | 2 | 6 | 9 | 1 | 4 | 5 | 7 | 8 | 3 | 6 | 9 | 1 | 4 | 5 | 2 |
| 3 | 6 | 8 | 5 | 4 | 2 | 1 | 9 | 7 | | | | 4 | 3 | 2 | 8 | 1 | 6 | 5 | 7 | 9 |
| 4 | 7 | 1 | 9 | 6 | 3 | 8 | 2 | 5 | | | | 8 | 9 | 1 | 5 | 7 | 2 | 3 | 4 | 6 |
| 2 | 5 | 9 | 7 | 8 | 1 | 3 | 4 | 6 | | | | 6 | 7 | 5 | 9 | 4 | 3 | 2 | 1 | 8 |
| 6 | 8 | 3 | 4 | 1 | 5 | 9 | 7 | 2 | | | | 9 | 6 | 4 | 7 | 5 | 8 | 1 | 2 | 3 |
| 7 | 1 | 2 | 6 | 3 | 9 | 4 | 5 | 8 | | | | 3 | 2 | 8 | 1 | 6 | 4 | 7 | 9 | 5 |
| 5 | 9 | 4 | 8 | 2 | 7 | 6 | 3 | 1 | | | | 1 | 5 | 7 | 3 | 2 | 9 | 6 | 8 | 4 |

**81**

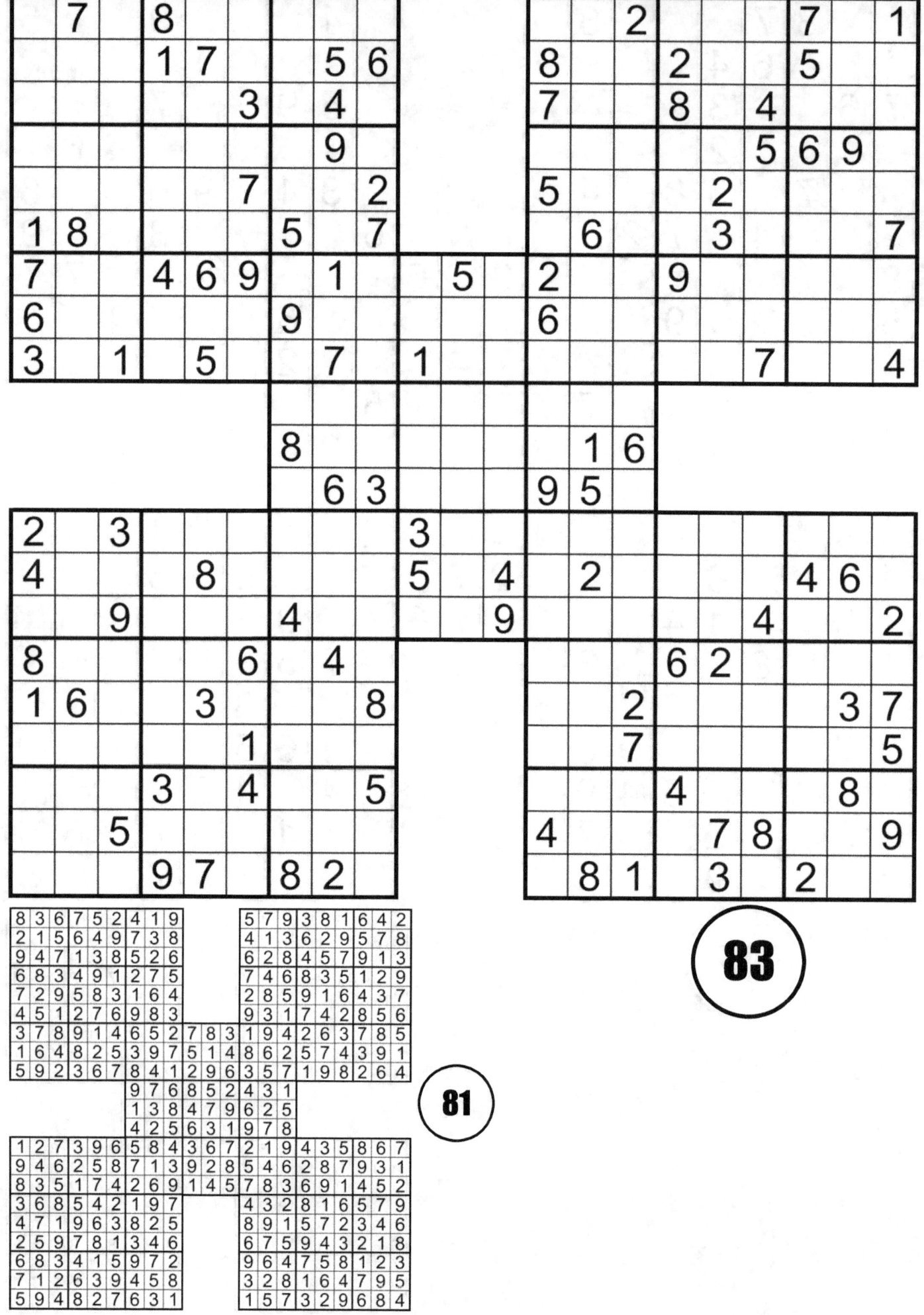

| | | | | | | | | | | | | | | | | | | | | |
|---|---|---|---|---|---|---|---|---|---|---|---|---|---|---|---|---|---|---|---|---|
| | 1 | 8 | | | | | | | | | | | | | | 4 | | | 6 | |
| | | | 1 | | 2 | | 8 | | | | | 2 | | 6 | | 8 | | | 3 | |
| | | | 3 | | 5 | | | 6 | | | | 8 | | | | 7 | | | | 9 |
| 1 | 8 | | | 2 | | | | | | | | | | | | | 4 | | | |
| | 3 | 4 | | | | 9 | | | | | | | 9 | | 6 | | 1 | 5 | | 4 |
| | 2 | | | | 3 | 6 | | | | | | 5 | | | | | | | | |
| | | 7 | 8 | | | | | | 8 | 4 | | | | | 4 | | | | 7 | |
| | | | | | | | | 4 | 3 | | | | | | | | 8 | | | |
| | | | 4 | | 1 | | 7 | | | | | 4 | | | | 5 | | 9 | | |
| | | | | | | | | 2 | | 7 | | 8 | | 6 | | | | | | |
| | | | | | | | | | | | | | 3 | | | | | | | |
| | | | | | | 4 | 3 | | | | 6 | 2 | | | | | | | | |
| | 1 | | 2 | | | | | 9 | | | 1 | | 7 | | | | 2 | | | |
| | | | | 4 | | | | | | | | | | | 7 | | | | | 2 |
| 9 | | | 5 | | | | | | | 5 | | | | | | | 4 | | | 6 |
| | 8 | | | | | | | 4 | | | | | 1 | | | | | | | 5 |
| | | | 7 | | | | 9 | | | | | | | | | 4 | | 3 | | |
| | 4 | | | 9 | | | 5 | | | | | | | | 1 | | | 6 | | |
| | 5 | | | | | | | | | | | | | | 2 | | 3 | | | 8 |
| | | 7 | 4 | | | 2 | 3 | | | | | | 3 | | | 6 | | 7 | | 1 |
| | 3 | | | | 8 | | 7 | | | | | 9 | 4 | | | 8 | | 2 | | |

**84**

**82**

| | | | | | | | | | | | | | | | | | | | | |
|---|---|---|---|---|---|---|---|---|---|---|---|---|---|---|---|---|---|---|---|---|
| 2 | 4 | 8 | 7 | 9 | 1 | 5 | 3 | 6 | | | | 7 | 4 | 8 | 2 | 6 | 9 | 1 | 3 | 5 |
| 1 | 5 | 3 | 6 | 4 | 2 | 8 | 7 | 9 | | | | 2 | 6 | 3 | 4 | 1 | 5 | 8 | 9 | 7 |
| 7 | 6 | 9 | 8 | 3 | 5 | 4 | 1 | 2 | | | | 1 | 5 | 9 | 8 | 3 | 7 | 6 | 2 | 4 |
| 4 | 8 | 1 | 3 | 2 | 6 | 7 | 9 | 5 | | | | 9 | 8 | 7 | 5 | 4 | 2 | 3 | 6 | 1 |
| 6 | 2 | 7 | 9 | 5 | 8 | 3 | 4 | 1 | | | | 5 | 3 | 1 | 7 | 9 | 6 | 2 | 4 | 8 |
| 3 | 9 | 5 | 4 | 1 | 7 | 2 | 6 | 8 | | | | 6 | 2 | 4 | 1 | 8 | 3 | 7 | 5 | 9 |
| 8 | 1 | 4 | 5 | 6 | 3 | 9 | 2 | 7 | 3 | 8 | 6 | 4 | 1 | 5 | 3 | 2 | 8 | 9 | 7 | 6 |
| 5 | 3 | 6 | 2 | 7 | 9 | 1 | 8 | 4 | 9 | 5 | 2 | 3 | 7 | 6 | 9 | 5 | 1 | 4 | 8 | 2 |
| 9 | 7 | 2 | 1 | 8 | 4 | 6 | 5 | 3 | 7 | 4 | 1 | 8 | 9 | 2 | 6 | 7 | 4 | 5 | 1 | 3 |
| | | | | | | 2 | 7 | 1 | 6 | 9 | 8 | 5 | 4 | 3 | | | | | | |
| | | | | | | 5 | 3 | 6 | 1 | 2 | 4 | 9 | 8 | 7 | | | | | | |
| | | | | | | 4 | 9 | 8 | 5 | 3 | 7 | 6 | 2 | 1 | | | | | | |
| 6 | 8 | 4 | 5 | 3 | 2 | 7 | 1 | 9 | 8 | 6 | 5 | 2 | 3 | 4 | 7 | 6 | 1 | 9 | 5 | 8 |
| 1 | 9 | 2 | 7 | 6 | 8 | 3 | 4 | 5 | 2 | 7 | 9 | 1 | 6 | 8 | 9 | 3 | 5 | 4 | 7 | 2 |
| 7 | 5 | 3 | 9 | 1 | 4 | 8 | 6 | 2 | 4 | 1 | 3 | 7 | 5 | 9 | 2 | 4 | 8 | 6 | 3 | 1 |
| 5 | 2 | 6 | 8 | 4 | 9 | 1 | 3 | 7 | | | | 9 | 7 | 5 | 6 | 1 | 4 | 8 | 2 | 3 |
| 8 | 4 | 9 | 1 | 7 | 3 | 5 | 2 | 6 | | | | 4 | 8 | 2 | 3 | 7 | 9 | 5 | 1 | 6 |
| 3 | 7 | 1 | 2 | 5 | 6 | 9 | 8 | 4 | | | | 3 | 1 | 6 | 5 | 8 | 2 | 7 | 9 | 4 |
| 2 | 6 | 7 | 3 | 8 | 5 | 4 | 9 | 1 | | | | 5 | 4 | 7 | 1 | 2 | 6 | 3 | 8 | 9 |
| 9 | 3 | 5 | 4 | 2 | 1 | 6 | 7 | 8 | | | | 8 | 9 | 1 | 4 | 5 | 3 | 2 | 6 | 7 |
| 4 | 1 | 8 | 6 | 9 | 7 | 2 | 5 | 3 | | | | 6 | 2 | 3 | 8 | 9 | 7 | 1 | 4 | 5 |

| | | | | | | | | | | | | | | | | | | | | |
|---|---|---|---|---|---|---|---|---|---|---|---|---|---|---|---|---|---|---|---|---|
| 8 | | 6 | 7 | | | | | 3 | | | | | | 2 | | | 7 | 9 | 3 | |
| | 9 | | | | | | | | | | | | 4 | | | 3 | 5 | | | |
| | | | | | 8 | | | | | | | | 8 | | | | | | 6 | |
| | | | | | 4 | | | | | | | 8 | | | 5 | 2 | | | | |
| 7 | | 3 | | 8 | | 2 | 5 | | | | | | | | 7 | | 8 | | | 9 |
| | | 1 | | 7 | 5 | | 8 | | | | | | 5 | | 9 | | | | 4 | |
| | | | | | | | | | | | | 5 | | 8 | 3 | | | 4 | | |
| | | 7 | | | 2 | 5 | | | | | | | | | | | | | | |
| | | | | 3 | 9 | | 7 | | | 3 | | | | | | | | 8 | | |
| | | | | | | 4 | | | 6 | | | | | | | | | | | |
| | | | | | | | | | 5 | 2 | 1 | | | | | | | | | |
| | | | | | | | 1 | | | | 4 | | | 6 | | | | | | |
| | | | | | | 7 | | | 4 | | | 8 | | | 9 | 5 | | | | 4 |
| | | | 1 | 5 | | | | | | | | | | | 1 | 2 | | | | 5 |
| | 2 | | 9 | | | | | | | | 7 | | 9 | | 3 | | | | | |
| | 9 | 7 | | | | 2 | | | | | | | 2 | | | | | | 9 | |
| | | 4 | 2 | | | | 7 | 3 | | | | 1 | | | 8 | 9 | | | 7 | |
| | | | 4 | | | 6 | | | | | | | | | | 3 | 1 | | | |
| | 4 | 9 | | | 3 | | 6 | | | | | | | 9 | | | 3 | | | 6 |
| | | | | | 9 | 8 | 3 | 2 | | | | | | | 6 | | | 1 | | |
| | 8 | | | | | | | | | | | | 1 | | | 8 | 7 | | | |

| | | | | | | | | | | | | | | | | | | | | |
|---|---|---|---|---|---|---|---|---|---|---|---|---|---|---|---|---|---|---|---|---|
| 5 | 7 | 4 | 8 | 9 | 6 | 2 | 3 | 1 | | | | 4 | 3 | 2 | 5 | 9 | 6 | 7 | 8 | 1 |
| 2 | 3 | 9 | 1 | 7 | 4 | 8 | 5 | 6 | | | | 8 | 1 | 6 | 2 | 7 | 3 | 5 | 4 | 9 |
| 8 | 1 | 6 | 5 | 2 | 3 | 7 | 4 | 9 | | | | 7 | 5 | 9 | 8 | 1 | 4 | 3 | 6 | 2 |
| 4 | 2 | 7 | 6 | 8 | 5 | 1 | 9 | 3 | | | | 1 | 2 | 4 | 7 | 8 | 5 | 6 | 9 | 3 |
| 9 | 6 | 5 | 3 | 1 | 7 | 4 | 8 | 2 | | | | 5 | 7 | 3 | 6 | 2 | 9 | 4 | 1 | 8 |
| 1 | 8 | 3 | 9 | 4 | 2 | 5 | 6 | 7 | | | | 9 | 6 | 8 | 4 | 3 | 1 | 2 | 5 | 7 |
| 7 | 5 | 2 | 4 | 6 | 9 | 3 | 1 | 8 | 9 | 5 | 6 | 2 | 4 | 7 | 9 | 5 | 8 | 1 | 3 | 6 |
| 6 | 4 | 8 | 7 | 3 | 1 | 9 | 2 | 5 | 4 | 7 | 3 | 6 | 8 | 1 | 3 | 4 | 2 | 9 | 7 | 5 |
| 3 | 9 | 1 | 2 | 5 | 8 | 6 | 7 | 4 | 1 | 2 | 8 | 3 | 9 | 5 | 1 | 6 | 7 | 8 | 2 | 4 |
| | | | | | | 2 | 5 | 7 | 6 | 9 | 1 | 4 | 3 | 8 | | | | | | |
| | | | | | | 8 | 4 | 9 | 2 | 3 | 5 | 7 | 1 | 6 | | | | | | |
| | | | | | | 1 | 6 | 3 | 8 | 4 | 7 | 9 | 5 | 2 | | | | | | |
| 2 | 8 | 3 | 4 | 6 | 7 | 5 | 9 | 1 | 3 | 6 | 2 | 8 | 7 | 4 | 9 | 6 | 2 | 3 | 5 | 1 |
| 4 | 5 | 1 | 2 | 8 | 9 | 7 | 3 | 6 | 5 | 8 | 4 | 1 | 2 | 9 | 7 | 5 | 3 | 4 | 6 | 8 |
| 6 | 7 | 9 | 1 | 5 | 3 | 4 | 8 | 2 | 7 | 1 | 9 | 5 | 6 | 3 | 1 | 8 | 4 | 9 | 7 | 2 |
| 8 | 3 | 2 | 5 | 9 | 6 | 1 | 4 | 7 | | | | 3 | 5 | 8 | 6 | 2 | 7 | 1 | 9 | 4 |
| 1 | 6 | 4 | 7 | 3 | 2 | 9 | 5 | 8 | | | | 9 | 1 | 2 | 8 | 4 | 5 | 6 | 3 | 7 |
| 5 | 9 | 7 | 8 | 4 | 1 | 2 | 6 | 3 | | | | 6 | 4 | 7 | 3 | 9 | 1 | 8 | 2 | 5 |
| 9 | 2 | 8 | 3 | 1 | 4 | 6 | 7 | 5 | | | | 2 | 9 | 5 | 4 | 1 | 6 | 7 | 8 | 3 |
| 7 | 4 | 5 | 6 | 2 | 8 | 3 | 1 | 9 | | | | 4 | 3 | 6 | 2 | 7 | 8 | 5 | 1 | 9 |
| 3 | 1 | 6 | 9 | 7 | 5 | 8 | 2 | 4 | | | | 7 | 8 | 1 | 5 | 3 | 9 | 2 | 4 | 6 |

83

85

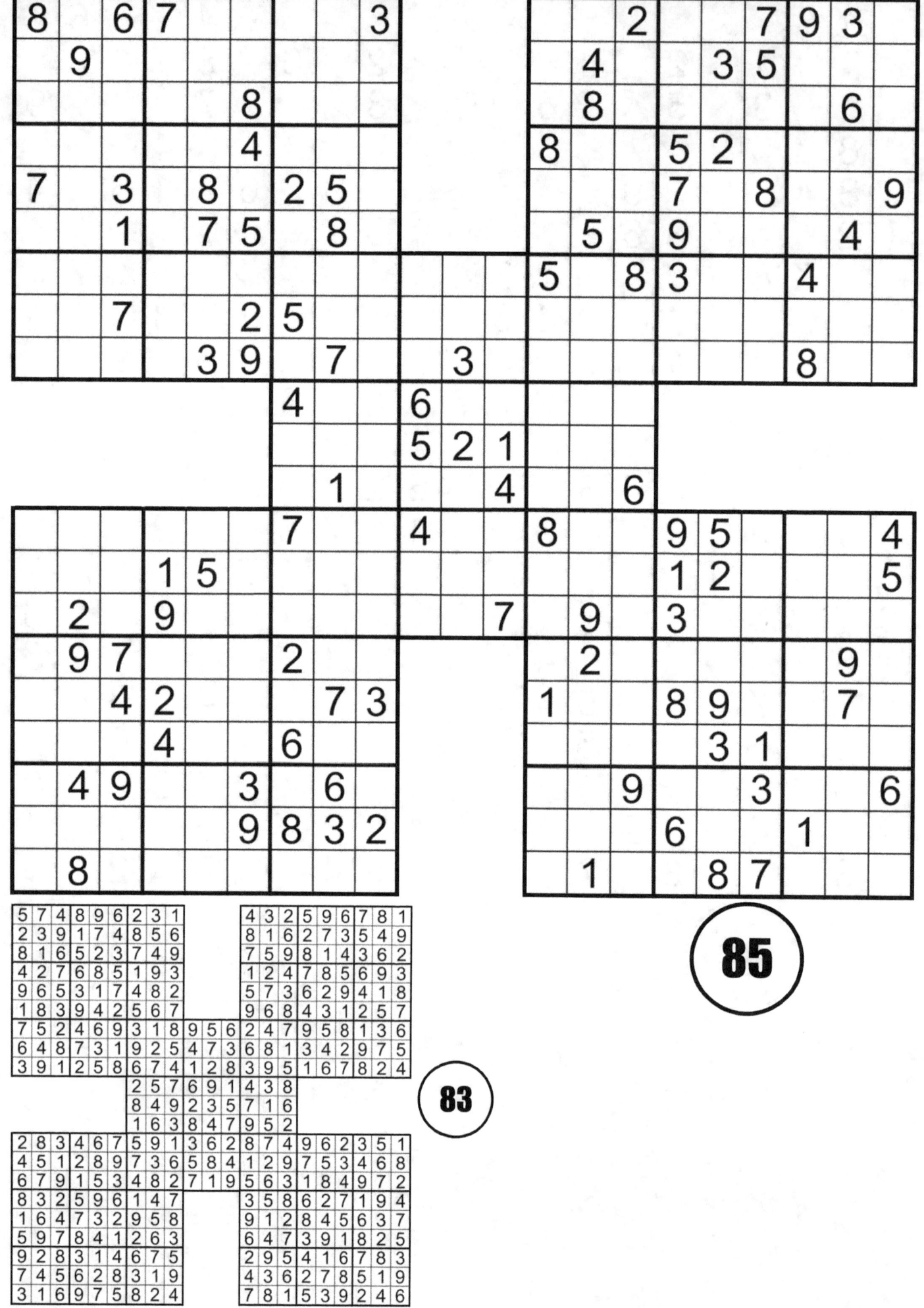

| | | | | | | | | | | | | | | | | | | | | |
|---|---|---|---|---|---|---|---|---|---|---|---|---|---|---|---|---|---|---|---|---|
| | | | | 7 | | | | | | | | | 9 | | | 7 | 2 | | | 3 |
| | 8 | 6 | | | | | | | | | | 8 | | | | | 6 | | 5 | |
| | 9 | | | 3 | | | 2 | | | | | 1 | | | | 3 | | 6 | | 2 |
| | | 7 | 4 | 5 | | | 9 | | | | | | | | | 9 | | | | 1 |
| | 6 | 3 | | 1 | 8 | | | | | | | | | | | 8 | 3 | 7 | | |
| | | 1 | | | | | | 6 | | | | 2 | 4 | | | | | | | |
| | | | 3 | 9 | | | | | | | | 7 | | | | | 5 | | | |
| | | | | | | | | | | | | | | | 7 | | | | 1 | |
| | | | | | 1 | | | 2 | | 6 | 5 | | 1 | | | | | | | |
| | | | | | | | | | 3 | 1 | 4 | | | | | | | | | |
| | | | | | | 7 | 3 | 4 | | 8 | | | | | | | | | | |
| | | | | | | | | 6 | 7 | | | 9 | | | | | | | | |
| | | | | | 8 | | 4 | | | | | | | | | 1 | 9 | | | |
| 1 | | | | | | | | 7 | | | | 1 | 9 | | | | 7 | | | 3 |
| 7 | | | | | 5 | | | | | 4 | | | | | | 8 | 6 | | 1 | |
| | | | | | | | | | | | | 6 | 2 | 1 | | | | | 4 | |
| | | 1 | | | 6 | 3 | 5 | | | | | | | | 5 | 9 | | | | |
| | 5 | | | | 2 | | | | | | | | | | | | | | 3 | |
| 2 | | 6 | | | | 8 | | | | | | | | 6 | | | | | | |
| | 9 | | 3 | | | | | | | | | | | | | | 1 | | 8 | |
| | | 3 | | | 9 | | | 2 | | | | 9 | 4 | | | | | | | |

**86**

| | | | | | | | | | | | | | | | | | | | | |
|---|---|---|---|---|---|---|---|---|---|---|---|---|---|---|---|---|---|---|---|---|
| 5 | 1 | 8 | 9 | 6 | 4 | 7 | 2 | 3 | | | | 1 | 7 | 9 | 2 | 4 | 3 | 8 | 6 | 5 |
| 4 | 6 | 3 | 1 | 7 | 2 | 5 | 8 | 9 | | | | 2 | 4 | 6 | 9 | 8 | 5 | 7 | 3 | 1 |
| 9 | 7 | 2 | 3 | 8 | 5 | 1 | 4 | 6 | | | | 8 | 3 | 5 | 1 | 7 | 6 | 2 | 4 | 9 |
| 1 | 8 | 5 | 6 | 2 | 9 | 4 | 3 | 7 | | | | 3 | 2 | 1 | 5 | 9 | 4 | 6 | 8 | 7 |
| 6 | 3 | 4 | 7 | 1 | 8 | 9 | 5 | 2 | | | | 7 | 9 | 8 | 6 | 3 | 1 | 5 | 2 | 4 |
| 7 | 2 | 9 | 5 | 4 | 3 | 6 | 1 | 8 | | | | 5 | 6 | 4 | 8 | 2 | 7 | 1 | 9 | 3 |
| 2 | 4 | 7 | 8 | 5 | 6 | 3 | 9 | 1 | 8 | 4 | 7 | 6 | 5 | 2 | 4 | 1 | 9 | 3 | 7 | 8 |
| 3 | 5 | 1 | 2 | 9 | 7 | 8 | 6 | 4 | 3 | 2 | 5 | 9 | 1 | 7 | 3 | 6 | 8 | 4 | 5 | 2 |
| 8 | 9 | 6 | 4 | 3 | 1 | 2 | 7 | 5 | 1 | 6 | 9 | 4 | 8 | 3 | 7 | 5 | 2 | 9 | 1 | 6 |
| | | | | | | 1 | 5 | 2 | 9 | 7 | 3 | 8 | 4 | 6 | | | | | | |
| | | | | | | 9 | 8 | 6 | 4 | 1 | 2 | 7 | 3 | 5 | | | | | | |
| | | | | | | 4 | 3 | 7 | 5 | 8 | 6 | 2 | 9 | 1 | | | | | | |
| 5 | 1 | 3 | 2 | 8 | 7 | 6 | 4 | 9 | 2 | 3 | 1 | 5 | 7 | 8 | 6 | 3 | 2 | 1 | 4 | 9 |
| 6 | 7 | 8 | 9 | 4 | 1 | 5 | 2 | 3 | 7 | 9 | 8 | 1 | 6 | 4 | 7 | 9 | 5 | 8 | 3 | 2 |
| 9 | 2 | 4 | 5 | 6 | 3 | 7 | 1 | 8 | 6 | 5 | 4 | 3 | 2 | 9 | 8 | 1 | 4 | 5 | 7 | 6 |
| 7 | 8 | 9 | 1 | 5 | 2 | 3 | 6 | 4 | | | | 4 | 1 | 6 | 3 | 2 | 7 | 9 | 8 | 5 |
| 1 | 6 | 5 | 7 | 3 | 4 | 8 | 9 | 2 | | | | 2 | 8 | 5 | 9 | 4 | 6 | 3 | 1 | 7 |
| 3 | 4 | 2 | 8 | 9 | 6 | 1 | 5 | 7 | | | | 7 | 9 | 3 | 1 | 5 | 8 | 6 | 2 | 4 |
| 2 | 5 | 6 | 3 | 7 | 9 | 4 | 8 | 1 | | | | 6 | 5 | 1 | 2 | 7 | 3 | 4 | 9 | 8 |
| 8 | 9 | 7 | 4 | 1 | 5 | 2 | 3 | 6 | | | | 8 | 3 | 2 | 4 | 6 | 9 | 7 | 5 | 1 |
| 4 | 3 | 1 | 6 | 2 | 8 | 9 | 7 | 5 | | | | 9 | 4 | 7 | 5 | 8 | 1 | 2 | 6 | 3 |

**84**

| | | | | | | | | | | | | | | | | | | | | |
|---|---|---|---|---|---|---|---|---|---|---|---|---|---|---|---|---|---|---|---|---|
|3| | | |7| | |9| | | | |6| | | | | | |5|2|
| |4| | | |1|7| | | | | |3|1| | |4|5| |7| |
| | | | | | | |2| | | | | | | | |8| | | |9|
| | | | | |7|1| | | | | |2| | | | |6| |9| |
| |7| |8| |9| | |2| | | | |3| | | | | | | |
|6| | |2| | | |4| | | | |4| |5| | | | | | |
| | | | | | | | | | | | | | |6|8| | | | |7|
| | | | | |8| |6|5|4|3| | | |7| | | | |6|3|
| |3|9|5| | | |7| | | | | | | | | |7| | | |
| | | | | | | | | | | | |4|9| | | | | | | |
| | | | | | | |5| | |6| | |3|2| | | | | | |
| | | | | | |1|3| | |9| | | | | | | | | | |
| | |3|7|2| | |4| |8| | | | | |7| | | | |2|
| |5| | | | |7|9| | | |3| | |8| | |3| | | |
| | | |1| |5|3| |2|9| | | | | | | |9| | | |
|3| |8| | |4| |1| | | | |7|6| | |8| | |4| |
|1|4| |9|5| |8| | | | | | | | | | | | |5| |
| | | |8| | | | | | | | | | | |4| |5| | |7|
| |2| | | | |1| | | | | | | | | |3|1|8| | |
| | | | |7| | |5|3| | | | | | |8| | |2| | |
| | |5| | | |6| | | | | | | |3|5| | | |7| |

| | | | | | | | | | | | | | | | | | | | | |
|---|---|---|---|---|---|---|---|---|---|---|---|---|---|---|---|---|---|---|---|---|
|8|5|6|7|4|1|9|2|3| | | |6|1|2|4|8|7|9|3|5|
|1|9|2|5|6|3|7|4|8| | | |9|4|7|6|3|5|1|8|2|
|3|7|4|2|9|8|6|1|5| | | |3|8|5|1|9|2|7|6|4|
|5|6|8|1|2|4|3|9|7| | | |8|9|4|5|2|6|3|1|7|
|7|4|3|9|8|6|2|5|1| | | |2|3|1|7|4|8|6|5|9|
|9|2|1|3|7|5|4|8|6| | | |7|5|6|9|1|3|2|4|8|
|6|8|9|4|5|7|1|3|2|9|4|6|5|7|8|3|6|9|4|2|1|
|4|3|7|8|1|2|5|6|9|7|1|8|4|2|3|8|7|1|5|9|6|
|2|1|5|6|3|9|8|7|4|2|3|5|1|6|9|2|5|4|8|7|3|
| | | | | | |4|8|5|6|7|9|3|1|2| | | | | | |
| | | | | | |6|9|3|5|2|1|7|8|4| | | | | | |
| | | | | | |2|1|7|3|8|4|9|5|6| | | | | | |
|9|1|8|3|2|4|7|5|6|4|9|2|8|3|1|9|5|6|7|2|4|
|4|7|3|1|5|6|9|2|8|1|5|3|6|4|7|1|2|8|9|3|5|
|5|2|6|9|8|7|3|4|1|8|6|7|2|9|5|3|7|4|6|1|8|
|1|9|7|6|3|5|2|8|4| | | |7|2|3|4|6|5|8|9|1|
|6|5|4|2|9|8|1|7|3| | | |1|6|4|8|9|2|5|7|3|
|8|3|2|4|7|1|6|9|5| | | |9|5|8|7|3|1|4|6|2|
|2|4|9|8|1|3|5|6|7| | | |4|7|9|5|1|3|2|8|6|
|7|6|1|5|4|9|8|3|2| | | |3|8|2|6|4|9|1|5|7|
|3|8|5|7|6|2|4|1|9| | | |5|1|6|2|8|7|3|4|9|

85

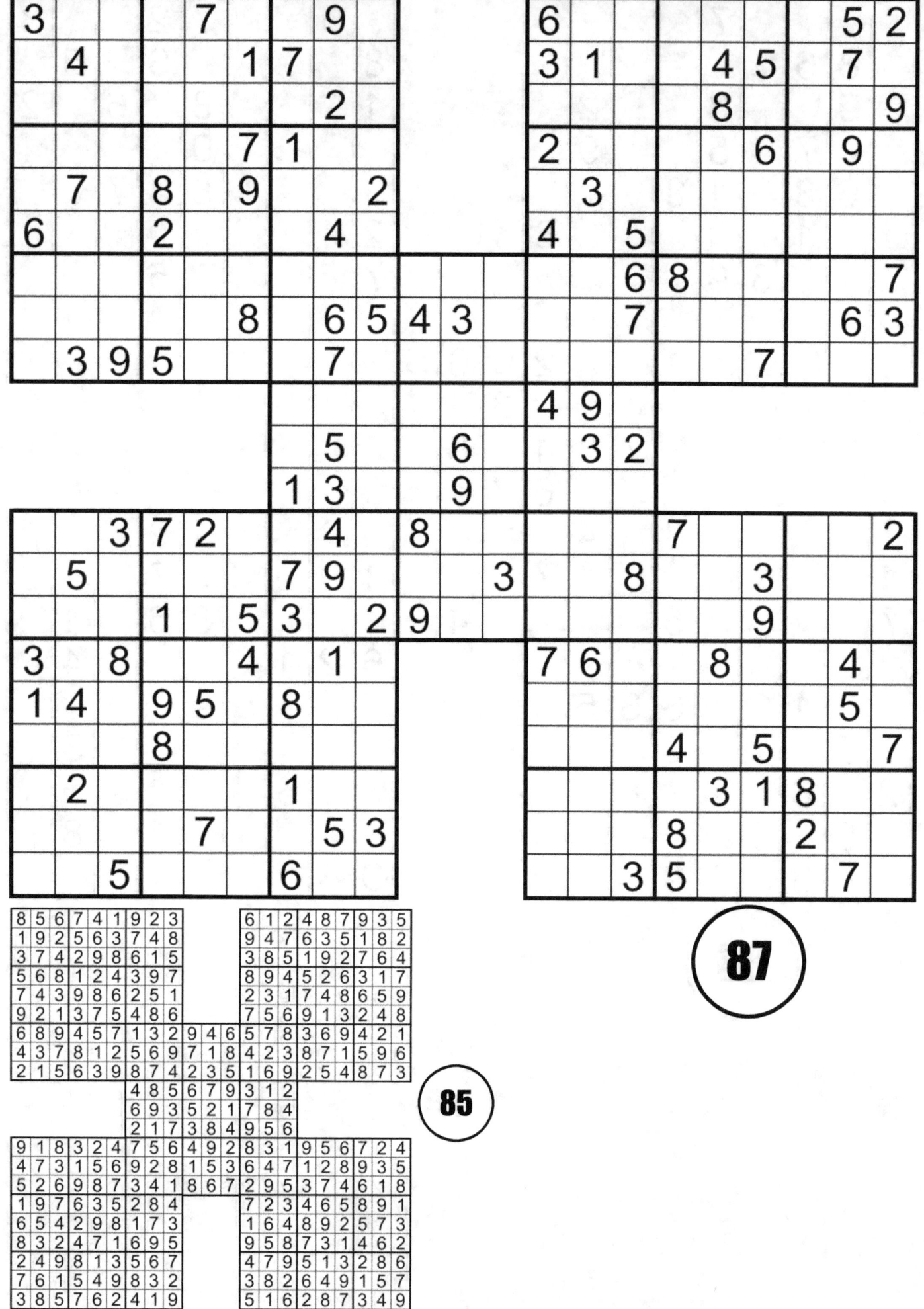

| | | | | | | | | | | | | | | | | | | | | |
|---|---|---|---|---|---|---|---|---|---|---|---|---|---|---|---|---|---|---|---|---|
| | | 1 | 5 | 8 | | | | | | | | | | | | | 8 | 5 | | 9 |
| | | | | | | | | | | | | | 5 | | 3 | | | 7 | 4 | |
| | | 8 | | | | 2 | | 9 | | | | | | | 4 | 5 | | | 6 | |
| | 4 | 3 | | | 1 | | | 5 | | | | 6 | 7 | | 1 | | | | | |
| | 1 | 2 | | | | | | | | | | | | | | 9 | | | | |
| | | 5 | | | 2 | 7 | | | | | | | 8 | 2 | 5 | | | | | |
| 1 | | | | 4 | 8 | | | | | | | | | | | 3 | 5 | | | |
| | 5 | | | 6 | | | 3 | | | | | | | | | | | | 2 | 3 |
| 9 | | | | 2 | | | | | | 7 | | | 2 | | | 7 | | | 5 | 4 |
| | | | | | | | | | 1 | | | 7 | | | | | | | | |
| | | | | | | | 5 | | | | | | 8 | | | | | | | |
| | | | | | | 1 | | | | 6 | 3 | | | | | | | | | |
| | 3 | | | 4 | 6 | 8 | | | | | 9 | | | 6 | 3 | | | 9 | | |
| | | | | | | | | | | 4 | | | | | | | | 8 | | |
| 9 | | | 5 | 8 | | | 1 | 4 | | | | | | | | | 1 | 4 | 2 | |
| 8 | | | | | 4 | | | | | | | | | | | 9 | | | 7 | |
| | | | | | | 4 | | | | | | | | | | 5 | 3 | | | |
| | | 2 | | 1 | | | 8 | | | | | | 5 | 4 | | 1 | 2 | | | |
| | | 5 | | | 8 | | | | | | | | | 3 | | | | | | 5 |
| 6 | 4 | | 2 | 7 | | | 5 | | | | | | 2 | 9 | | 3 | | | | |
| | 9 | | | | | | 7 | 8 | | | | | 8 | | 4 | | 5 | | | |

**88**

| | | | | | | | | | | | | | | | | | | | | |
|---|---|---|---|---|---|---|---|---|---|---|---|---|---|---|---|---|---|---|---|---|
| 5 | 3 | 2 | 8 | 7 | 9 | 6 | 1 | 4 | | | | 5 | 9 | 6 | 8 | 7 | 2 | 1 | 4 | 3 |
| 7 | 8 | 6 | 1 | 4 | 2 | 5 | 3 | 9 | | | | 8 | 2 | 3 | 1 | 4 | 6 | 9 | 5 | 7 |
| 1 | 9 | 4 | 6 | 3 | 5 | 7 | 2 | 8 | | | | 1 | 7 | 4 | 5 | 3 | 9 | 6 | 8 | 2 |
| 8 | 2 | 7 | 4 | 5 | 6 | 1 | 9 | 3 | | | | 3 | 6 | 8 | 4 | 9 | 7 | 5 | 2 | 1 |
| 4 | 6 | 3 | 9 | 1 | 8 | 2 | 5 | 7 | | | | 9 | 5 | 1 | 2 | 8 | 3 | 7 | 6 | 4 |
| 9 | 5 | 1 | 7 | 2 | 3 | 8 | 4 | 6 | | | | 2 | 4 | 7 | 6 | 5 | 1 | 3 | 9 | 8 |
| 2 | 1 | 8 | 3 | 9 | 7 | 4 | 6 | 5 | 1 | 9 | 3 | 7 | 8 | 2 | 9 | 1 | 5 | 4 | 3 | 6 |
| 3 | 7 | 5 | 2 | 6 | 4 | 9 | 8 | 1 | 4 | 2 | 7 | 6 | 3 | 5 | 7 | 2 | 4 | 8 | 1 | 9 |
| 6 | 4 | 9 | 5 | 8 | 1 | 3 | 7 | 2 | 8 | 6 | 5 | 4 | 1 | 9 | 3 | 6 | 8 | 2 | 7 | 5 |
| | | | | | | 2 | 5 | 9 | 3 | 1 | 4 | 8 | 7 | 6 | | | | | | |
| | | | | | | 7 | 3 | 4 | 6 | 8 | 9 | 5 | 2 | 1 | | | | | | |
| | | | | | | 8 | 1 | 6 | 7 | 5 | 2 | 9 | 4 | 3 | | | | | | |
| 9 | 6 | 2 | 1 | 7 | 8 | 5 | 4 | 3 | 9 | 7 | 1 | 2 | 6 | 8 | 3 | 1 | 9 | 4 | 5 | 7 |
| 1 | 8 | 5 | 9 | 3 | 4 | 6 | 2 | 7 | 5 | 3 | 8 | 1 | 9 | 4 | 2 | 5 | 7 | 8 | 6 | 3 |
| 7 | 3 | 4 | 2 | 6 | 5 | 1 | 9 | 8 | 2 | 4 | 6 | 3 | 5 | 7 | 4 | 8 | 6 | 9 | 1 | 2 |
| 6 | 4 | 9 | 8 | 5 | 3 | 2 | 7 | 1 | | | | 6 | 2 | 1 | 8 | 7 | 3 | 5 | 4 | 9 |
| 8 | 2 | 1 | 7 | 9 | 6 | 3 | 5 | 4 | | | | 4 | 8 | 3 | 5 | 9 | 2 | 1 | 7 | 6 |
| 3 | 5 | 7 | 4 | 1 | 2 | 9 | 8 | 6 | | | | 5 | 7 | 9 | 1 | 6 | 4 | 2 | 3 | 8 |
| 2 | 1 | 6 | 5 | 4 | 7 | 8 | 3 | 9 | | | | 8 | 1 | 6 | 7 | 2 | 5 | 3 | 9 | 4 |
| 4 | 9 | 8 | 3 | 2 | 1 | 7 | 6 | 5 | | | | 7 | 3 | 2 | 9 | 4 | 1 | 6 | 8 | 5 |
| 5 | 7 | 3 | 6 | 8 | 9 | 4 | 1 | 2 | | | | 9 | 4 | 5 | 6 | 3 | 8 | 7 | 2 | 1 |

**86**

| | | | | | | | | | | | | | | | | | | | | |
|---|---|---|---|---|---|---|---|---|---|---|---|---|---|---|---|---|---|---|---|---|
| 7 | 9 | | | 5 | | 1 | | 8 | | | | | | 7 | | | 9 | 1 | | 4 |
| | 5 | | | | | | | | | | | | | | | 7 | | 2 | | |
| | 1 | 4 | | | | | 2 | | | | | | | | | | | | 6 | |
| 1 | | | 6 | 2 | | | | | | | | | | 3 | | | 7 | | 8 | |
| | | | 5 | 3 | | | | | | | | | 6 | | 9 | | | | | 2 |
| | | | | | | | | 9 | | | | | 1 | | | | | | 3 | |
| | 2 | | 3 | | | | 6 | | 2 | | | | 4 | | | 9 | | 6 | 2 | |
| 4 | | | 7 | | | 3 | | | | | 8 | | | | 2 | | 4 | | | |
| 6 | 7 | | | | | | | | 6 | 5 | | | | | | | | 4 | | 8 |
| | | | | | | | | | | | 6 | | | 4 | | | | | | |
| | | | | | | | | | | | | | | | | | | | | |
| | | | | | | 1 | | | 9 | | | 7 | | 3 | | | | | | |
| | | | | | | | | 8 | | 3 | | | | | | | | 3 | | 5 |
| 5 | | 7 | | | | 9 | | | | | | 4 | | 5 | | | | 2 | | |
| 1 | | | | | 7 | | | | | | | 9 | 3 | | | | | | 4 | 1 |
| | 5 | | | 7 | | 1 | | | | | | | | 6 | | | 2 | | | 3 |
| | 6 | | | 9 | 4 | 2 | | | | | | | 5 | 9 | 3 | | | | | |
| | | | | | 5 | | 8 | 9 | | | | 3 | 1 | | | | | | 2 | |
| 6 | | 3 | | | | | | | | | | 7 | | | 1 | | | | | 9 |
| 2 | | | | 6 | | | 3 | | | | | 6 | | | 4 | 8 | | | | |
| | 8 | | | | | | 6 | | | | | | | 1 | | | 9 | 6 | | |

89

| | | | | | | | | | | | | | | | | | | | | |
|---|---|---|---|---|---|---|---|---|---|---|---|---|---|---|---|---|---|---|---|---|
| 3 | 1 | 5 | 6 | 7 | 2 | 4 | 9 | 8 | | | | 6 | 9 | 8 | 7 | 1 | 3 | 4 | 5 | 2 |
| 9 | 4 | 2 | 3 | 8 | 1 | 7 | 5 | 6 | | | | 3 | 1 | 2 | 9 | 4 | 5 | 8 | 7 | 6 |
| 8 | 6 | 7 | 9 | 4 | 5 | 3 | 2 | 1 | | | | 7 | 5 | 4 | 6 | 8 | 2 | 1 | 3 | 9 |
| 2 | 5 | 3 | 4 | 6 | 7 | 1 | 8 | 9 | | | | 2 | 7 | 1 | 4 | 5 | 6 | 3 | 9 | 8 |
| 4 | 7 | 1 | 8 | 5 | 9 | 6 | 3 | 2 | | | | 8 | 3 | 9 | 2 | 7 | 1 | 6 | 4 | 5 |
| 6 | 9 | 8 | 2 | 1 | 3 | 5 | 4 | 7 | | | | 4 | 6 | 5 | 3 | 9 | 8 | 7 | 2 | 1 |
| 5 | 8 | 6 | 7 | 9 | 4 | 2 | 1 | 3 | 7 | 8 | 9 | 5 | 4 | 6 | 8 | 3 | 9 | 2 | 1 | 7 |
| 7 | 2 | 4 | 1 | 3 | 8 | 9 | 6 | 5 | 4 | 3 | 2 | 1 | 8 | 7 | 5 | 2 | 4 | 9 | 6 | 3 |
| 1 | 3 | 9 | 5 | 2 | 6 | 8 | 7 | 4 | 5 | 1 | 6 | 9 | 2 | 3 | 1 | 6 | 7 | 5 | 8 | 4 |
| | | | | | | 6 | 2 | 8 | 3 | 7 | 5 | 4 | 9 | 1 | | | | | | |
| | | | | | | 4 | 5 | 9 | 1 | 6 | 8 | 7 | 3 | 2 | | | | | | |
| | | | | | | 1 | 3 | 7 | 2 | 9 | 4 | 8 | 6 | 5 | | | | | | |
| 8 | 1 | 3 | 7 | 2 | 9 | 5 | 4 | 6 | 8 | 2 | 7 | 3 | 1 | 9 | 7 | 5 | 8 | 4 | 6 | 2 |
| 2 | 5 | 4 | 3 | 8 | 6 | 7 | 9 | 1 | 6 | 4 | 3 | 2 | 5 | 8 | 6 | 4 | 3 | 7 | 1 | 9 |
| 6 | 9 | 7 | 1 | 4 | 5 | 3 | 8 | 2 | 9 | 5 | 1 | 6 | 7 | 4 | 1 | 2 | 9 | 5 | 8 | 3 |
| 3 | 7 | 8 | 2 | 6 | 4 | 9 | 1 | 5 | | | | 7 | 6 | 5 | 3 | 8 | 2 | 9 | 4 | 1 |
| 1 | 4 | 2 | 9 | 5 | 3 | 8 | 6 | 7 | | | | 4 | 3 | 2 | 9 | 1 | 7 | 6 | 5 | 8 |
| 5 | 6 | 9 | 8 | 1 | 7 | 2 | 3 | 4 | | | | 9 | 8 | 1 | 4 | 6 | 5 | 3 | 2 | 7 |
| 4 | 2 | 6 | 5 | 3 | 8 | 1 | 7 | 9 | | | | 5 | 4 | 7 | 2 | 3 | 1 | 8 | 9 | 6 |
| 9 | 8 | 1 | 6 | 7 | 2 | 4 | 5 | 3 | | | | 1 | 9 | 6 | 8 | 7 | 4 | 2 | 3 | 5 |
| 7 | 3 | 5 | 4 | 9 | 1 | 6 | 2 | 8 | | | | 8 | 2 | 3 | 5 | 9 | 6 | 1 | 7 | 4 |

87

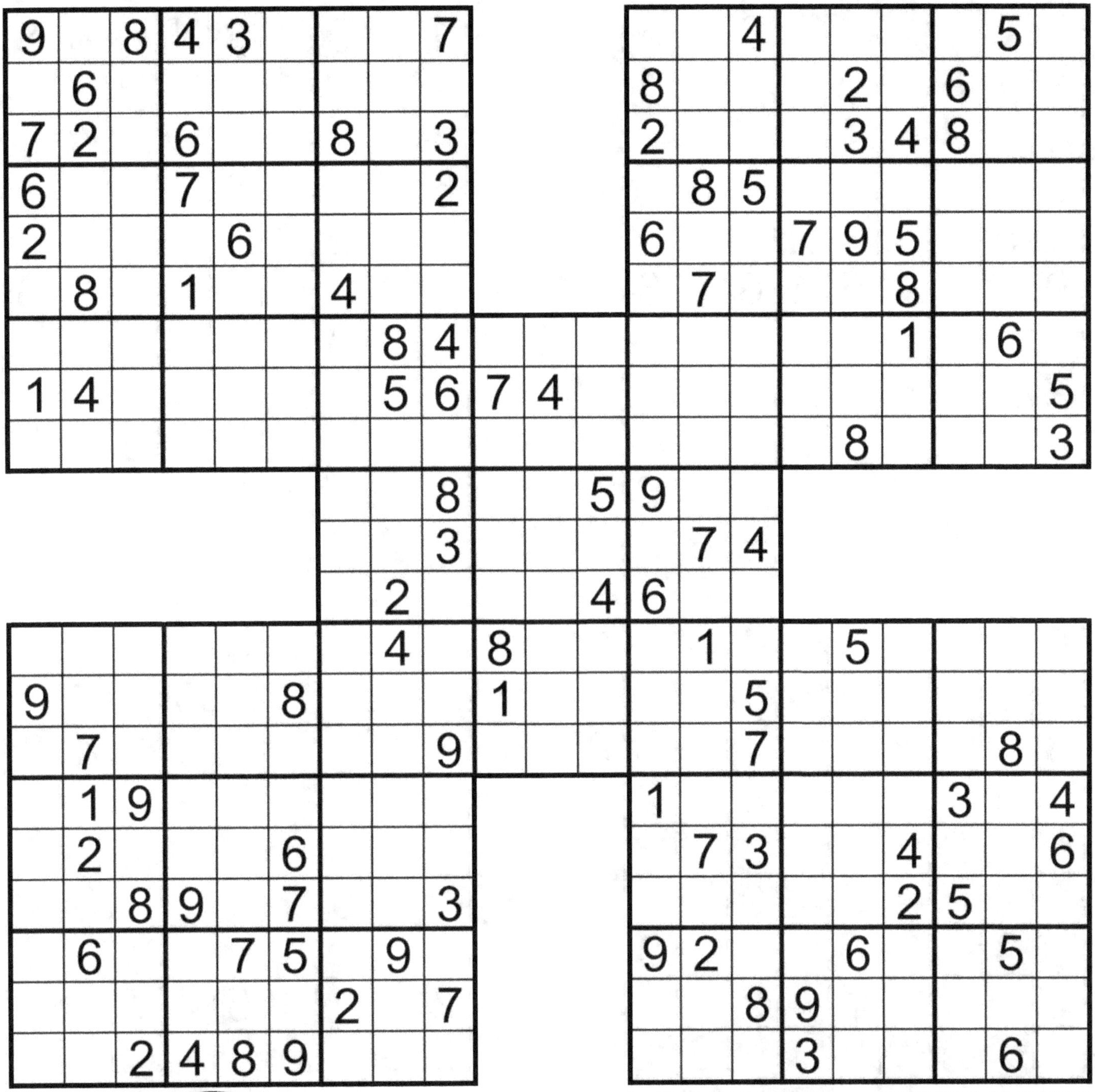

90

88

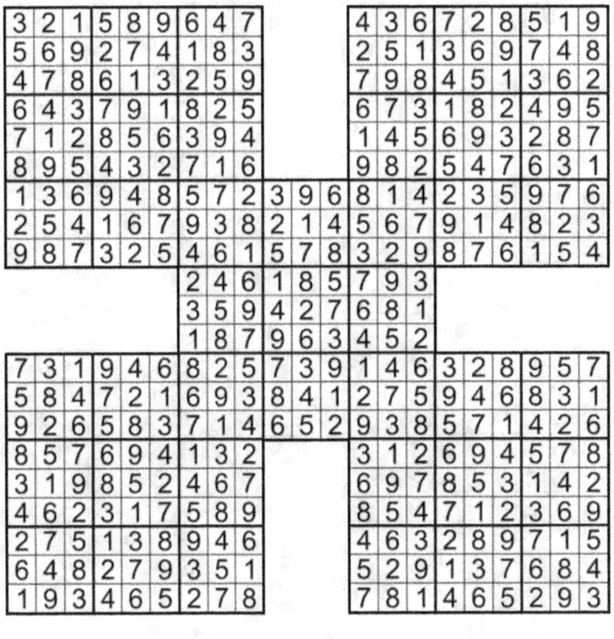

| | | | | | | | | | | | | | | | | | | | | |
|---|---|---|---|---|---|---|---|---|---|---|---|---|---|---|---|---|---|---|---|---|
| 5 | | | | | | 8 | 4 | | | | | 1 | | 9 | | 3 | 4 | | 6 | 8 |
| | | 6 | | 2 | 7 | | | 1 | | | | | | | 1 | | | 9 | | |
| | | 3 | | 4 | | | | | | | | 4 | | | | | | | | |
| 6 | | | | | | | 8 | | | | | 6 | | | | 8 | | 1 | | |
| | 5 | | | | 2 | | | | | | | | | 2 | 6 | | | | | |
| 9 | | | | 5 | 1 | 6 | | 3 | | | | | 4 | | | | | | 2 | 6 |
| | | | | 9 | | | | | 4 | 1 | | | 3 | 8 | | | | | | |
| 2 | | | 6 | | | | | | | | 7 | | 6 | 4 | | | 9 | | | 1 |
| | | | | | 5 | | | | | | | | | | | | | 8 | | 7 |
| | | | | | | | | 2 | | | | | | | | | | | | |
| | | | | | | 5 | 8 | | | | | | 2 | | | | | | | |
| | | | | | | | 6 | | | 3 | | | 7 | | | | | | | |
| 5 | | | 2 | | | 1 | 3 | | 8 | | | | | | | 4 | | | | |
| | 8 | | | | 4 | | | | | | | | | | | | 5 | | 2 | |
| 3 | | | 5 | | | | | | 9 | | | 3 | | | | | | | 4 | 8 |
| | 9 | | | | | 4 | | 2 | | | | | | 3 | | | | | | |
| | | 2 | | | | 3 | | | | | | | | | | | | 2 | | 1 |
| | | | 1 | 5 | | 9 | 7 | | | | | 4 | | 9 | | 1 | 2 | | 8 | |
| | 3 | | | | | | | 8 | | | | | | | | | | | | 2 |
| | | | | 7 | | 2 | | | | | | 2 | | 1 | | 5 | 4 | 7 | | |
| | | | | 9 | | | 6 | | | | | 7 | 5 | | 6 | | | | | |

| | | | | | | | | | | | | | | | | | | | | |
|---|---|---|---|---|---|---|---|---|---|---|---|---|---|---|---|---|---|---|---|---|
| 7 | 9 | 6 | 4 | 5 | 2 | 1 | 3 | 8 | | | | 2 | 3 | 7 | 8 | 6 | 9 | 1 | 5 | 4 |
| 2 | 5 | 8 | 9 | 1 | 3 | 4 | 7 | 6 | | | | 6 | 8 | 4 | 1 | 7 | 5 | 2 | 9 | 3 |
| 3 | 1 | 4 | 8 | 7 | 6 | 9 | 2 | 5 | | | | 1 | 9 | 5 | 3 | 4 | 2 | 8 | 6 | 7 |
| 1 | 4 | 9 | 6 | 2 | 8 | 7 | 5 | 3 | | | | 4 | 5 | 3 | 6 | 2 | 7 | 9 | 8 | 1 |
| 8 | 6 | 7 | 5 | 3 | 9 | 2 | 1 | 4 | | | | 7 | 6 | 8 | 9 | 3 | 1 | 5 | 4 | 2 |
| 5 | 3 | 2 | 1 | 4 | 7 | 6 | 8 | 9 | | | | 9 | 1 | 2 | 4 | 5 | 8 | 7 | 3 | 6 |
| 9 | 2 | 1 | 3 | 8 | 4 | 5 | 6 | 7 | 2 | 9 | 3 | 8 | 4 | 1 | 7 | 9 | 3 | 6 | 2 | 5 |
| 4 | 8 | 5 | 7 | 6 | 1 | 3 | 9 | 2 | 4 | 1 | 8 | 5 | 7 | 6 | 2 | 8 | 4 | 3 | 1 | 9 |
| 6 | 7 | 3 | 2 | 9 | 5 | 8 | 4 | 1 | 6 | 5 | 7 | 3 | 2 | 9 | 5 | 1 | 6 | 4 | 7 | 8 |
| | | | | | | 7 | 5 | 9 | 3 | 8 | 6 | 2 | 1 | 4 | | | | | | |
| | | | | | | 2 | 3 | 4 | 1 | 7 | 5 | 6 | 9 | 8 | | | | | | |
| | | | | | | 1 | 8 | 6 | 9 | 2 | 4 | 7 | 5 | 3 | | | | | | |
| 9 | 3 | 6 | 1 | 5 | 2 | 4 | 7 | 8 | 5 | 3 | 9 | 1 | 6 | 2 | 8 | 7 | 4 | 3 | 9 | 5 |
| 5 | 2 | 7 | 4 | 8 | 6 | 9 | 1 | 3 | 7 | 6 | 2 | 4 | 8 | 5 | 9 | 1 | 3 | 2 | 6 | 7 |
| 1 | 4 | 8 | 9 | 3 | 7 | 6 | 2 | 5 | 8 | 4 | 1 | 9 | 3 | 7 | 6 | 2 | 5 | 8 | 4 | 1 |
| 8 | 5 | 9 | 2 | 7 | 3 | 1 | 4 | 6 | | | | 8 | 7 | 6 | 5 | 4 | 2 | 9 | 1 | 3 |
| 3 | 6 | 1 | 8 | 9 | 4 | 2 | 5 | 7 | | | | 2 | 5 | 9 | 3 | 6 | 1 | 7 | 8 | 4 |
| 4 | 7 | 2 | 6 | 1 | 5 | 3 | 8 | 9 | | | | 3 | 1 | 4 | 7 | 9 | 8 | 5 | 2 | 6 |
| 6 | 1 | 3 | 5 | 4 | 8 | 7 | 9 | 2 | | | | 7 | 2 | 8 | 1 | 5 | 6 | 4 | 3 | 9 |
| 2 | 9 | 5 | 7 | 6 | 1 | 8 | 3 | 4 | | | | 6 | 9 | 3 | 4 | 8 | 7 | 1 | 5 | 2 |
| 7 | 8 | 4 | 3 | 2 | 9 | 5 | 6 | 1 | | | | 5 | 4 | 1 | 2 | 3 | 9 | 6 | 7 | 8 |

89

91

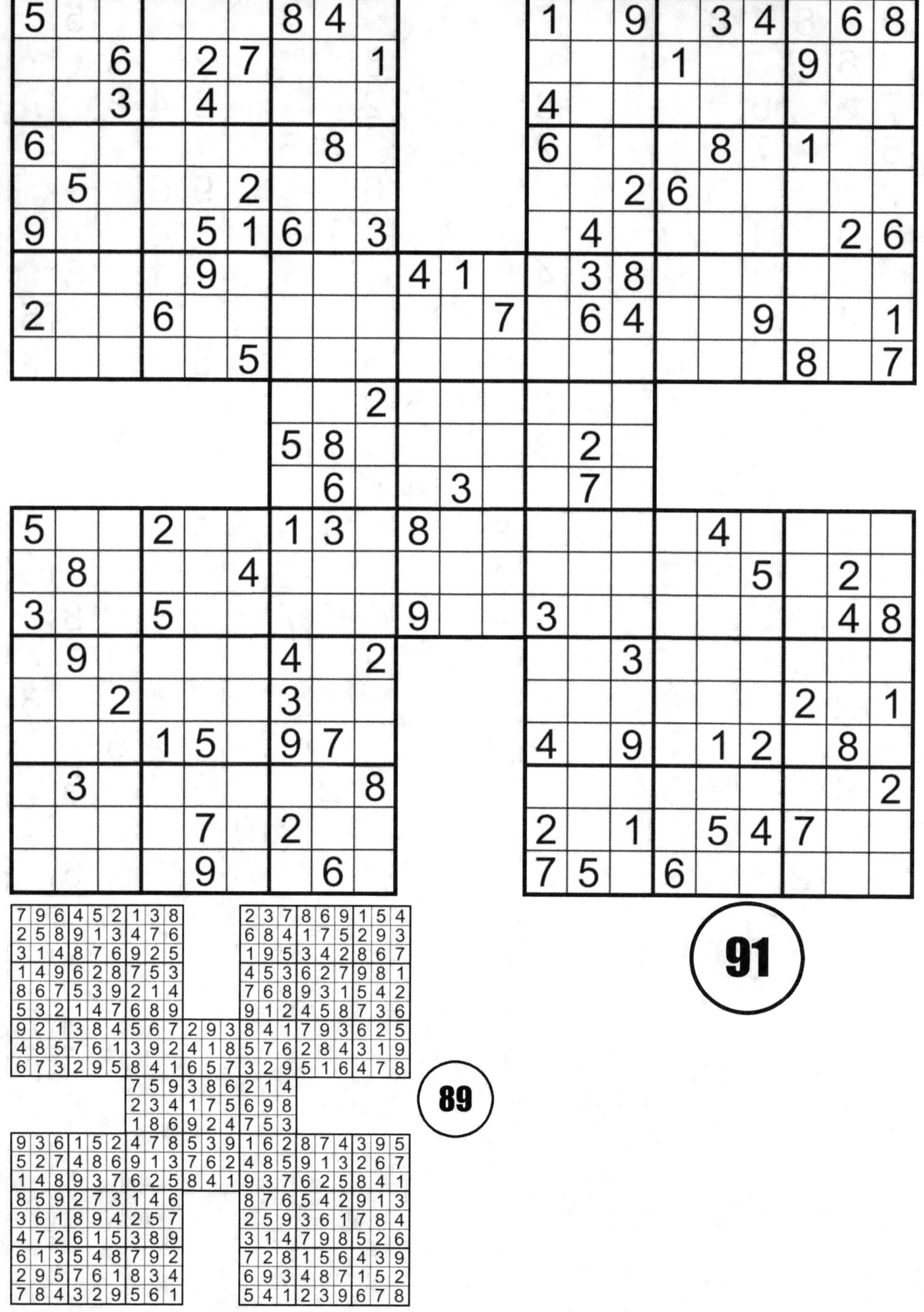

| | | | | | | | | | | | | | | | | | | | | |
|---|---|---|---|---|---|---|---|---|---|---|---|---|---|---|---|---|---|---|---|---|
| | | | | | 9 | | 4 | | | | | | | | | | | | 9 | |
| 4 | | | | | | 2 | 3 | | | | | 3 | | 9 | | 5 | | | | |
| | | 8 | | 2 | | 1 | | 5 | | | | 6 | 1 | | | | 9 | | | |
| | | 6 | | 3 | | | | | | | | | 3 | 2 | | | 6 | | | |
| 8 | | | | | | | | | | | | 1 | | | 9 | | | | | 4 |
| | | 7 | 5 | | | 6 | | 2 | | | | | | | 3 | | | 5 | 2 | |
| 2 | | 5 | | 7 | | | 1 | | 6 | | 2 | | | 3 | 8 | | | | | 9 |
| | | | | | | | | | | | | | | 1 | | | | | 3 | |
| | | | | 9 | 8 | 3 | | | | | | | | | | | 7 | 8 | | |
| | | | | | | 1 | 9 | 8 | 3 | 7 | | 2 | 6 | | | | | | | |
| | | | | | | | 4 | | 5 | | | | | | | | | | | |
| | | | | | | | | | | | | 8 | | | | | | | | |
| | | | | 5 | 4 | | | | | 8 | | | | | | | | | 5 | |
| | 1 | | | 7 | | | | | | | | | | | 5 | | | 3 | | |
| | | | | 3 | 9 | | | | 2 | | | | | | | | | | 2 | |
| | 3 | 5 | | | 6 | | | | | | | 8 | | | | | | | | 5 |
| | 4 | 2 | | | | 6 | | | | | | | | | | 4 | | | | 6 |
| | | | | | | | | 8 | | | | | 5 | 4 | 6 | | 9 | | | |
| | 2 | | 5 | | | | 9 | | | | | | | | 7 | | 6 | | | |
| 1 | | | | | 3 | | 7 | 4 | | | | 4 | 2 | | 9 | | | | | 8 |
| 9 | 7 | | | | | | | | | | | | | | | 8 | | 2 | | 3 |

**92**

**90**

| | | | | | | | | | | | | | | | | | | | | |
|---|---|---|---|---|---|---|---|---|---|---|---|---|---|---|---|---|---|---|---|---|
| 9 | 1 | 8 | 4 | 3 | 5 | 6 | 2 | 7 | | | | 3 | 1 | 4 | 8 | 6 | 9 | 7 | 5 | 2 |
| 4 | 6 | 3 | 8 | 7 | 2 | 1 | 9 | 5 | | | | 8 | 5 | 9 | 1 | 2 | 7 | 6 | 3 | 4 |
| 7 | 2 | 5 | 6 | 1 | 9 | 8 | 4 | 3 | | | | 2 | 6 | 7 | 5 | 3 | 4 | 8 | 1 | 9 |
| 6 | 3 | 4 | 7 | 9 | 8 | 5 | 1 | 2 | | | | 4 | 8 | 5 | 2 | 1 | 6 | 3 | 9 | 7 |
| 2 | 9 | 1 | 5 | 6 | 4 | 7 | 3 | 8 | | | | 6 | 2 | 3 | 7 | 9 | 5 | 4 | 8 | 1 |
| 5 | 8 | 7 | 1 | 2 | 3 | 4 | 6 | 9 | | | | 9 | 7 | 1 | 3 | 4 | 8 | 5 | 2 | 6 |
| 3 | 7 | 6 | 2 | 5 | 1 | 9 | 8 | 4 | 5 | 1 | 6 | 7 | 3 | 2 | 4 | 5 | 1 | 9 | 6 | 8 |
| 1 | 4 | 9 | 3 | 8 | 7 | 2 | 5 | 6 | 7 | 4 | 3 | 1 | 9 | 8 | 6 | 7 | 3 | 2 | 4 | 5 |
| 8 | 5 | 2 | 9 | 4 | 6 | 3 | 7 | 1 | 2 | 9 | 8 | 5 | 4 | 6 | 9 | 8 | 2 | 1 | 7 | 3 |
| | | | | | | 4 | 6 | 8 | 3 | 7 | 5 | 9 | 2 | 1 | | | | | | |
| | | | | | | 5 | 9 | 3 | 6 | 2 | 1 | 8 | 7 | 4 | | | | | | |
| | | | | | | 1 | 2 | 7 | 9 | 8 | 4 | 6 | 5 | 3 | | | | | | |
| 1 | 8 | 3 | 7 | 9 | 2 | 6 | 4 | 5 | 8 | 3 | 7 | 2 | 1 | 9 | 8 | 5 | 3 | 6 | 4 | 7 |
| 9 | 5 | 4 | 6 | 1 | 8 | 7 | 3 | 2 | 1 | 6 | 9 | 4 | 8 | 5 | 6 | 1 | 7 | 2 | 3 | 9 |
| 2 | 7 | 6 | 5 | 3 | 4 | 8 | 1 | 9 | 4 | 5 | 2 | 3 | 6 | 7 | 2 | 4 | 9 | 1 | 8 | 5 |
| 5 | 1 | 9 | 8 | 2 | 3 | 4 | 7 | 6 | | | | 1 | 9 | 2 | 5 | 8 | 6 | 3 | 7 | 4 |
| 3 | 2 | 7 | 1 | 4 | 6 | 9 | 5 | 8 | | | | 5 | 7 | 3 | 1 | 9 | 4 | 8 | 2 | 6 |
| 6 | 4 | 8 | 9 | 5 | 7 | 1 | 2 | 3 | | | | 8 | 4 | 6 | 7 | 3 | 2 | 5 | 9 | 1 |
| 8 | 6 | 1 | 2 | 7 | 5 | 3 | 9 | 4 | | | | 9 | 2 | 1 | 4 | 6 | 8 | 7 | 5 | 3 |
| 4 | 9 | 5 | 3 | 6 | 1 | 2 | 8 | 7 | | | | 6 | 3 | 8 | 9 | 7 | 5 | 4 | 1 | 2 |
| 7 | 3 | 2 | 4 | 8 | 9 | 5 | 6 | 1 | | | | 7 | 5 | 4 | 3 | 2 | 1 | 9 | 6 | 8 |

| | | | | | | | | | | | | | | | | | | | | |
|---|---|---|---|---|---|---|---|---|---|---|---|---|---|---|---|---|---|---|---|---|
| | | | | | | 2 | | | | | | | | | | | | | | |
| 6 | | 4 | | | | | | 9 | | | | | | 6 | 7 | 2 | 8 | 4 | | |
| 8 | 7 | | | 3 | | 1 | 5 | | | | | | 3 | | | | | 6 | | 7 |
| 4 | | 6 | | 5 | | | | | | | | | 5 | | | | 7 | | | 3 |
| 7 | 3 | | | | 4 | | | 5 | | | | | | 4 | | 6 | | 9 | 8 | 5 |
| | | | | | | | 1 | | | | | | | | | 5 | | | | |
| | | | | | 7 | | | | 8 | | | | | | | 4 | | 8 | | |
| 3 | | | | 9 | | | | | | | | | | | | 1 | | | | |
| | | 8 | | | 5 | | | | 2 | | 9 | | | | | | 3 | | | |
| | | | | | | | | 9 | | 1 | 4 | | | | | | | | | |
| | | | | | | | | | 5 | | | | 9 | | | | | | | |
| | | | | | | | | | | | | | | | | | | | | |
| | | 7 | | | | | | | 7 | | | | | 4 | | | 5 | | | |
| 1 | | | | 6 | | | | | | 9 | | | | | | | | 1 | | |
| 8 | | | | | | | | 3 | | | 8 | | 5 | | 3 | 8 | | | | |
| | | 3 | | | 5 | 6 | | | | | | | | | | | 2 | | 6 | 8 |
| | | 1 | 6 | 4 | 7 | 2 | | 9 | | | | | | 3 | | 5 | | | | |
| | | 2 | 1 | | | | | 8 | | | | | | | | | 1 | | | |
| | | 5 | | | | 8 | 2 | 7 | | | | | 1 | 5 | 8 | | | 4 | | |
| | | | | | 9 | | 5 | | | | | 8 | 9 | | | | | 6 | | |
| | | | | 7 | | | 9 | | | | | | 6 | | 7 | | | 3 | | |

93

| | | | | | | | | | | | | | | | | | | | | |
|---|---|---|---|---|---|---|---|---|---|---|---|---|---|---|---|---|---|---|---|---|
| 5 | 2 | 1 | 9 | 3 | 6 | 8 | 4 | 7 | | | | 1 | 7 | 9 | 2 | 3 | 4 | 5 | 6 | 8 |
| 4 | 8 | 6 | 5 | 2 | 7 | 9 | 3 | 1 | | | | 5 | 2 | 3 | 1 | 6 | 8 | 9 | 7 | 4 |
| 7 | 9 | 3 | 1 | 4 | 8 | 5 | 6 | 2 | | | | 4 | 8 | 6 | 7 | 9 | 5 | 2 | 1 | 3 |
| 6 | 3 | 2 | 4 | 7 | 9 | 1 | 8 | 5 | | | | 6 | 9 | 7 | 4 | 8 | 2 | 1 | 3 | 5 |
| 1 | 5 | 8 | 3 | 6 | 2 | 7 | 9 | 4 | | | | 3 | 1 | 2 | 6 | 5 | 7 | 4 | 8 | 9 |
| 9 | 4 | 7 | 8 | 5 | 1 | 6 | 2 | 3 | | | | 8 | 4 | 5 | 9 | 1 | 3 | 7 | 2 | 6 |
| 8 | 1 | 4 | 7 | 9 | 3 | 2 | 5 | 6 | 4 | 1 | 9 | 7 | 3 | 8 | 5 | 4 | 1 | 6 | 9 | 2 |
| 2 | 7 | 5 | 6 | 8 | 4 | 3 | 1 | 9 | 5 | 8 | 7 | 2 | 6 | 4 | 8 | 7 | 9 | 3 | 5 | 1 |
| 3 | 6 | 9 | 2 | 1 | 5 | 4 | 7 | 8 | 3 | 6 | 2 | 9 | 5 | 1 | 3 | 2 | 6 | 8 | 4 | 7 |
| | | | | | | 7 | 4 | 2 | 6 | 9 | 5 | 1 | 8 | 3 | | | | | | |
| | | | | | | 5 | 8 | 3 | 7 | 4 | 1 | 6 | 2 | 9 | | | | | | |
| | | | | | | 9 | 6 | 1 | 2 | 3 | 8 | 4 | 7 | 5 | | | | | | |
| 5 | 6 | 9 | 2 | 8 | 7 | 1 | 3 | 4 | 8 | 7 | 6 | 5 | 9 | 2 | 3 | 4 | 8 | 6 | 1 | 7 |
| 2 | 8 | 7 | 3 | 1 | 4 | 6 | 9 | 5 | 1 | 2 | 3 | 8 | 4 | 7 | 1 | 6 | 5 | 9 | 2 | 3 |
| 3 | 1 | 4 | 5 | 6 | 9 | 8 | 2 | 7 | 9 | 5 | 4 | 3 | 1 | 6 | 2 | 9 | 7 | 5 | 4 | 8 |
| 1 | 9 | 5 | 7 | 3 | 6 | 4 | 8 | 2 | | | | 1 | 2 | 3 | 9 | 8 | 6 | 4 | 7 | 5 |
| 6 | 7 | 2 | 9 | 4 | 8 | 3 | 5 | 1 | | | | 6 | 8 | 5 | 4 | 7 | 3 | 2 | 9 | 1 |
| 8 | 4 | 3 | 1 | 5 | 2 | 9 | 7 | 6 | | | | 4 | 7 | 9 | 5 | 1 | 2 | 3 | 8 | 6 |
| 9 | 3 | 1 | 6 | 2 | 5 | 7 | 4 | 8 | | | | 9 | 6 | 4 | 7 | 3 | 1 | 8 | 5 | 2 |
| 4 | 5 | 6 | 8 | 7 | 3 | 2 | 1 | 9 | | | | 2 | 3 | 1 | 8 | 5 | 4 | 7 | 6 | 9 |
| 7 | 2 | 8 | 4 | 9 | 1 | 5 | 6 | 3 | | | | 7 | 5 | 8 | 6 | 2 | 9 | 1 | 3 | 4 |

91

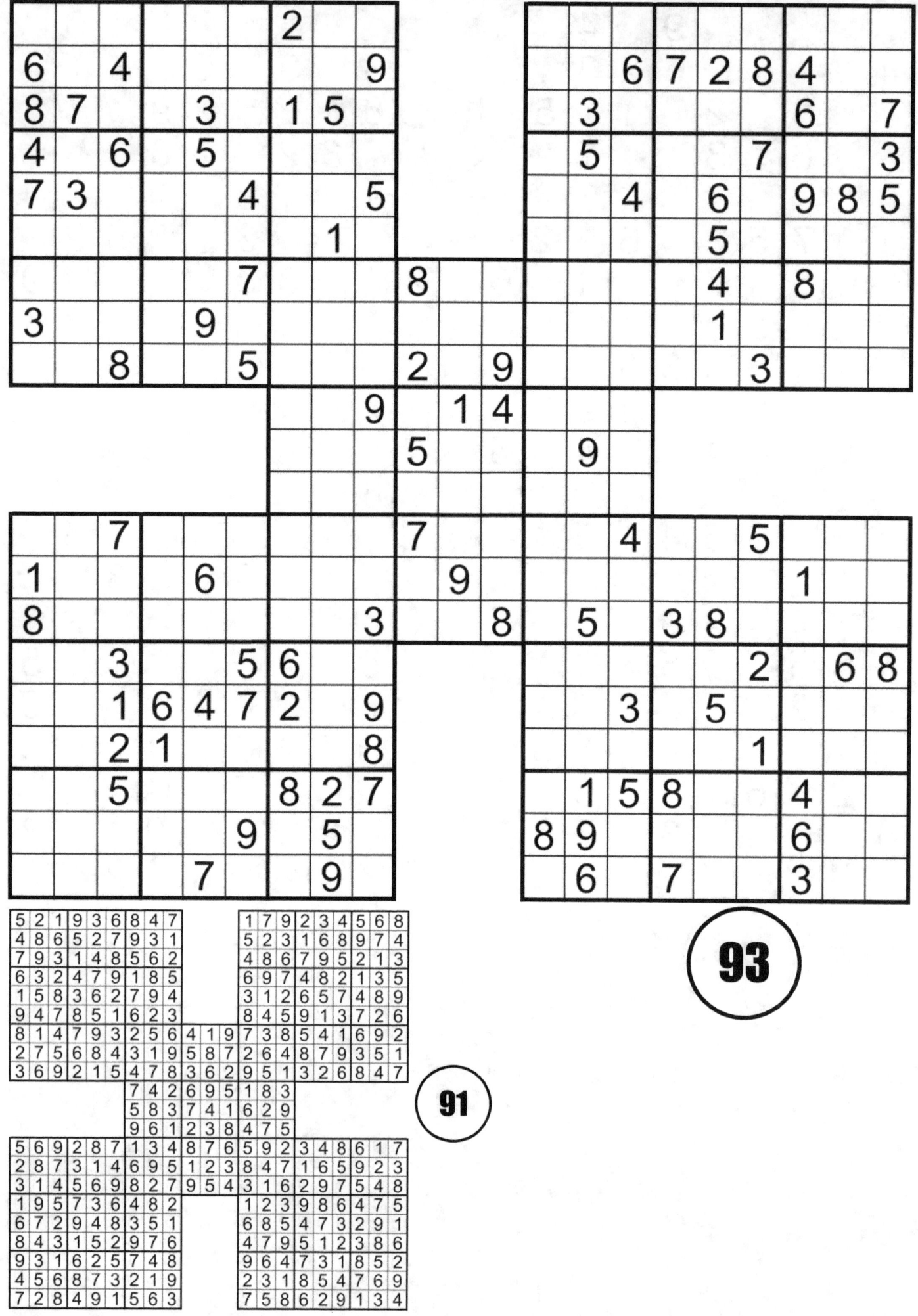

| | | | | | | | | | | | | | | | | | | | | |
|---|---|---|---|---|---|---|---|---|---|---|---|---|---|---|---|---|---|---|---|---|
| | | 8 | | | 4 | | | | | | | | 7 | | | | | 6 | | |
| | 4 | | | 9 | | | | | | | | 3 | | | 6 | 8 | | | | |
| | 9 | | | | | 2 | | 1 | | | | | | | 4 | 7 | | | | 9 |
| 9 | | | | 1 | | | | | | | | 9 | | | 7 | 4 | | | | |
| | | | 6 | | 3 | | | | | | | | | | | | | | | |
| 7 | | 1 | | 2 | | | 8 | 3 | | | | 5 | | | 9 | | | 8 | | 2 |
| 5 | 1 | | | | | | | | 3 | 7 | | | 1 | | | | | | | 3 |
| | 2 | 3 | | 5 | | | | | | | 4 | | | | | | | | 9 | |
| | | | | | | 3 | | | | 1 | | | | 9 | 1 | | | | 4 | |
| | | | | | | | | | | 8 | | | | | | | | | | |
| | | | | | | | 7 | 3 | | | | | | | | | | | | |
| | | | | | | | | 1 | | | | | | 6 | | | | | | |
| | 8 | | 6 | 1 | 5 | | | 7 | 8 | | 1 | | | 3 | | | 1 | | | |
| 2 | | | | | | | | | | | | | 2 | | | | 3 | | | 7 |
| | 7 | 5 | | | | | 3 | | 6 | | | | 7 | | 2 | | | | | 3 |
| | | | | | | | | | | | | | | 6 | 4 | | | 7 | | |
| | 2 | | | | 4 | | | | | | | | | | | | 2 | | | 1 |
| | 5 | | 8 | 6 | 9 | | | | | | | 9 | | | 7 | | | 5 | | 4 |
| 1 | | | | 2 | | 3 | 8 | 6 | | | | 4 | | | | | | | | 2 |
| 7 | | | | 9 | 8 | | | | | | | | | | 3 | | 5 | 1 | | |
| | 3 | | | | | | | | | | | | 1 | 5 | | | | | | |

**94**

| | | | | | | | | | | | | | | | | | | | | |
|---|---|---|---|---|---|---|---|---|---|---|---|---|---|---|---|---|---|---|---|---|
| 6 | 5 | 2 | 3 | 1 | 9 | 7 | 4 | 8 | | | | 2 | 7 | 5 | 6 | 1 | 3 | 4 | 9 | 8 |
| 4 | 7 | 1 | 8 | 5 | 6 | 2 | 3 | 9 | | | | 3 | 4 | 9 | 7 | 5 | 8 | 1 | 6 | 2 |
| 9 | 3 | 8 | 7 | 2 | 4 | 1 | 6 | 5 | | | | 6 | 1 | 8 | 2 | 4 | 9 | 7 | 5 | 3 |
| 5 | 2 | 6 | 9 | 3 | 7 | 4 | 8 | 1 | | | | 5 | 3 | 2 | 4 | 8 | 6 | 9 | 7 | 1 |
| 8 | 1 | 9 | 4 | 6 | 2 | 5 | 7 | 3 | | | | 1 | 6 | 7 | 9 | 2 | 5 | 3 | 8 | 4 |
| 3 | 4 | 7 | 5 | 8 | 1 | 6 | 9 | 2 | | | | 8 | 9 | 4 | 3 | 7 | 1 | 5 | 2 | 6 |
| 2 | 9 | 5 | 6 | 7 | 3 | 8 | 1 | 4 | 6 | 9 | 2 | 7 | 5 | 3 | 8 | 6 | 4 | 2 | 1 | 9 |
| 7 | 8 | 3 | 1 | 4 | 5 | 9 | 2 | 6 | 7 | 5 | 3 | 4 | 8 | 1 | 5 | 9 | 2 | 6 | 3 | 7 |
| 1 | 6 | 4 | 2 | 9 | 8 | 3 | 5 | 7 | 8 | 4 | 1 | 9 | 2 | 6 | 1 | 3 | 7 | 8 | 4 | 5 |
| | | | | | | 1 | 9 | 8 | 3 | 7 | 4 | 2 | 6 | 5 | | | | | | |
| | | | | | | 6 | 4 | 3 | 5 | 2 | 8 | 1 | 7 | 9 | | | | | | |
| | | | | | | 5 | 7 | 2 | 1 | 6 | 9 | 8 | 3 | 4 | | | | | | |
| 2 | 8 | 3 | 1 | 5 | 4 | 7 | 6 | 9 | 4 | 8 | 5 | 3 | 1 | 2 | 4 | 9 | 8 | 6 | 5 | 7 |
| 4 | 1 | 9 | 6 | 7 | 8 | 2 | 3 | 5 | 9 | 1 | 7 | 6 | 4 | 8 | 5 | 7 | 2 | 3 | 9 | 1 |
| 5 | 6 | 7 | 2 | 3 | 9 | 4 | 8 | 1 | 2 | 3 | 6 | 5 | 9 | 7 | 3 | 6 | 1 | 8 | 2 | 4 |
| 7 | 3 | 5 | 8 | 1 | 6 | 9 | 4 | 2 | | | | 8 | 6 | 9 | 2 | 1 | 7 | 4 | 3 | 5 |
| 8 | 4 | 2 | 3 | 9 | 5 | 6 | 1 | 7 | | | | 2 | 3 | 1 | 8 | 4 | 5 | 9 | 7 | 6 |
| 6 | 9 | 1 | 7 | 4 | 2 | 3 | 5 | 8 | | | | 7 | 5 | 4 | 6 | 3 | 9 | 1 | 8 | 2 |
| 3 | 2 | 4 | 5 | 8 | 7 | 1 | 9 | 6 | | | | 1 | 8 | 3 | 7 | 2 | 6 | 5 | 4 | 9 |
| 1 | 5 | 6 | 9 | 2 | 3 | 8 | 7 | 4 | | | | 4 | 2 | 6 | 9 | 5 | 3 | 7 | 1 | 8 |
| 9 | 7 | 8 | 4 | 6 | 1 | 5 | 2 | 3 | | | | 9 | 7 | 5 | 1 | 8 | 4 | 2 | 6 | 3 |

**92**

| | | | | | | | | | | | | | | | | | | | | |
|---|---|---|---|---|---|---|---|---|---|---|---|---|---|---|---|---|---|---|---|---|
| | | 9 | | | | | | | | | | | | 8 | 3 | | | | 2 | |
| 2 | | | | 7 | | 6 | | 4 | | | | | 1 | | 5 | | 2 | | | |
| | | | 1 | | 4 | | | | | | | | 2 | | 6 | | | 1 | | 3 |
| | | 8 | | | | | | | | | | | | | | | | | | 9 |
| | | 5 | | | | 2 | 6 | | | | | | 4 | | | | | | | |
| | 2 | | 3 | 8 | | | 5 | | | | | | 9 | | 7 | 6 | 4 | | | 5 |
| | | 7 | | | | | | | | 5 | | | | | | 5 | | | | 1 |
| 1 | | | 9 | | | 4 | 3 | | 8 | | | 1 | | | | | | 4 | | |
| | | | | | 1 | | | | 3 | | | | | | | | | | 3 | |
| | | | | | | | 1 | 9 | 4 | | | 7 | | | | | | | | |
| | | | | | | 2 | 8 | | | | | | | 3 | | | | | | |
| | | | | | | | | | | | | | 9 | | | | | | | |
| | | | | 1 | | 6 | | | | | 2 | | | | | | | | | |
| | | | | 2 | | 1 | | 8 | | 9 | | | 3 | 6 | | | 5 | 1 | | |
| 9 | | | 4 | | 8 | | 5 | | | | | | | | 6 | | | 2 | | |
| 6 | | 4 | | | 9 | | | 1 | | | | | | | 2 | 7 | 8 | | | |
| | | 7 | | 6 | | | | | | | | | 2 | 7 | 5 | | 1 | | | |
| 5 | 8 | | | | 3 | | | | | | | 8 | | | | | | | | |
| | | | 8 | | | | 2 | | | | | 3 | | | | | 6 | | 4 | 2 |
| | | 5 | | 4 | | 8 | | | | | | | 9 | | 4 | | | 5 | | 6 |
| | | | | | | 4 | | 7 | | | | | 4 | | | 8 | | | | |

95

| | | | | | | | | | | | | | | | | | | | | |
|---|---|---|---|---|---|---|---|---|---|---|---|---|---|---|---|---|---|---|---|---|
| 1 | 9 | 3 | 5 | 6 | 8 | 2 | 4 | 7 | | | | 2 | 4 | 7 | 1 | 3 | 6 | 5 | 9 | 8 |
| 6 | 5 | 4 | 7 | 1 | 2 | 8 | 3 | 9 | | | | 5 | 9 | 6 | 7 | 2 | 8 | 4 | 3 | 1 |
| 8 | 7 | 2 | 4 | 3 | 9 | 1 | 5 | 6 | | | | 1 | 3 | 8 | 5 | 9 | 4 | 6 | 2 | 7 |
| 4 | 2 | 6 | 9 | 5 | 1 | 7 | 8 | 3 | | | | 9 | 5 | 1 | 4 | 8 | 7 | 2 | 6 | 3 |
| 7 | 3 | 1 | 8 | 2 | 4 | 9 | 6 | 5 | | | | 7 | 2 | 4 | 3 | 6 | 1 | 9 | 8 | 5 |
| 5 | 8 | 9 | 6 | 7 | 3 | 4 | 1 | 2 | | | | 6 | 8 | 3 | 2 | 5 | 9 | 7 | 1 | 4 |
| 2 | 1 | 5 | 3 | 8 | 7 | 6 | 9 | 4 | 8 | 5 | 7 | 3 | 1 | 2 | 6 | 4 | 5 | 8 | 7 | 9 |
| 3 | 4 | 7 | 1 | 9 | 6 | 5 | 2 | 8 | 3 | 6 | 1 | 4 | 7 | 9 | 8 | 1 | 2 | 3 | 5 | 6 |
| 9 | 6 | 8 | 2 | 4 | 5 | 3 | 7 | 1 | 2 | 4 | 9 | 8 | 6 | 5 | 9 | 7 | 3 | 1 | 4 | 2 |
| | | | | | | 2 | 3 | 9 | 6 | 1 | 4 | 5 | 8 | 7 | | | | | | |
| | | | | | | 4 | 1 | 7 | 5 | 8 | 3 | 2 | 9 | 6 | | | | | | |
| | | | | | | 8 | 5 | 6 | 9 | 7 | 2 | 1 | 4 | 3 | | | | | | |
| 3 | 6 | 7 | 9 | 2 | 4 | 1 | 8 | 5 | 7 | 3 | 6 | 9 | 2 | 4 | 1 | 6 | 5 | 8 | 3 | 7 |
| 1 | 5 | 9 | 3 | 6 | 8 | 7 | 4 | 2 | 1 | 9 | 5 | 6 | 3 | 8 | 2 | 9 | 7 | 1 | 5 | 4 |
| 8 | 2 | 4 | 7 | 5 | 1 | 9 | 6 | 3 | 4 | 2 | 8 | 7 | 5 | 1 | 3 | 8 | 4 | 9 | 2 | 6 |
| 7 | 9 | 3 | 2 | 8 | 5 | 6 | 1 | 4 | | | | 1 | 7 | 9 | 4 | 3 | 2 | 5 | 6 | 8 |
| 5 | 8 | 1 | 6 | 4 | 7 | 2 | 3 | 9 | | | | 2 | 4 | 3 | 6 | 5 | 8 | 7 | 9 | 1 |
| 6 | 4 | 2 | 1 | 9 | 3 | 5 | 7 | 8 | | | | 5 | 8 | 6 | 9 | 7 | 1 | 2 | 4 | 3 |
| 9 | 3 | 5 | 4 | 1 | 6 | 8 | 2 | 7 | | | | 3 | 1 | 5 | 8 | 2 | 6 | 4 | 7 | 9 |
| 2 | 7 | 6 | 8 | 3 | 9 | 4 | 5 | 1 | | | | 8 | 9 | 7 | 5 | 4 | 3 | 6 | 1 | 2 |
| 4 | 1 | 8 | 5 | 7 | 2 | 3 | 9 | 6 | | | | 4 | 6 | 2 | 7 | 1 | 9 | 3 | 8 | 5 |

93

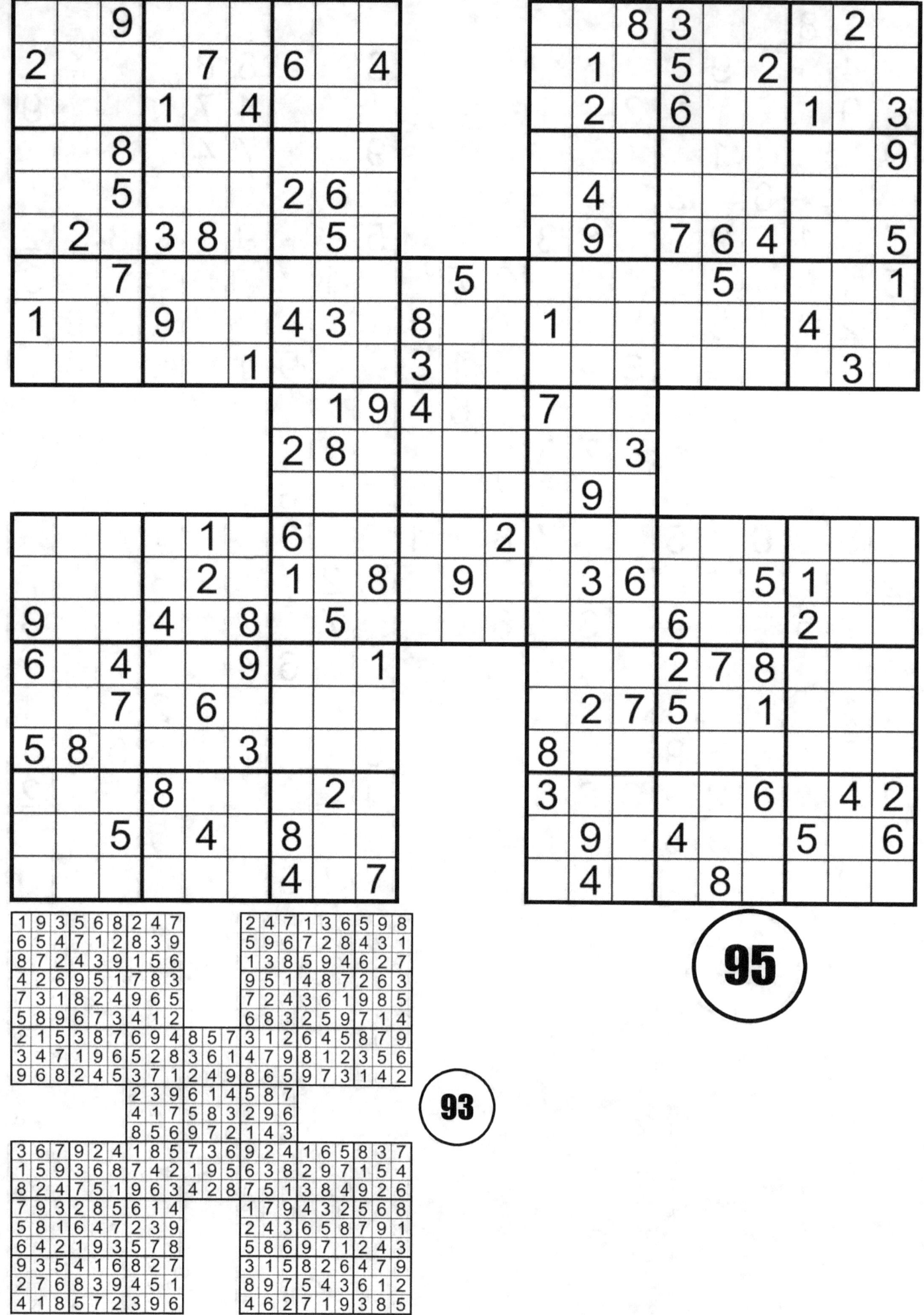

| | | | | | | | | | | | | | | | | | | | | |
|---|---|---|---|---|---|---|---|---|---|---|---|---|---|---|---|---|---|---|---|---|
| 5 | | | | | 4 | | | | | | | 4 | | 7 | 8 | | | | 1 | 6 |
| | 9 | | 2 | | 3 | | | 1 | | | | | 3 | | | | | | 2 | |
| | | | | | | | | | | | | | | | | 4 | 9 | | | |
| | 3 | 5 | | | 2 | | | | | | | | | 4 | 6 | | 7 | | 9 | |
| | | 7 | | 1 | | 3 | | 8 | | | | 6 | | | 9 | | | 2 | 3 | |
| | 1 | | | 8 | | 4 | | | | | | | | | | | 3 | 1 | | 7 |
| | 2 | | 5 | | | 8 | | | 7 | 2 | | | | | | | | | | |
| | | 6 | | 3 | | | 5 | | | | | | | | | | 8 | 6 | | |
| | | | | | 8 | | | | | | | | | | | | | | | |
| | | | | | | | | | 2 | | | | | | | | | | | |
| | | | | | | | 2 | | | | | 6 | | 5 | | | | | | |
| | | | | | | 5 | | 8 | | 7 | 6 | | | | | | | | | |
| 1 | | | | | | | | | | 1 | | | | | | | | | | |
| 7 | | | | | 8 | | | | | | | | | | | | 8 | | 5 | |
| | 3 | 9 | | | 6 | | | 5 | | 4 | 3 | | 2 | | 6 | | | | | 3 |
| | | 2 | | | | | | 6 | | | | | | | | 8 | 4 | | | |
| | | | | 7 | | | | | | | | | | | | | 3 | | | 5 |
| | | | 5 | 2 | 3 | | | 9 | | | | | | 4 | 1 | 9 | | 8 | 3 | |
| | | 3 | | | | 4 | | | | | | | | | 7 | | 6 | 2 | | 9 |
| 5 | | | | | 7 | 8 | | 3 | | | | | 6 | | | | | | | |
| | | 6 | | | 4 | | 5 | 2 | | | | | | 5 | | | | | | 1 |

**96**

| | | | | | | | | | | | | | | | | | | | | |
|---|---|---|---|---|---|---|---|---|---|---|---|---|---|---|---|---|---|---|---|---|
| 1 | 5 | 8 | 2 | 7 | 4 | 6 | 3 | 9 | | | | 2 | 7 | 4 | 3 | 1 | 9 | 6 | 8 | 5 |
| 6 | 4 | 2 | 3 | 9 | 1 | 8 | 7 | 5 | | | | 3 | 9 | 1 | 6 | 8 | 5 | 4 | 2 | 7 |
| 3 | 9 | 7 | 5 | 8 | 6 | 2 | 4 | 1 | | | | 6 | 5 | 8 | 4 | 7 | 2 | 3 | 1 | 9 |
| 9 | 3 | 4 | 7 | 1 | 8 | 5 | 6 | 2 | | | | 9 | 2 | 3 | 7 | 4 | 8 | 1 | 5 | 6 |
| 2 | 8 | 5 | 6 | 4 | 3 | 1 | 9 | 7 | | | | 1 | 8 | 7 | 2 | 5 | 6 | 9 | 3 | 4 |
| 7 | 6 | 1 | 9 | 2 | 5 | 4 | 8 | 3 | | | | 5 | 4 | 6 | 9 | 3 | 1 | 8 | 7 | 2 |
| 5 | 1 | 6 | 4 | 3 | 7 | 9 | 2 | 8 | 3 | 7 | 6 | 4 | 1 | 5 | 8 | 9 | 7 | 2 | 6 | 3 |
| 4 | 2 | 3 | 8 | 5 | 9 | 7 | 1 | 6 | 5 | 9 | 4 | 8 | 3 | 2 | 5 | 6 | 4 | 7 | 9 | 1 |
| 8 | 7 | 9 | 1 | 6 | 2 | 3 | 5 | 4 | 2 | 1 | 8 | 7 | 6 | 9 | 1 | 2 | 3 | 5 | 4 | 8 |
| | | | | | | 6 | 9 | 2 | 1 | 8 | 5 | 3 | 4 | 7 | | | | | | |
| | | | | | | 5 | 7 | 3 | 4 | 6 | 9 | 2 | 8 | 1 | | | | | | |
| | | | | | | 4 | 8 | 1 | 7 | 2 | 3 | 9 | 5 | 6 | | | | | | |
| 9 | 8 | 3 | 6 | 1 | 5 | 2 | 4 | 7 | 8 | 5 | 1 | 6 | 9 | 3 | 8 | 7 | 1 | 2 | 4 | 5 |
| 2 | 1 | 4 | 9 | 7 | 3 | 8 | 6 | 5 | 9 | 3 | 7 | 1 | 2 | 4 | 6 | 5 | 3 | 8 | 9 | 7 |
| 6 | 7 | 5 | 4 | 8 | 2 | 1 | 3 | 9 | 6 | 4 | 2 | 5 | 7 | 8 | 2 | 9 | 4 | 6 | 1 | 3 |
| 4 | 9 | 6 | 2 | 3 | 1 | 7 | 5 | 8 | | | | 2 | 5 | 6 | 4 | 1 | 9 | 7 | 3 | 8 |
| 8 | 2 | 1 | 7 | 5 | 4 | 6 | 9 | 3 | | | | 8 | 4 | 7 | 5 | 3 | 2 | 9 | 6 | 1 |
| 3 | 5 | 7 | 8 | 6 | 9 | 4 | 2 | 1 | | | | 9 | 3 | 1 | 7 | 8 | 6 | 5 | 2 | 4 |
| 1 | 4 | 9 | 5 | 2 | 7 | 3 | 8 | 6 | | | | 4 | 8 | 9 | 1 | 6 | 7 | 3 | 5 | 2 |
| 7 | 6 | 2 | 3 | 9 | 8 | 5 | 1 | 4 | | | | 7 | 6 | 2 | 3 | 4 | 5 | 1 | 8 | 9 |
| 5 | 3 | 8 | 1 | 4 | 6 | 9 | 7 | 2 | | | | 3 | 1 | 5 | 9 | 2 | 8 | 4 | 7 | 6 |

**94**

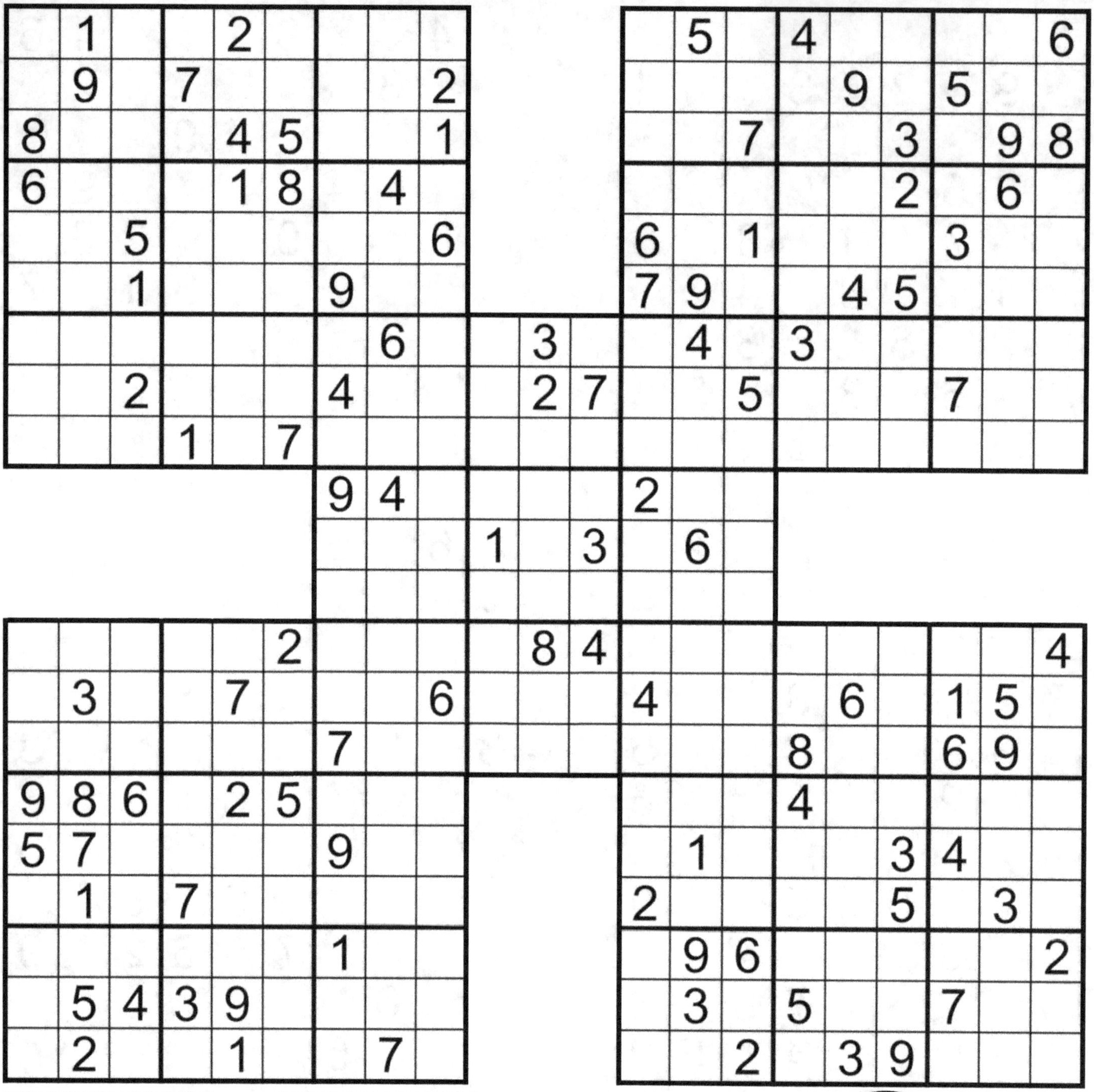

97

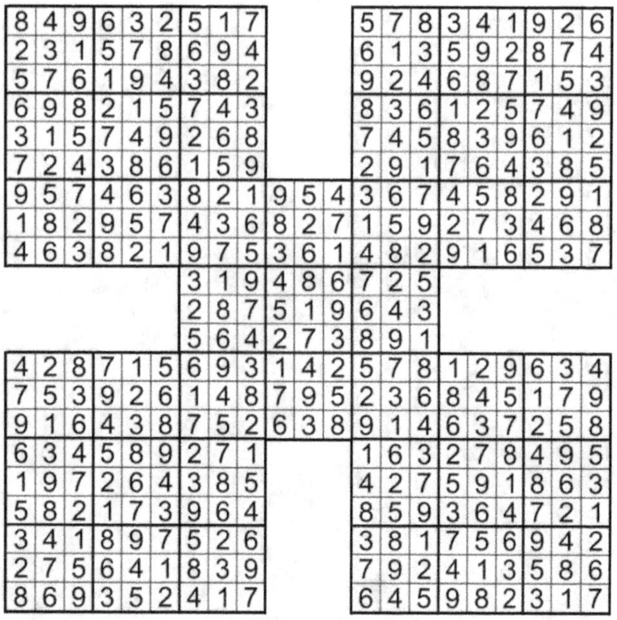

95

| | | | | | | | | | | | | | | | | | | | | |
|---|---|---|---|---|---|---|---|---|---|---|---|---|---|---|---|---|---|---|---|---|
| | | | | 3 | 1 | | | 6 | | | | | 8 | | | | | | | 1 |
| 4 | | | | | | | | 5 | | | | | | | | | | | 4 | |
| | | 6 | | | | | | | | | | | | 1 | 7 | | 4 | 2 | 5 | |
| 2 | 9 | | | | | 7 | | | | | | 5 | | | | 4 | 8 | | | |
| 7 | | | | | 5 | | | | | | | 3 | | | | | | | | 5 |
| | 8 | | 2 | | 7 | | | 1 | | | | | | | | 3 | 5 | 8 | | |
| | 7 | 9 | | 8 | | 4 | | 2 | 9 | 6 | | | | | | 1 | | | | |
| | | | | 4 | | 5 | | | 3 | | | | | | | 7 | | | | |
| | | 2 | 5 | | | | | | | 4 | | | 1 | | 3 | | | | 6 | |
| | | | | | | 1 | | | 4 | 7 | | | | | | | | | | |
| | | | | | | | | 9 | | 3 | | | | 8 | | | | | | |
| | | | | | | 2 | 3 | | | | | | | | | | | | | |
| | | | | 6 | | 8 | | | | | 3 | | | | | | 8 | | | 9 |
| | 9 | | | | 8 | | 7 | | | | | | | 9 | | 3 | 4 | | 2 | |
| | | | | | | | | 1 | 6 | | | | | | 1 | | | | | |
| | | | | 9 | 1 | | | | | | | | | 8 | | | | 2 | | |
| | | | | 2 | | | 1 | 7 | | | | 2 | | | | 9 | | 4 | | 6 |
| 2 | 8 | | | | | | | | | | | | 9 | | | | | | | |
| 3 | | | | | 4 | | | | | | | 8 | | 6 | | | | 5 | | |
| | | | 2 | 5 | | | 9 | | | | | | | | | | 5 | | | 2 |
| 8 | 2 | 6 | 9 | | | | | | | | | | 1 | 5 | 4 | | 2 | | 8 | |

**98**

| | | | | | | | | | | | | | | | | | | | | |
|---|---|---|---|---|---|---|---|---|---|---|---|---|---|---|---|---|---|---|---|---|
| 5 | 7 | 1 | 8 | 6 | 4 | 2 | 3 | 9 | | | | 4 | 9 | 7 | 8 | 3 | 2 | 5 | 1 | 6 |
| 4 | 9 | 8 | 2 | 5 | 3 | 7 | 6 | 1 | | | | 5 | 3 | 8 | 7 | 1 | 6 | 4 | 2 | 9 |
| 2 | 6 | 3 | 7 | 9 | 1 | 5 | 8 | 4 | | | | 1 | 2 | 6 | 5 | 4 | 9 | 7 | 8 | 3 |
| 8 | 3 | 5 | 9 | 4 | 2 | 6 | 1 | 7 | | | | 3 | 1 | 4 | 6 | 2 | 7 | 8 | 9 | 5 |
| 9 | 4 | 7 | 6 | 1 | 5 | 3 | 2 | 8 | | | | 6 | 7 | 5 | 9 | 8 | 1 | 2 | 3 | 4 |
| 6 | 1 | 2 | 3 | 8 | 7 | 4 | 9 | 5 | | | | 2 | 8 | 9 | 4 | 5 | 3 | 1 | 6 | 7 |
| 1 | 2 | 9 | 5 | 7 | 6 | 8 | 4 | 3 | 7 | 2 | 5 | 9 | 6 | 1 | 2 | 7 | 5 | 3 | 4 | 8 |
| 7 | 8 | 6 | 4 | 3 | 9 | 1 | 5 | 2 | 8 | 6 | 9 | 7 | 4 | 3 | 1 | 9 | 8 | 6 | 5 | 2 |
| 3 | 5 | 4 | 1 | 2 | 8 | 9 | 7 | 6 | 1 | 3 | 4 | 8 | 5 | 2 | 3 | 6 | 4 | 9 | 7 | 1 |
| | | | | | | 4 | 6 | 9 | 2 | 5 | 1 | 3 | 7 | 8 | | | | | | |
| | | | | | | 3 | 2 | 7 | 4 | 9 | 8 | 6 | 1 | 5 | | | | | | |
| | | | | | | 5 | 1 | 8 | 3 | 7 | 6 | 2 | 9 | 4 | | | | | | |
| 1 | 6 | 8 | 7 | 9 | 5 | 2 | 3 | 4 | 9 | 1 | 7 | 5 | 8 | 6 | 3 | 7 | 2 | 9 | 1 | 4 |
| 7 | 4 | 5 | 2 | 3 | 8 | 6 | 9 | 1 | 5 | 8 | 2 | 4 | 3 | 7 | 9 | 1 | 8 | 6 | 5 | 2 |
| 2 | 3 | 9 | 1 | 4 | 6 | 7 | 8 | 5 | 6 | 4 | 3 | 1 | 2 | 9 | 6 | 4 | 5 | 7 | 8 | 3 |
| 3 | 9 | 2 | 4 | 8 | 1 | 5 | 7 | 6 | | | | 6 | 9 | 3 | 5 | 8 | 4 | 1 | 2 | 7 |
| 4 | 5 | 1 | 6 | 7 | 9 | 3 | 2 | 8 | | | | 8 | 7 | 1 | 2 | 6 | 3 | 4 | 9 | 5 |
| 6 | 8 | 7 | 5 | 2 | 3 | 1 | 4 | 9 | | | | 2 | 5 | 4 | 1 | 9 | 7 | 8 | 3 | 6 |
| 9 | 1 | 3 | 8 | 5 | 2 | 4 | 6 | 7 | | | | 3 | 1 | 8 | 7 | 5 | 6 | 2 | 4 | 9 |
| 5 | 2 | 4 | 9 | 6 | 7 | 8 | 1 | 3 | | | | 9 | 6 | 2 | 4 | 3 | 1 | 5 | 7 | 8 |
| 8 | 7 | 6 | 3 | 1 | 4 | 9 | 5 | 2 | | | | 7 | 4 | 5 | 8 | 2 | 9 | 3 | 6 | 1 |

**96**

| | | | | | | | | | | | | | | | | | | | | |
|---|---|---|---|---|---|---|---|---|---|---|---|---|---|---|---|---|---|---|---|---|
| 5 | | | | | 6 | | | 1 | | | | 1 | 8 | | 9 | | 6 | | | |
| | 3 | 9 | | | | 4 | | | | | | | | 2 | | | | 9 | | |
| | | | | | 3 | | 2 | | | | | | | 9 | 1 | | 2 | | | 3 |
| 4 | | | | 2 | 5 | 6 | | | | | | | | | 6 | | | | 2 | |
| | | | | | 9 | | | | | | | 2 | 7 | | 4 | | | 8 | | |
| 8 | | 6 | 4 | | | | | 3 | | | | | 4 | 1 | | | | | | 9 |
| | | | | | | | | 5 | 2 | | | | | 6 | | | | | | |
| 2 | | 8 | 9 | | | | | | 5 | 1 | | | | | | | | | 5 | |
| | | | 7 | | | | 6 | 2 | 3 | | | | 5 | | | | 8 | | 9 | |
| | | | | | | 7 | | | 1 | | | | | | | | | | | |
| | | | | | | | | 9 | | | 3 | 2 | | | | | | | | |
| | | | | | | | 8 | 3 | | | | | 9 | 4 | | | | | | |
| 5 | | | | | 1 | | | 6 | | | | | | | | | | | | |
| | | | | 5 | | | | | | 5 | 8 | | | | | | | | | 2 |
| | 7 | 3 | | | | 4 | | | | | | | | | | 2 | 5 | | | 8 |
| 6 | | | | | | 1 | 2 | 5 | | | | | | | | 8 | | | 9 | |
| | 8 | 1 | | | | | | 3 | | | | | 7 | | 9 | 1 | | | 4 | |
| 7 | | | | | | | | | | | | 9 | 2 | | | | | | | |
| | 4 | | | | | | 9 | | | | | | 9 | | 8 | | | | 3 | 7 |
| | | | | 6 | 2 | 8 | | | | | | 8 | | | | 6 | | | | 9 |
| | | 2 | 9 | | 8 | | | | | | | | | | 7 | | | | 6 | |

99

| | | | | | | | | | | | | | | | | | | | | |
|---|---|---|---|---|---|---|---|---|---|---|---|---|---|---|---|---|---|---|---|---|
| 7 | 1 | 3 | 8 | 2 | 9 | 6 | 5 | 4 | | | | 2 | 5 | 9 | 4 | 7 | 8 | 1 | 3 | 6 |
| 5 | 9 | 4 | 7 | 6 | 1 | 3 | 8 | 2 | | | | 1 | 3 | 8 | 2 | 9 | 6 | 5 | 7 | 4 |
| 8 | 2 | 6 | 3 | 4 | 5 | 7 | 9 | 1 | | | | 4 | 6 | 7 | 5 | 1 | 3 | 2 | 9 | 8 |
| 6 | 3 | 7 | 9 | 1 | 8 | 2 | 4 | 5 | | | | 5 | 8 | 4 | 1 | 3 | 2 | 9 | 6 | 7 |
| 9 | 4 | 5 | 2 | 7 | 3 | 8 | 1 | 6 | | | | 6 | 2 | 1 | 7 | 8 | 9 | 3 | 4 | 5 |
| 2 | 8 | 1 | 6 | 5 | 4 | 9 | 7 | 3 | | | | 7 | 9 | 3 | 6 | 4 | 5 | 8 | 1 | 2 |
| 3 | 5 | 8 | 4 | 9 | 2 | 1 | 6 | 7 | 8 | 3 | 5 | 9 | 4 | 2 | 3 | 5 | 7 | 6 | 8 | 1 |
| 1 | 7 | 2 | 5 | 8 | 6 | 4 | 3 | 9 | 6 | 2 | 7 | 8 | 1 | 5 | 9 | 6 | 4 | 7 | 2 | 3 |
| 4 | 6 | 9 | 1 | 3 | 7 | 5 | 2 | 8 | 4 | 1 | 9 | 3 | 7 | 6 | 8 | 2 | 1 | 4 | 5 | 9 |
| | | | | | | 9 | 4 | 5 | 7 | 6 | 8 | 2 | 3 | 1 | | | | | | |
| | | | | | | 8 | 7 | 2 | 1 | 9 | 3 | 5 | 6 | 4 | | | | | | |
| | | | | | | 6 | 1 | 3 | 5 | 4 | 2 | 7 | 9 | 8 | | | | | | |
| 7 | 4 | 5 | 8 | 6 | 2 | 3 | 9 | 1 | 2 | 8 | 4 | 6 | 5 | 7 | 3 | 9 | 1 | 2 | 8 | 4 |
| 8 | 3 | 1 | 9 | 7 | 4 | 2 | 5 | 6 | 3 | 7 | 1 | 4 | 8 | 9 | 2 | 6 | 7 | 1 | 5 | 3 |
| 2 | 6 | 9 | 5 | 3 | 1 | 7 | 8 | 4 | 9 | 5 | 6 | 1 | 2 | 3 | 8 | 5 | 4 | 6 | 9 | 7 |
| 9 | 8 | 6 | 1 | 2 | 5 | 4 | 3 | 7 | | | | 3 | 6 | 5 | 4 | 8 | 2 | 9 | 7 | 1 |
| 5 | 7 | 2 | 6 | 4 | 3 | 9 | 1 | 8 | | | | 9 | 1 | 8 | 6 | 7 | 3 | 4 | 2 | 5 |
| 4 | 1 | 3 | 7 | 8 | 9 | 6 | 2 | 5 | | | | 2 | 7 | 4 | 9 | 1 | 5 | 8 | 3 | 6 |
| 6 | 9 | 7 | 2 | 5 | 8 | 1 | 4 | 3 | | | | 5 | 9 | 6 | 7 | 4 | 8 | 3 | 1 | 2 |
| 1 | 5 | 4 | 3 | 9 | 7 | 8 | 6 | 2 | | | | 8 | 3 | 1 | 5 | 2 | 6 | 7 | 4 | 9 |
| 3 | 2 | 8 | 4 | 1 | 6 | 5 | 7 | 9 | | | | 7 | 4 | 2 | 1 | 3 | 9 | 5 | 6 | 8 |

97

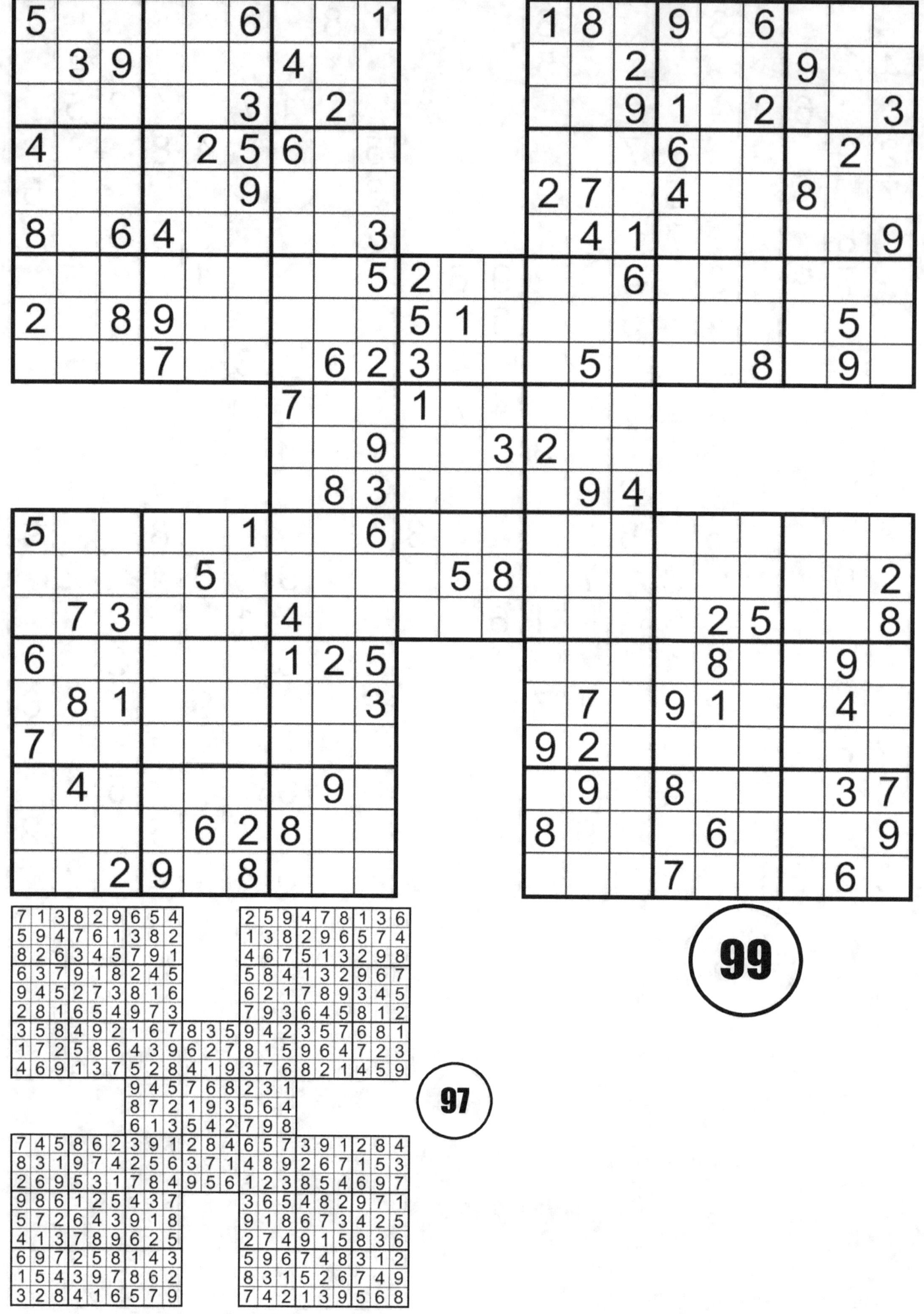

| | | | | | | | | | | | | | | | | | | | | |
|---|---|---|---|---|---|---|---|---|---|---|---|---|---|---|---|---|---|---|---|---|
| 7 | | | 3 | 6 | | | | | | | | 5 | | | | | 3 | | | |
| | | | 5 | | 4 | | | | | | | | | | 5 | 1 | | | | 3 |
| | 3 | | 8 | | | | | | | | | | 8 | | | 9 | | | | 4 |
| | 2 | 7 | | | | | | | | | | | | 4 | 7 | | 6 | | 8 | |
| | 9 | | 1 | | | 8 | 2 | | | | | | 7 | | | | | | 9 | |
| | | | | 9 | | | 7 | | | | | | | | | | 2 | | 3 | 7 |
| | | 8 | | | | | 1 | 3 | | 4 | | | | | | | | | | |
| | | 6 | 2 | 3 | | | | 7 | | | | 6 | | | 8 | | | | | |
| | | 4 | | | 5 | | 6 | | 5 | | 1 | | | 8 | 2 | 6 | 9 | 1 | | |
| | | | | | | | 4 | | 7 | | | | | | | | | | | |
| | | | | | | 9 | | | | | | 7 | 1 | 6 | | | | | | |
| | | | | | | | 5 | 6 | | | | | | | | | | | | |
| | | | | | 7 | | 3 | | | | | | | | | | | | | |
| | 5 | 2 | | | | | | | 2 | | | | 6 | | | | 5 | | | 4 |
| | | | | | | | | | | | 6 | 2 | 7 | | 8 | | 4 | 9 | | |
| 4 | | | 3 | | 5 | 7 | | | | | | | | | | 5 | | | 4 | 6 |
| | | | | | 2 | | 4 | | | | | | | 7 | | | 3 | | | |
| 2 | 9 | | | 7 | 1 | | | | | | | 9 | | | | | | | | |
| | 1 | | 8 | | 4 | | | | | | | | 3 | | | | 8 | 1 | | |
| | | | 2 | 1 | | | | | | | | | | 2 | 6 | | | | | 7 |
| | | 5 | | | | | | | | | | | 5 | | 2 | | 7 | 8 | 6 | |

**100**

| | | | | | | | | | | | | | | | | | | | | |
|---|---|---|---|---|---|---|---|---|---|---|---|---|---|---|---|---|---|---|---|---|
| 8 | 5 | 7 | 4 | 3 | 1 | 9 | 2 | 6 | | | | 7 | 8 | 4 | 2 | 5 | 3 | 6 | 9 | 1 |
| 4 | 1 | 3 | 9 | 2 | 6 | 8 | 7 | 5 | | | | 2 | 9 | 5 | 8 | 6 | 1 | 3 | 4 | 7 |
| 9 | 2 | 6 | 7 | 5 | 8 | 1 | 3 | 4 | | | | 6 | 3 | 1 | 7 | 9 | 4 | 2 | 5 | 8 |
| 2 | 9 | 1 | 8 | 6 | 4 | 7 | 5 | 3 | | | | 5 | 7 | 2 | 1 | 4 | 8 | 9 | 3 | 6 |
| 7 | 6 | 4 | 3 | 1 | 5 | 2 | 8 | 9 | | | | 3 | 6 | 8 | 9 | 2 | 7 | 4 | 1 | 5 |
| 3 | 8 | 5 | 2 | 9 | 7 | 6 | 4 | 1 | | | | 1 | 4 | 9 | 6 | 3 | 5 | 8 | 7 | 2 |
| 5 | 7 | 9 | 6 | 8 | 3 | 4 | 1 | 2 | 9 | 6 | 7 | 8 | 5 | 3 | 4 | 1 | 6 | 7 | 2 | 9 |
| 6 | 3 | 8 | 1 | 4 | 2 | 5 | 9 | 7 | 3 | 1 | 8 | 4 | 2 | 6 | 5 | 7 | 9 | 1 | 8 | 3 |
| 1 | 4 | 2 | 5 | 7 | 9 | 3 | 6 | 8 | 5 | 4 | 2 | 9 | 1 | 7 | 3 | 8 | 2 | 5 | 6 | 4 |
| | | | | | | 1 | 8 | 6 | 4 | 7 | 9 | 2 | 3 | 5 | | | | | | |
| | | | | | | 7 | 5 | 9 | 2 | 3 | 1 | 6 | 4 | 8 | | | | | | |
| | | | | | | 2 | 3 | 4 | 8 | 5 | 6 | 7 | 9 | 1 | | | | | | |
| 1 | 3 | 4 | 7 | 6 | 9 | 8 | 2 | 5 | 7 | 9 | 3 | 1 | 6 | 4 | 2 | 7 | 8 | 3 | 5 | 9 |
| 5 | 9 | 2 | 4 | 1 | 8 | 6 | 7 | 3 | 1 | 2 | 4 | 5 | 8 | 9 | 6 | 3 | 4 | 7 | 2 | 1 |
| 6 | 7 | 8 | 5 | 3 | 2 | 9 | 4 | 1 | 6 | 8 | 5 | 3 | 7 | 2 | 1 | 5 | 9 | 6 | 4 | 8 |
| 7 | 4 | 5 | 3 | 9 | 1 | 2 | 8 | 6 | | | | 6 | 3 | 8 | 5 | 4 | 1 | 2 | 9 | 7 |
| 9 | 6 | 3 | 8 | 2 | 5 | 4 | 1 | 7 | | | | 2 | 5 | 1 | 8 | 9 | 7 | 4 | 3 | 6 |
| 2 | 8 | 1 | 6 | 4 | 7 | 5 | 3 | 9 | | | | 4 | 9 | 7 | 3 | 2 | 6 | 8 | 1 | 5 |
| 3 | 5 | 9 | 1 | 8 | 4 | 7 | 6 | 2 | | | | 8 | 2 | 6 | 9 | 1 | 3 | 5 | 7 | 4 |
| 4 | 1 | 7 | 2 | 5 | 6 | 3 | 9 | 8 | | | | 9 | 4 | 3 | 7 | 8 | 5 | 1 | 6 | 2 |
| 8 | 2 | 6 | 9 | 7 | 3 | 1 | 5 | 4 | | | | 7 | 1 | 5 | 4 | 6 | 2 | 9 | 8 | 3 |

**98**

www.ingramcontent.com/pod-product-compliance
Lightning Source LLC
Chambersburg PA
CBHW081528220526
45467CB00010B/3085
*9798704800132*